国家电网
STATE GRID

电网企业专业技能考核题库

配电运营指挥员

国网宁夏电力有限公司 编

中国电力出版社
CHINA ELECTRIC POWER PRESS

内 容 提 要

本书编写依据国家职业技能鉴定、电力行业职业技能鉴定与国家电网有限公司技能等级评价（认定）相关制度、规范、标准，立足宁夏电网生产实际，融合新型电力系统构建及新时代技能人才发展目标要求。本书主要内容为电网企业技能人员技能等级认定与评价实操试题，包含技能笔答及技能操作两大部分，其中技能笔答主要以问答题形式命题，技能操作以任务书形式命题，均明确了各个环节的考核知识点、标准答案和评分标准。

本书为电网企业生产技能人员的培训教学用书，可供从事相应职业（工种）技能人员学习参考，也可作为电力职业院校教学参考书。

图书在版编目（CIP）数据

配电运营指挥员 / 国网宁夏电力有限公司编. —北京：中国电力出版社，2022.9
电网企业专业技能考核题库
ISBN 978-7-5198-6876-5

Ⅰ. ①配…　Ⅱ. ①国…　Ⅲ. ①配电–运营–职业技能–鉴定–习题集　Ⅳ. ①TM72-44

中国版本图书馆 CIP 数据核字（2022）第 114063 号

出版发行：中国电力出版社
地　　址：北京市东城区北京站西街 19 号（邮政编码 100005）
网　　址：http://www.cepp.sgcc.com.cn
责任编辑：马　丹（010-63412725）　李耀阳　马雪倩
责任校对：黄　蓓　常燕昆　于　维
装帧设计：郝晓燕
责任印制：钱兴根

印　　刷：三河市百盛印装有限公司
版　　次：2022 年 9 月第一版
印　　次：2022 年 9 月北京第一次印刷
开　　本：889 毫米×1194 毫米　16 开本
印　　张：21
字　　数：598 千字
定　　价：84.00 元

《电网企业专业技能考核题库　配电运营指挥员》

编　委　会

《电网企业专业技能考核题库　配电运营指挥员》

编　写　组

主　　编　冯晓群

副 主 编　孔新帆　姜忠玮　张仁和

编写人员　何玉鹏　徐　涛　徐　军　马　静　马青菁

孙瑞东　宋　丹　代　文　马　雄　吕鸿瑜

王昆瑶　陈嘉辉　吕满顺　岳文泰　唐　婷

杨安家　张少敏　张　浪　张　星　贺瑞斌

李　超

审稿人员　冯晓群　何玉鹏　朱　林　张金鹏　丁　涛

李丽梅　罗雅霜　刘　恒　王碧琼　丁志刚

韩世军　屠梅艳

前 言

国网宁夏电力有限公司以国家职业技能鉴定、电力行业职业技能鉴定与国家电网有限公司技能等级评价（认定）相关制度、规范、标准为依据，主要针对电网企业各类技能工种的初级工、中级工、高级工、技师、高级技师等人员，以专业操作技能为主线，立足宁夏电网生产实际，结合新型电力系统构建要求，编写了《电网企业专业技能考核题库》丛书。丛书在编写原则上，以职业能力建设为核心；在内容定位上，突出针对性和实用性，涵盖了国家电网有限公司相关政策、标准、规程、规定及现代电力系统新设备、新技术、新知识、新工艺等内容。

丛书的深度、广度遵循了“适应发展需求、立足实践应用”的工作思路，全面涵盖了国家电网有限公司技能等级评价（认定）内容，能够为国网宁夏电力有限公司实施技能等级评价（认定）专业技能考核命题提供依据，也可服务于同类电网企业技能人员能力水平的考核与认定。本套丛书可供电网企业技能人员学习参考，可作为电网企业生产技能人员的培训教学用书，也可作为电力职业院校教学参考用书。

由于时间和水平有限，难免存在疏漏之处，恳请各位专家和读者提出宝贵意见。

目 录

第一部分
初级工

第一章　配电运营指挥员初级工技能笔答

Jb0001531001　配电网设备监测的主要任务是什么？（5分）

考核知识点：配电网设备监测

难易度：易

标准答案：

实时监测设备重过载、电压异常、三相不平衡等数据，对配电网一、二次设备运行情况和配电网停运状态进行监控，将相关运行情况数据进行汇总、分析，形成预警工单或主动检（抢）修工单。

Jb0001531002　配电网缺陷是指什么？配电网缺陷消除管控的任务是什么？（5分）

考核知识点：配电网消缺

难易度：易

标准答案：

配电网缺陷是指配电网 10kV（20kV）及以下设备本身及周边环境出现的影响配电网安全、经济和优质运行的情况。

配电网缺陷消除管控主要是对设备缺陷登记、审核、消除全过程的管控。

Jb0001531003　供电服务指挥中心运行设备风险评估和预警工作的内容是什么？（5分）

考核知识点：配电网消缺

难易度：易

标准答案：

根据配电网设备负荷、电能质量等运行情况，结合设备巡视检修、缺陷隐患及家族性缺陷等，对设备运行风险进行大数据、多维度分析及预警，协助专业部门开展差异化运维。

Jb0001531004　新时代配电管理总体战略思路是什么？（5分）

考核知识点：配电管理

难易度：易

标准答案：

坚持以客户为中心，以提高供电可靠性为主线，强化标准化建设、精益化运维、智能化管控，打造结构好、设备好、技术好、管理好、服务好的一流现代化配电网（“1135”战略）。

Jb0001531005　配电网设备检修计划分为哪几类？（5分）

考核知识点：配电网设备

难易度：易

标准答案：

检修计划主要分为年度综合检修计划、月度检修计划、周检修计划和临时检修计划。

年度综合检修计划应根据状态检修年度计划和省公司批复的配电网大修计划，结合反措、基建、市政、技改工程等停电时间的要求编制。月度检修计划应根据年度综合检修计划编制。周检修计划应根据月度检修计划和设备消缺工作要求编制。临时检修计划应根据设备缺陷隐患排查工作要求编制。

Jb0001531006 业扩全流程管控的主要内容是什么？（5分）

考核知识点：业扩报装

难易度：易

标准答案：

业扩全流程管控的主要内容可分为两部分：一是开展7×24h预约办电业务，加强业扩协同环节、报装流程、业扩质量、业扩结存、配套工程进度和客户满意度等过程指标的监督、预警及评价工作，支撑业扩形势实时分析管控；二是全面推进电网可开放容量信息公开，推广营配一体移动终端应用，实现中低压供电方案辅助设计和生成，有效压降接电时长，提升客户用电"获得感"。

Jb0001531007 95598知识和知识管理定义是什么？（5分）

考核知识点：95598知识库

难易度：易

标准答案：

95598知识是为支撑95598供电服务、充电服务及"电e宝"服务，规范、高效解决客户诉求，从有关法律法规、政策文件、业务标准、技术规范中归纳、提炼形成的服务信息集成，以及提升客户服务代表的业务和技能水平所需的支撑材料。

95598知识管理是指基于95598知识库系统，及时获取生产、营销等各类与供电服务、充电服务及"电e宝"服务相关的信息，将其转化为客户服务所需的知识。

Jb0001531008 业扩报装跨专业协同环节有哪些？（5分）

考核知识点：业扩报装

难易度：易

标准答案：

供电方案编制、客户受电工程建设、10kV电网配套工程建设、验收送电。

Jb0001531009 业扩服务工作中，与客户联系应遵循什么原则？（5分）

考核知识点：业扩服务

难易度：易

标准答案：

应在接到客户申请后的1个工作日内与客户预约，在与客户联系时，如第一次不能联系到客户，1h后再次与客户联系，联系3次后，标注工单。3个工作日内客户未与供电服务实施机构联系，则终止工单，终止工单前应再与客户联系一次。

Jb0001531010 业扩服务工作中，与客户预约应遵循什么原则？（5分）

考核知识点：业扩服务

难易度：易

标准答案：

在与客户预约时，如客户表示任何时间都可以，则立即派单至相关班组（供电所），并在规定时限内完成装表接电。

Jb0001531011 营业厅柜台进行业务受理的流程规范是什么？（5分）

考核知识点：业务受理

难易度：易

标准答案：

受理时应询问客户申请意图，向客户提供业务办理告知书，告知客户需提交的资料清单、业务办理流程、收费项目及标准、监督电话等信息。

Jb0001531012 工作人员上门服务时应遵循什么原则？（5分）

考核知识点：供电服务

难易度：易

标准答案：

工作人员在上门为客户提供服务前，应提前1个工作日与客户联系，确认预约时间。如客户时间发生变化，则根据客户要求调整预约时间，同时上报供电服务指挥中心调整。

Jb0001531013 服务质量管控评价工作的标准是什么？（5分）

考核知识点：供电服务管控

难易度：易

标准答案：

通过业务工单办理进度和相关信息，对现场服务履约情况进行监督，对服务预约调整情况进行检查，对未能及时现场服务的工单进行督办。

Jb0001531014 低压居民新装或增容的用电申请受理途径有哪些？（5分）

考核知识点：用电申请

难易度：易

标准答案：

采用营业厅受理（简称线下）和电子渠道受理（简称线上）两种方式，实行“一证受理”。通过线下和线上受理的申请，分别由营业厅受理人员和服务调度人员确认资料的有效性和完整性。

Jb0001531015 “三不指定”要求指的是什么？（5分）

考核知识点：“三不指定”

难易度：易

标准答案：

供电企业在办理业扩报装工作时，工作人员严禁向客户直接、间接或变相指定设计单位、施工单位、设备材料供应单位。

Jb0001532016 供电营业窗口现代化便民服务十项措施是什么？（5分）

考核知识点：现代化便民服务十项措施

难易度：中

标准答案：

一是全面推行“一柜通”柜台服务；二是全面推行营业窗口预约服务；三是全面推行业扩典型设计和参考造价免费查询服务；四是全面推行业扩申请营业厅“一证受理”；五是全面推行业扩工程进度全过程可视化查询服务；六是全面推广应用便民服务卡；七是全面推行客户信息自动采集录入；八是

全面推行客户服务满意度评价；九是全面推行小区客户经理推介服务；十是全面推行客户意见收集服务。

Jb0001531017 配电网如何分类？（5分）

考核知识点：配电网知识

难易度：易

标准答案：

配电网按电压等级的不同，可分为高压配电网（110、66、35kV）、中压配电网（20、10、6kV）和低压配电网（380/220V）；按供电地域特点或服务对象的不同，可分为城市配电网和农村配电网；按配电线路的不同，可分为架空配电网、电缆配电网及架空电缆混合配电网。

Jb0001531018 中压和低压配电网主要有哪些设备类型？（5分）

考核知识点：配电网知识

难易度：易

标准答案：

中压配电网设备类型主要有中压架空导线、中压电力电缆、配电变压器、柱上开关、环网柜、箱式变压器、终置柜。

低压配电网设备类型主要有低压架空导线、低压电力电缆、低压开关、低压分支箱。

Jb0001532019 配电网的特点有哪些？（5分）

考核知识点：配电网知识

难易度：中

标准答案：

（1）供电线路长，分布面积广。

（2）发展速度快，用户对供电质量要求高。

（3）对经济发展较好地区配电网设计标准要求高，供电可靠性要求较高。

（4）负荷季节性强。

（5）接线较复杂，必须保证调度灵活性、运行供电连续性和经济性。

（6）随着配电网自动化水平的提高，对供电管理水平的要求越来越高。

（7）对于有分布式电源接入的配电网，其网络结构也随之发生变化。

Jb0001531020 如何区分相线、中性线及接地线？（5分）

考核知识点：配电网知识

难易度：易

标准答案：

（1）颜色区分：在动力电缆中黄色、绿色、红色分别代表A相、B相、C相（相线），蓝色代表中性线，黄绿双色代表接地线。

（2）用电笔区分：用测电笔测量相线时会发光，而中性线不会发光。

（3）用电压表区分：相线之间的电压为线电压380V，相线与中性线（或良好的接地体）之间的电压为相电压220V，中性线与良好的接地体的电压为0V。

Jb0001531021 对配电网的基本要求有哪些？（5分）

考核知识点：配电网知识

难易度：易

标准答案：

对配电网的基本要求主要是供电的连续性、可靠性、合格的电能质量和运行的经济性等。配电网应具有必备的容量裕度、适当的负荷转移能力、一定的自愈能力和应急处理能力及合理的分布式电源接纳能力。

Jb0001531022　供电系统的状态有哪些？（5分）

考核知识点：供电系统

难易度：易

标准答案：

（1）供电状态：用户随时可从供电系统获得所需电能的状态。

（2）停电状态：用户不能从供电系统获得所需电能的状态，包括与供电系统失去电的联系和未失去电的联系。

Jb0001531023　什么是配电自动化？（5分）

考核知识点：配电自动化

难易度：易

标准答案：

配电自动化（distribution automation，DA）以一次网架和设备为基础，综合利用计算机、信息及通信等技术，并通过与相关应用系统的信息集成，实现对配电网的监测、控制和快速故障隔离。

Jb0001531024　什么是配电自动化系统？（5分）

考核知识点：配电自动化系统

难易度：易

标准答案：

实现配电网运行监视和控制的自动化系统，具备配电监控与数据采集（supervisory control and data acquisition，SCADA）、故障处理、分析应用及与相关应用系统互联等功能，主要由配电自动化系统主站、配电自动化系统子站（可选）、配电自动化终端和通信网络等部分组成。

Jb0001531025　配电自动化系统主站的基本功能有哪些？（5分）

考核知识点：配电自动化系统

难易度：易

标准答案：

配电自动化系统主站的基本功能主要包括配电数据采集与处理、操作与控制、综合告警分析、馈线自动化、拓扑分析应用、事故反演、配电接地故障分析、数据质量管控、配电终端管理、配电自动化缺陷分析、设备（环境）状态监测和信息交互等。

Jb0001531026　配电自动化终端分为哪些？（5分）

考核知识点：配电自动化

难易度：易

标准答案：

（1）在配电系统中，和馈线开关配合的现场终端设备为馈线终端单元（feeder terminal unit，FTU）。

（2）与配电变压器配合的现场终端设备为配电变压器终端单元（transformer terminal unit，TTU）。

（3）安装在开关站、配电所及环网柜等设备内的远方终端单元为站所终端（distribution terminal unit，DTU）。

Jb0001531027 供电可靠性预安排停电指什么？具体分类有哪些？（5分）

考核知识点：供电可靠性

难易度：易

标准答案：

预安排停电指预先已做出安排，或在6h（或按供电合同要求的时间）前得到调度部门或相关运行部门批准并通知用户的停电。具体分类包括工程停电、计划检修、用户申请停电、限电、调电、低压作业影响和临时停电。

Jb0001531028 供电可靠性故障停电指什么？具体分类有哪些？（5分）

考核知识点：供电可靠性

难易度：易

标准答案：

故障停电指供电系统无论因何种原因未能按规定程序向调度提出申请，并在6h（或按供电合同要求的时间）前得到批准且通知主要用户的停电。具体分类包括自然灾害、外力因素、用户影响、运行维护、设备原因、设计施工、10kV及以上输变电设施、低压设施故障和发电设施故障。

Jb0001531029 供电可靠性数据的“三性”是什么？（5分）

考核知识点：供电可靠性

难易度：易

标准答案：

供电可靠性数据的“三性”指及时性、准确性和完整性。及时性要求必须在上级要求的时间内及时完成可靠性数据的集成、维护和分析上报工作。准确性要求事件定性正确，事件的原因和责任分析正确，结论有可靠的依据，分类符合可靠性统计办法的规定，不存在漏报和虚报。完整性要求各种数据、报告必须完整，必须保证各种可靠性数据不缺项和漏项，特别是可靠性事件的分析编码必须正确齐全。

Jb0001531030 电能质量故障的定义是什么？（5分）

考核知识点：电能质量

难易度：易

标准答案：

电能质量故障是指由于供电电压、频率等方面问题导致用电设备故障或无法正常工作，主要包括供电电压、频率存在偏差、波动或谐波等。

Jb0001531031 10kV配电变压器重、过载的标准是什么？（5分）

考核知识点：配电变压器

难易度：易

标准答案：

10kV配电变压器负载率为额定负载率的80%～100%（不包括100%）定义为重载，10kV配电变压器负载率超过额定负载率的为过载。

Jb0001531032　配电网的电压调节方式主要有哪些？（5分）
考核知识点：电压调节
难易度：易
标准答案：
配电网应有足够的电压调节能力，将电压维持在规定范围内，配电网的电压调节方式主要有：
（1）通过配置无功补偿装置进行电压调节。
（2）选用有载或无载调压变压器，通过改变分接头进行电压调节。
（3）通过线路调压器进行电压调节。

Jb0001531033　单相居民受电端标称电压及电压允许的偏差是多少？（5分）
考核知识点：标称电压
难易度：易
标准答案：
国家电网有限公司单相居民受电端标称电压为220V，允许偏差为标称电压的－10%～7%，即用电时最高电压不高于235.4V，最低电压不低于198V。

Jb0003531034　配电网运行操作中的“两票三制”是什么？（5分）
考核知识点：安全知识
难易度：易
标准答案：
两票：工作票、操作票。
三制：交接班制、巡回检查制、设备定期试验与轮换制。

Jb0001531035　我国电力系统频率的标准及允许偏差是多少？（5分）
考核知识点：电力系统频率
难易度：易
标准答案：
（1）我国电力系统额定频率为交流50Hz。
（2）在电力系统正常状况下，供电频率的允许偏差：
1）电网装机容量在300万kW及以上的为±0.2Hz；
2）电网装机容量在300万kW以下的为±0.5Hz；
3）在电力系统非正常状况下，供电频率允许偏差不应超过±1.0Hz。

Jb0001533036　国家电网有限公司员工服务“十个不准”是什么？（5分）
考核知识点：“十个不准”
难易度：难
标准答案：
（1）不准违规停电、无故拖延检修抢修和延迟送电。
（2）不准违反政府部门批准的收费项目和标准向客户收费。
（3）不准无故拒绝或拖延客户用电申请、增加办理条件和环节。

（4）不准为客户工程指定设计、施工、供货单位。
（5）不准擅自变更客户用电信息、对外泄露客户个人信息及商业秘密。
（6）不准漠视客户合理用电诉求、推诿搪塞怠慢客户。
（7）不准阻塞客户投诉举报渠道。
（8）不准营业窗口擅自离岗或做与工作无关的事。
（9）不准接受客户吃请和收受客户礼品、礼金、有价证券等。
（10）不准利用岗位与工作便利侵害客户利益、为个人及亲友谋取不正当利益。

Jb0001531037　重要服务事项的含义是什么？（5分）

考核知识点：重要服务事项

难易度：易

标准答案：

重要服务事项是指在供用电过程中，因不可抗力、配合政府工作、系统改造升级、新业务推广等原因，可能给客户用电带来影响的事项，或因客户不合理诉求可能给供电服务工作造成影响的事项。

Jb0001532038　重要服务事项报备的范围是什么？（5分）

考核知识点：重要服务事项报备

难易度：中

标准答案：

（1）配合军事机构、司法机关、县级及以上政府机构工作需要，采取停限电或限制接电等措施影响供电服务的事项。

（2）因系统升级、改造无法为客户提供正常服务，对供电服务造成较大影响的事项。

（3）因地震、泥石流、洪水灾害、龙卷风、山体滑坡，以及经地市级以上气象台、地市级政府机关部门发布的符合应用级别的预警恶劣天气造成较大范围停电、供电营业厅或第三方服务网点等服务中断，对供电服务有较大影响的事项。

（4）供电公司确已按相关规定答复处理，但客户诉求仍超出国家有关规定的对供电服务有较大影响的个体重要服务事项。

（5）因私人问题引起的经济纠纷、个人恩怨、违约用电及窃电用户不满处罚结果，来电反映服务态度和规范可能引起的恶意投诉事项。

（6）因推广“煤改电”“三供一业”“光伏扶贫”等新业务或其他电网公司、省政府统推项目和重点工作，可能引起的供电服务投诉事项。

Jb0001531039　重要服务事项报备由谁来发起？（5分）

考核知识点：重要服务事项报备

难易度：易

标准答案：

（1）地市、县供电企业范围内的重要服务事项由地市公司填写重要服务事项报备表，由地市公司责任部门分管副主任或以上领导审核签字、加盖（单位）公章后，在系统中发起并提交省客服中心审核。

（2）省公司范围内的重要服务事项原则上由省客服中心负责发起。

（3）国网电动汽车服务有限公司范围内的重要服务事项由国网电动汽车服务有限公司自行发起、审核。

Jb0001531040 重要服务事项报备内容包括哪些方面？（5分）

考核知识点： 重要服务事项报备

难易度： 易

标准答案： 重要服务事项报备内容应包括申请单位、申报区域、事件类型、事件发生时间、影响结束时间、申请人联系方式、上报内容、应对话术及相关支撑附件。

Jb0001531041 电压调整的方式有几种？内容分别是什么？（5分）

考核知识点： 电压调整

难易度： 易

标准答案：

电压调整方式一般分为逆调压、恒调压、顺调压。

（1）逆调压是指在电压允许偏差范围内，供电电压的调整使电网高峰负荷时的电压高于低谷负荷时的电压，使用户的电压在电网负荷高峰、低谷相对稳定。

（2）恒调压是指如负荷变动较小，线路上的电压损耗也较小，则只要把中枢点的电压保持在比线路额定电压高2%～5%的数值，即不必随负荷变化来调整中枢点电压即可保证负荷点的电压质量。

（3）顺调压是指在电压允许偏差范围内，通过对供电电压的调整，使电网高峰负荷时的电压低于低谷负荷时的电压的一种调压方式。

Jb0001531042 在哪些情况下，监控员应加强设备监视工作？（5分）

考核知识点： 设备监视

难易度： 易

标准答案：

（1）设备有严重缺陷时。

（2）新设备投运后。

（3）设备重载或接近稳定限额运行时。

（4）遇特殊恶劣天气时。

（5）重点时期、重要时段及有重要保电任务时。

Jb0001531043 配电网设备巡视管控的定义是什么？（5分）

考核知识点： 配电网设备巡视管控

难易度： 易

标准答案：

配电网设备巡视管控是指供电服务指挥中心对配电线路及设备周期巡视、特殊巡视的计划完整性、计划执行情况等进行检查、督办。

Jb0001531044 什么是配电网方式计划？（5分）

考核知识点： 配电网方式计划

难易度： 易

标准答案：

配电网方式计划是指根据配电网运行检修，新（改、扩）建工程或业扩工程需要按照有关标准和规定，供电企业所属各级调控机构对于现在及未来一定时期内配电网运行方式及调度计划的安排。

Jb0003531045 事故处理的主要任务是什么？（5分）

考核知识点：事故处理

难易度：易

标准答案：

（1）迅速限制事故发展，消除或隔离事故根源，解除对人身和设备安全的威胁。

（2）尽最大可能保持对用户的正常供电。

（3）迅速对已停电的用户恢复送电，特别应优先恢复厂站用电和重要用户的保安用电。

Jb0001531046 配电网调度管辖范围应如何划分？（5分）

考核知识点：配电网调度

难易度：易

标准答案：

配电网调度管辖范围划分原则如下：

（1）地调调度管辖范围为地域内110kV发、输、变电设备和35kV及以下由地调直接调度的发、输、变电设备。

（2）配调调度管辖范围为城区10（6、20）kV发、变、配电设备（含分支线许可）。

（3）县调调度管辖范围为县域内35kV、10（6、20）kV发、输、变、配电设备。

（4）调度管辖设备划分应遵循有利于配电网安全、优化调度的原则，并根据配电网发展情况适时调整。上级调控机构可以根据实际工作需要，将原调度管辖范围内的调度设备授权下级调控机构。

Jb0002532047 设备缺陷的分类原则是什么？各类缺陷对缺陷消除有何规定？（5分）

考核知识点：设备缺陷

难易度：中

标准答案：

设备缺陷分三类：

（1）一般缺陷：设备本身及周围环境出现不正常情况，一般不影响设备的安全运行的缺陷。

（2）严重缺陷：设备处于异常状态，可能发展为事故，但设备仍可在一定时间内继续运行，须加强监视的缺陷。

（3）危急缺陷：严重威胁设备的安全运行，如不及时处理，随时有可能导致事故的发生，必须尽快消除或采取必要的安全技术措施处理缺陷。

危急缺陷消除时间不得超过24h，严重缺陷应在1个月内消除，一般缺陷可结合检修计划尽早消除，但应处于可控状态。设备带缺陷运行期间，运行单位应加强监视，必要时制订相应应急措施。

Jb0001532048 什么是配电自动化危急缺陷？主要包括哪些？（5分）

考核知识点：配电自动化

难易度：中

标准答案：

配电自动化危急缺陷是指威胁人身或设备安全，严重影响设备运行、使用寿命及可能造成自动化系统失效，危及电力系统安全、稳定和经济运行，必须立即进行处理的缺陷。

主要包括：

（1）配电主站故障停用或主要监控功能失效。

（2）调度台全部监控工作站故障停用。

（3）配电主站专用不间断电源（UPS）故障。

（4）配电通信系统主站侧设备故障，引起大面积开关站通信中断。

（5）配电通信系统变电站侧通信节点故障，引起系统区片中断。

（6）自动化装置发生误动。

Jb0001531049　什么是配电自动化一般缺陷？主要包括哪些？（5分）

考核知识点：配电自动化

难易度：易

标准答案：

配电自动化一般缺陷是指对人身和设备无威胁，对设备功能及系统稳定运行没有立即、明显的影响，且不至于发展成为严重缺陷，应结合检修计划尽快处理的缺陷。

主要包括：

（1）配电主站除核心主机外的其他设备的单网运行。

（2）一般遥测量、遥信量故障。

（3）其他一般缺陷。

Jb0001532050　配电网中设备的运行状态是如何定义的？（5分）

考核知识点：配电网运行

难易度：中

标准答案：

设备运行状态分为运行、热备用、冷备用、检修四种状态。

（1）运行状态是指断路器、隔离开关均在合闸位置的状态。

（2）热备用状态是指断路器在分闸位置、隔离开关处于合闸位置，断路器一经合闸设备即转入运行状态。

（3）冷备用状态是指断路器、隔离开关均在分闸位置。

（4）检修状态是指断路器、隔离开关均在分闸位置，设备的接地开关处于合闸（或挂上接地线），并悬挂“设备检修，禁止合闸”的警示牌。

Jb0001531051　解环操作有何基本要求？（5分）

考核知识点：解环操作

难易度：易

标准答案：

解环操作时，应先检查解环点的有功、无功潮流，确保解环后电网各部分电压在规定的范围内，各环节的潮流变化不超过继电保护、电网稳定和设备容量等方面的限额。

Jb0001532052　变压器出现哪些情况时应立即进行停电处理？（5分）

考核知识点：变压器停电处理

难易度：中

标准答案：

（1）内部声音很大，很不均匀，有爆裂声。

（2）在正常负荷和冷却条件下，变压器温度不正常且不断上升。

（3）储油柜或防爆管喷油。

（4）漏油致使油面下降，低于油位指示计的指示限度。
（5）油色变化过甚，油内出现碳质等。
（6）套管有严重的破损和放电现象。
（7）违反其他现场规程的规定。

Jb0001531053 如何核对继电保护定值单？（5分）
考核知识点：继电保护定值
难易度：易
标准答案：
（1）值班调度员与现场运行值班人员核对新定值单与对应的旧定值单编号一致。
（2）值班调度员下令启用新定值单，作废旧定值单。
（3）现场运行值班人员操作完毕回令后，值班调度员将新定值单分别归档，将旧定值单盖“作废”章。

Jb0001531054 在哪些情况下需停用重合闸？（5分）
考核知识点：重合闸
难易度：易
标准答案：
（1）因系统运行方式变更或设备故障等原因而停用时。
（2）断路器的遮断容量不足时。
（3）新线路充电时。
（4）线路带电作业时。
（5）重合闸装置异常时。
（6）线路发现有明显故障时。

Jb0001531055 变压器的主要技术参数有哪些？（5分）
考核知识点：变压器技术参数
难易度：易
标准答案：
（1）变压器型号。
（2）额定容量。
（3）额定电压。
（4）额定电流。
（5）阻抗电压。
（6）空载电流。
（7）空载损耗。
（8）短路损耗。
（9）温升。
（10）接线组别等。

Jb0001531056 电压互感器高、低压熔断器熔断时故障现象是什么？（5分）
考核知识点：配电网故障

难易度：易

标准答案：

（1）电压互感器高压熔断器熔断时，熔断相电压降低，其他两相电压不变，报接地、电压回路断线信号。

（2）电压互感器低压熔断器熔断时，熔断相电压降为0，其他两相电压不变，报电压回路断线信号。

Jb0001532057　系统发生单相接地故障时，故障现象是什么？（5分）

考核知识点：接地故障

难易度：中

标准答案：

（1）非金属性接地：故障相电压下降但不为零，非故障相电压上升至相电压与线电压之间，零序电压（$3U_0$）上升至整定值，发信号。

（2）金属性接地：故障相电压降为零，非故障相电压上升为线电压，零序电压（$3U_0$）上升至100V，发信号。

（3）弧光接地：电压表示数不稳定，非故障相电压可达正常相电压的3～3.5倍，零序电压（$3U_0$）可能大于100V。

（4）间歇性接地：接地时有时无，间歇性出现，故障相电压时增时减，非故障相电压时增时减或有时正常，零序电压（$3U_0$）也时增时减或有时正常。

Jb0001531058　监控与数据采集系统（SCADA）包括哪几项功能？（5分）

考核知识点：SCADA功能

难易度：易

标准答案：

（1）数据采集（遥测、遥信、保护信号）。

（2）信息显示（通过显示器或模拟屏）。

（3）远方控制（遥控、遥调）。

（4）监视及越限报警。

（5）信息的存储及报表。

（6）事件顺序记录（SOE）。

（7）数据计算。

（8）事故追忆（PDR）。

Jb0001531059　负荷预测包括哪些内容？（5分）

考核知识点：负荷预测

难易度：易

标准答案：

负荷预测主要分为电量预测和电力预测：

（1）电量预测包括全社会用电量、网供电量、各行业电量和各产业电量。

（2）电力预测包括最大负荷、最小负荷、峰谷差、负荷率和负荷曲线。

Jb0003531060 电源质量对电气安全的影响主要表现在哪些方面？（5分）

考核知识点：电源质量

难易度：易

标准答案：

（1）供电中断引起设备损坏或人身伤亡。

（2）电压偏移过大对电气设备的损害。

（3）波形畸变、三相电压不平衡等对电气设备的损害等方面。

Jb0001531061 负荷预测分几种？超短期负荷预测是指什么？（5分）

考核知识点：负荷预测

难易度：易

标准答案：

（1）负荷预测分为超短期负荷预测、短期负荷预测、中期负荷预测、长期负荷预测。

（2）超短期负荷预测是指未来 1h 以内的负荷预测，对短时期内电力电量平衡、负荷调整、自动发电控制（AGC）及联络线调整提供帮助。在安全监视状态下，需要 5～10s 或 1～5min 的预测值，预防性控制和紧急状态处理需要 10min～1h 的预测值。

Jb0001531062 设备遇有哪些情况时，不允许进行监控远方操作？（5分）

考核知识点：监控远方操作

难易度：易

标准答案：

（1）设备未通过遥控验收时。

（2）设备存在缺陷或异常，不允许进行遥控操作时。

（3）设备正在进行就地操作时。

（4）监控系统异常，影响设备遥控操作时。

Jb0001531063 断路器拒分闸对电网运行有什么影响？（5分）

考核知识点：断路器异常

难易度：易

标准答案：

断路器拒分闸对电网安全运行危害很大，因为当某一元件故障后，断路器拒分闸，故障不能消除，将会造成上一级断路器跳闸，即“越级跳闸”，或相邻元件断路器跳闸，这将扩大事故停电范围，造成严重的电网事故。

Jb0001531064 哪些情况下应办理新设备投入运行申请手续？（5分）

考核知识点：配调操作

难易度：易

标准答案：

（1）新接入系统运行设备（包括新建、扩建、改建）。

（2）改变系统主接线或变更高压设备安装地点。

（3）新装高压电力客户或原有高压电力客户增容、扩建或改变电源。

（4）已经退役的设备重新恢复运行。

（5）新建、扩建、改建、迁址、增容设备接入系统运行。

Jb0001531065　配电网电压与无功平衡的基本要求是什么？（5分）

考核知识点：配电网知识

难易度：易

标准答案：

（1）系统的运行电压，应考虑电气设备安全运行和电网安全稳定运行的要求。

（2）应通过自动电压控制（AVC）等控制手段，确保电压和功率因数在允许范围内。

（3）应尽量减少配电网不同电压等级间的无功功率流动。

（4）应尽量避免向主网倒送无功功率。

Jb0002531066　在保电期间，如电网发生故障，应优先考虑活动场所主备电源以及上级电源的恢复供电，可考虑哪些措施？（5分）

考核知识点：电网故障操作

难易度：易

标准答案：

（1）有关线路在保电期间应从变电站综合紧急拉路序位表中剔除。

（2）有关线路在保电期间应从电网事故限电序位表中剔除。

（3）必要时退出低压减负荷装置的切负荷回路。

Jb0001531067　只带少量单相负荷的三相变压器，其中性线电流有何要求？（5分）

考核知识点：中性线电流

难易度：易

标准答案：

只带少量单相负荷的三相变压器，其中性线电流不应超过额定电流的25%，不符合规定时，应及时调整负荷。

Jb0001531068　400V动力用户供电电压允许的偏差是多少？（5分）

考核知识点：供电质量

难易度：易

标准答案：

10kV及以下三相供电的电压允许偏差为额定电压的±7%。

Jb0001531069　电力系统继电保护的基本任务是什么？（5分）

考核知识点：继电保护基本任务

难易度：易

标准答案：

（1）有选择地将故障元件从电力系统中快速、自动地切除，使其损坏程度降至最低，并保证最大限度地恢复无故障部分的正常运行。

（2）反映电气元件的异常运行工况，根据运行维护的具体条件和设备的承受能力，发出报警信号、减负荷或延期跳闸。

（3）依据实际情况，尽快自动恢复对停电部分的供电。

Jb0001531070 工作许可人应具备的基本条件有哪些？（5分）

考核知识点：电力安全工作规定

难易度：易

标准答案：

（1）熟悉配电网络接线方式。

（2）熟悉工作范围内的设备情况。

（3）熟悉《国家电网公司电力安全工作规程》。

（4）由经工区批准的人员担任，名单应公布。

Jb0001531071 环网柜部分停电工作，若进线柜线路侧有电，则进线柜应采取哪些安全措施？（5分）

考核知识点：电力安全工作规定

难易度：易

标准答案：

（1）进线柜应设遮栏，悬挂“止步，高压危险！”标示牌。

（2）在进线柜负荷开关的操作把手插入口加锁。

（3）在进线柜负荷开关的操作把手悬挂“禁止合闸，有人工作！”标示牌。

（4）在进线柜接地开关的操作把手插入口加锁。

Jb0001531072 什么是接地？电气设备接地有哪几种？（5分）

考核知识点：电气设备接地

难易度：易

标准答案：

电气设备用接地线与接地体相连称为接地。

电气设备接地分为三种：工作接地、保护接地、防雷接地。

Jb0001531073 在电气设备上工作，保证安全的组织措施有哪些？（5分）

考核知识点：电力安全工作规定

难易度：易

标准答案：

（1）现场勘查制度。

（2）工作票制度。

（3）工作许可制度。

（4）工作监护制度。

（5）工作间断、转移和终结制度。

Jb0001531074 在电气设备上工作，保证安全的技术措施有哪些？（5分）

考核知识点：电力安全工作规定

难易度：易

标准答案：

（1）停电。

（2）验电。

（3）接地。

（4）悬挂标示牌。

（5）装设遮栏（围栏）。

Jb0001531075　什么是馈线自动化？分为哪几类？（5分）

考核知识点：馈线自动化

难易度：易

标准答案：

馈线自动化（FA）是指利用自动化装置或系统，监视配电网的运行状况，及时发现配电网故障，进行故障定位，隔离和恢复对非故障区域的供电。

馈线自动化分为集中型和就地型两种。

Jb0001531076　什么是线路距离保护？（5分）

考核知识点：线路距离保护

难易度：易

标准答案：

反映保护安装处至故障点的距离（或阻抗），并根据距离的远近而确定动作时间的一种保护装置。

Jb0001531077　配电网值班调控员的调度联系对象包括哪些？（5分）

考核知识点：配电网调控

难易度：易

标准答案：

配电网值班调控员的调度联系对象包括调度管辖范围内的运维值班人员、发电厂值班员、经各级供电公司批准的有关人员及客户变电站值班人员。

Jb0001531078　配电网中性点接地方式有哪几种？（5分）

考核知识点：中性点接地

难易度：易

标准答案：

配电网中性点接地方式主要有中性点直接接地方式（包括中性点经小电阻接地方式）、中性点不接地方式（包括中性点经消弧线圈接地方式）两种。

Jb0001531079　值班调控员任意如遇哪些情况，不得交接班？（5分）

考核知识点：配电网调控交接班

难易度：易

标准答案：

（1）交接班人员未到齐。

（2）事故处理及倒闸操作阶段尚未完成时。

（3）记录、报表填写不完全或交代不清楚时。

（4）交接班时发生事故，应立即中止交接班，并由交班调控员进行事故处理。接班调控员可按交班调控员的要求协助处理事故。

（5）不到交接班时间。

Jb0001531080 电力系统中的设备一般分为几种状态？简要解释其中两种状态。（5分）

考核知识点： 电力系统设备状态

难易度： 易

标准答案：

电力系统中的设备状态一般划分为运行、热备用、冷备用和检修四种状态。

（1）运行：设备的隔离开关及断路器均在合闸位置，将电源端至受电端的电路接通（包括辅助设备，如电压互感器、避雷器等）。继电保护及二次设备按规定正确投入。

（2）热备用：设备的断路器在分闸位置，而隔离开关仍在合闸位置。此状态下如无特殊要求，设备继电保护均应在运行状态。

（3）冷备用：设备无安全措施，隔离开关及断路器均在分闸位置。

（4）检修：设备所有断路器、隔离开关均在分闸位置，并挂好接地线或合上接地开关的状态。

Jb0001531081 线路停、送电操作的顺序是什么？（5分）

考核知识点： 线路停、送电操作顺序

难易度： 易

标准答案：

（1）线路停电操作顺序：拉开断路器→拉开线路侧隔离开关→拉开母线侧隔离开关→在线路上可能来电的各端合上接地开关（或挂接地线）。

（2）线路送电操作顺序：拉开线路各端接地开关（或拆除接地线）→合上母线侧隔离开关→合上线路侧隔离开关→合上断路器。

Jb0001531082 小接地电流系统发出“单相接地”信号的原因有哪些？（5分）

考核知识点：“单相接地”信号

难易度： 易

标准答案：

（1）发生单相接地故障。

（2）电压互感器高压侧一相断开。

（3）产生铁磁谐振过电压。

Jb0001531083 什么是负荷开关？与断路器有何区别？（5分）

考核知识点： 负荷开关

难易度： 易

标准答案：

负荷开关是指介于断路器和隔离开关之间的一种开关设备，具有简单的灭弧装置，能切断额定负荷电流和一定的过载电流，但不能切断短路电流。

负荷开关与断路器的主要区别在于其不能开断短路电流。负荷开关与熔断器串联形成组合电器，可实现用负荷开关切断负荷电流，用熔断器切断短路电流及过载电流，在功率不大或不太重要的场所可代替价格较高的断路器使用，降低配电装置成本，同时操作和维护也比较简单。

Jb0001531084 馈线自动化有哪几类？（5分）

考核知识点： 馈线自动化

难易度： 易

标准答案：

（1）集中型。

1）全自动式：主站通过收集区域内配电终端的信息，判断配电网运行状态，集中进行故障定位，自动完成故障隔离和非故障区域恢复供电。

2）半自动式：主站通过收集区域内配电终端的信息，判断配电网运行状态，集中进行故障识别，通过遥控完成故障隔离和非故障区域恢复供电。

（2）就地型。

1）智能分布式：通过配电终端之间的故障处理逻辑，实现故障和非故障区域恢复供电，并将故障处理结果上报给配电主站。

2）重合器式：在故障发生时，通过线路开关间的逻辑配合，利用重合器实现线路故障的定位、隔离和非故障区域恢复供电。

Jb0001531085　发布和接受调度操作指令票时有何要求？（5分）

考核知识点：配电网调控

难易度：易

标准答案：

在发布和接受调度操作指令票前，双方必须互报单位及姓名，严格执行发令、复诵、监护、录音、汇报和记录制度，并使用普通话、规范的调度术语和设备双重名称，发令和受令双方应明确发令时间和完成时间以表示操作的始终。没有发令时间，接令方不得进行操作；没有完成时间，发令方不得进行后项的有关操作。

Jb0001531086　架空裸导线采取的主要防雷措施是什么？（5分）

考核知识点：防雷措施

难易度：易

标准答案：

（1）安装避雷线。

（2）安装避雷器。

（3）改善配电网杆塔和防雷装置的接地。

（4）电容电流大于10A的电网安装自动跟踪补偿消弧装置。

Jb0001531087　可由调控员进行遥控操作的项目包括哪些？（5分）

考核知识点：配电网调控

难易度：易

标准答案：

（1）拉合开关的单一操作。

（2）调节有载调压变压器分接开关。

（3）远方投切电容器、电抗器。

（4）远方投切具备遥控条件的继电保护及安全自动装置软压板。

（5）紧急情况下，根据调度指令进行开关遥控操作。

Jb0001531088　进行哪些操作时，配电值班调控员可不填写配电网调度操作指令票，但应做好记录？（5分）

考核知识点：配电网调控

难易度：易

标准答案：

（1）分、合配电网开关（跌落式熔断器）的单一操作。

（2）投入或停运单一的继电保护或自动装置。

（3）事故处理或为防止事故而采取的紧急措施。

（4）配电网系统发生异常情况下的负荷转移及潮流调整。

Jb0001531089 配电网集中监控缺陷管理主要内容是什么？（5分）

考核知识点：配电网调控

难易度：易

标准答案：

（1）应加强对监控范围内设备的缺陷管理，通过监控系统告警信息分析判断，及时发现设备缺陷并发起缺陷管理流程。

（2）应定期对监控运行中发现的缺陷情况进行跟踪、统计、分析和督办，对于严重影响设备监控的缺陷有权将该缺陷等级提高，并督促检修单位加快消缺进度。

（3）对于集中监控发现的缺陷，除开展消缺进度跟踪外，还应定期将消缺情况进行通报，定期组织缺陷分析会议。

（4）应根据设备集中监控运行业务需求和信息规范化管理的要求，加强对频发、无效监控信息的优化管理，及时总结监控运行经验，采取筛选、归并、延时等措施，提高监控信息质量。

Jb0001531090 隔离开关允许进行哪些操作？（5分）

考核知识点：隔离开关操作

难易度：易

标准答案：

（1）在电网无接地时拉、合电压互感器。

（2）在无雷击时拉、合避雷器。

（3）拉、合电容电流不超过5A的空载线路。

（4）拉、合35kV及以下母线的充电电流。

（5）拉、合闭路开关的旁路电流。

（6）在没有接地故障时，拉、合变压器中性点接地开关。

Jb0001531091 哪些情况下应停用线路重合闸装置？（5分）

考核知识点：线路重合闸装置停用

难易度：易

标准答案：

（1）线路带电作业有要求时。

（2）可能造成非同期合闸时。

（3）不能满足重合闸要求的检测条件时。

（4）断路器遮断容量不允许重合闸时。

（5）超过断路器跳合闸次数时。

（6）重合闸装置不能正常工作时。

（7）其他应停用线路重合闸装置的情况。

Jb0001531092　评价配电网调度计划执行情况的指标主要有哪些？（5 分）

考核知识点：配电网调度计划执行

难易度：易

标准答案：

配电网调度计划执行情况的评价指标主要包括年度重复停电率、月度调度计划执行率、月度临时计划率、日计划检修申请按时完成率。

Jb0001531093　配电自动化系统运行指标的基本要求是什么？（5 分）

考核知识点：自动化指标

难易度：易

标准答案：

（1）配电主站月平均运行率大于等于 99%。

（2）配电终端月平均在线率大于 95%。

（3）遥控使用率大于 90%。

（4）遥控成功率大于 98%。

（5）遥信动作正确率大于 95%。

Jb0001531094　配电网停电检修计划编制应统筹考虑哪些内容？（5 分）

考核知识点：配电网停电检修计划编制

难易度：易

标准答案：

配电网停电检修计划编制应统筹考虑配电网中低压工程、检修、市政改迁、营销系统及客户侧工作，协调好输、变、配电设备以及二次设备之间的停电工作，最大限度减少重复停电。

低电压等级设备停电、启动计划服从高电压等级设备停电、启动计划；下级调度管辖设备停电、启动计划服从上级调度管辖设备停电、启动计划。

Jb0001531095　单相接地逐条试拉后，接地仍不消失的原因有哪些？应如何处理？（5 分）

考核知识点：接地故障处理

难易度：易

标准答案：

接地不消失的原因可能有：

（1）多条线路同相接地。

（2）母线设备接地。

（3）主变压器低压侧设备接地。

对于多条线路同相接地，可逐次试拉，但不马上送出，待确定一条接地线路并拉停后，再逐条试送其余线路。

Jb0001531096　引起配电网线路故障的常见原因有哪些？（5 分）

考核知识点：配电网故障

难易度：易

标准答案：

（1）设备运行老化或本身质量、施工工艺不良。

（2）人为因素的外力破坏。

（3）雷雨、台风等恶劣天气。

（4）鸟类筑巢。

（5）高温、高负荷。

（6）灰尘和雨雾引起的闪络。

Jb0001531097 某变电站 10kV 母线电压如下所示，请分析分别为哪种异常情况？（5 分）

（1）U_a=0.85kV，U_b=9.65kV，U_c=10.22kV，$3U_0$=98.2V。

（2）U_a=0.00kV，U_b=5.98kV，U_c=6.03kV，$3U_0$=18V。

考核知识点：配电网电源异常

难易度：易

标准答案：

第（1）种情况为 A 相金属性接地故障。

第（2）种情况为电压互感器（TV）高压熔断器熔断。

Jb0002531098 配电网故障处置原则是什么？（5 分）

考核知识点：配电网故障处置原则

难易度：易

标准答案：

配电网故障处置应按以下原则执行：

（1）迅速限制故障的发展，消除故障根源，解除对人身和设备的威胁，防止稳定破坏、电网瓦解和大面积停电。

（2）用一切可能的方法保持设备继续运行，不中断或少中断重要用户的正常供电，首先应保证发电厂厂用电及变电站站用电。

（3）尽快对已停电的用户恢复供电，对重要用户应优先恢复供电。

（4）及时调整电网运行方式，尽快使其恢复正常运行。

Jb0001531099 小接地电流系统发生单相接地故障时，严禁进行哪些操作？（5 分）

考核知识点：单相接地故障处理

难易度：易

标准答案：

（1）严禁拉合变压器中性点隔离开关。

（2）严禁拉合消弧线圈。

（3）严禁拉合电压互感器。

Jb0001531100 小接地电流系统接地选线查找接地故障一般顺序有哪些？（5 分）

考核知识点：接地故障处理

难易度：易

标准答案：

（1）空载线路。
（2）有备用的设备或回路。
（3）历史记录经常发生接地的线路。
（4）分支多、线路长、负荷小、不太重要的线路。
（5）较重要的负荷。
（6）对于重要负荷，应汇报调度，在转移负荷后进行停电检查。

Jb0001531101　10kV 线路接地拉路的原则是什么？（5 分）

考核知识点：接地故障处理

难易度：易

标准答案：

（1）先拉主干线分段断路器，再拉分支断路器。
（2）运行状况较差的分支线路或分支线路较长的线路可先试拉。
（3）线路所带重要用户可最后再进行拉路。
（4）对拉路确认未接地的部分可进行负荷转移，保障用户正常供电。

第二章 配电运营指挥员初级工技能操作

Jc0001541001 通过供电服务指挥系统调看公用配电变压器重载情况。（100 分）

考核知识点： 供电服务指挥系统操作

难易度： 易

技能等级评价专业技能考核操作工作任务书

一、任务名称

通过供电服务指挥系统调看公用配电变压器重载情况。

二、适用工种

配电运营指挥员初级工。

三、具体任务

通过供电服务指挥系统调看公用配电变压器重载情况，按要求指出重载公用配电变压器所处状态。

四、工作规范及要求

（1）熟悉供电服务指挥系统，明确操作范围。

（2）正确使用供电服务指挥系统。

（3）明确公用配电变压器重载情况。

（4）会调阅相关数据。

五、考核及时间要求

（1）本考核操作时间为 5 分钟，包括报告整理时间，时间到停止考评。

（2）按照给定项目安排操作顺序。

（3）若有补充说明请注明。

技能等级评价专业技能考核操作评分标准

<table>
<tr><td>工种</td><td colspan="5">配电运营指挥员</td><td>评价等级</td><td colspan="2">初级工</td></tr>
<tr><td>项目模块</td><td colspan="4">基础能力—供电服务运营管控</td><td>编号</td><td colspan="3">Jc0001541001</td></tr>
<tr><td>单位</td><td colspan="2"></td><td>准考证号</td><td colspan="2"></td><td>姓名</td><td colspan="2"></td></tr>
<tr><td>考试时限</td><td>5 分钟</td><td>题型</td><td colspan="3">单项操作</td><td>题分</td><td colspan="2">100 分</td></tr>
<tr><td>成绩</td><td></td><td>考评员</td><td></td><td>考评组长</td><td></td><td>日期</td><td colspan="2"></td></tr>
<tr><td>试题正文</td><td colspan="8">通过供电服务指挥系统调看公用配电变压器重载情况</td></tr>
<tr><td>需要说明的问题和要求</td><td colspan="8">（1）要求熟悉供电服务指挥系统，掌握公用配电变压器重载情况。
（2）正确进行调看操作。
（3）操作结束后，应举手示意，待考评员同意后方可离开考场。
（4）若考生误操作或处置不当，则该考核计 0 分</td></tr>
<tr><td>序号</td><td>项目名称</td><td colspan="2">质量要求</td><td>满分</td><td colspan="2">扣分标准</td><td>扣分原因</td><td>得分</td></tr>
<tr><td>1</td><td>登录系统</td><td colspan="2">说明登录供电服务指挥系统步骤</td><td>20</td><td colspan="2">未说明或说明不正确扣 20 分</td><td></td><td></td></tr>
</table>

续表

序号	项目名称	质量要求	满分	扣分标准	扣分原因	得分
2	通过供电服务指挥系统调看公用配电变压器重载情况	写出调看公用配电变压器重载步骤	30	未说明或说明不正确扣 30 分		
3	调看内容	选出重载的公用配电变压器	20	未说明或说明不正确扣 10 分		
4	返回系统主界面	说明返回系统主界面操作步骤	10	未说明或说明不正确扣 10 分		
5	填写报告	正确填写报告	20	每缺少 1 步扣 2 分		
合计			100			

Jc0001541002　通过供电服务指挥系统调看公用配电变压器过载情况。（100 分）

考核知识点：供电服务指挥系统操作

难易度：易

技能等级评价专业技能考核操作工作任务书

一、任务名称

通过供电服务指挥系统调看公用配电变压器过载情况。

二、适用工种

配电运营指挥员初级工。

三、具体任务

通过供电服务指挥系统调看公用配电变压器过载情况，按要求指出过载公用配电变压器所处状态。

四、工作规范及要求

（1）熟悉供电服务指挥系统，明确操作范围。

（2）正确使用供电服务指挥系统。

（3）明确公用配电变压器过载情况。

（4）会调阅相关数据。

五、考核及时间要求

（1）本考核操作时间为 5 分钟，包括报告整理时间，时间到停止考评。

（2）按照给定项目安排操作顺序。

（3）若有补充说明请注明。

技能等级评价专业技能考核操作评分标准

工种	配电运营指挥员					评价等级	初级工
项目模块	基础能力—供电服务运营管控				编号	Jc0001541002	
单位			准考证号			姓名	
考试时限	5 分钟	题型	单项操作			题分	100 分
成绩		考评员		考评组长		日期	
试题正文	通过供电服务指挥系统调看公用配电变压器过载情况						
需要说明的问题和要求	（1）要求熟悉供电服务指挥系统，掌握公用配电变压器过载情况。 （2）正确进行调看操作。 （3）操作结束后，应举手示意，待考评员同意后方可离开考场。 （4）若考生误操作或处置不当，则该考核计 0 分						

续表

序号	项目名称	质量要求	满分	扣分标准	扣分原因	得分
1	登录系统	说明登录供电服务指挥系统步骤	20	未说明或说明不正确扣 20 分		
2	通过供电服务指挥系统调看公用配电变压器过载情况	写出调看公用配电变压器过载步骤	30	未说明或说明不正确扣 30 分		
3	调看内容	选出过载的公用配电变压器	20	未说明或说明不正确扣 10 分		
4	返回系统主界面	说明返回系统主界面操作步骤	10	未说明或说明不正确扣 10 分		
5	填写报告	正确填写报告	20	每缺少 1 步扣 2 分		
合计			100			

Jc0001541003　通过供电服务指挥系统调看公用配电变压器低电压情况。（100 分）

考核知识点：供电服务指挥系统操作

难易度：易

技能等级评价专业技能考核操作工作任务书

一、任务名称

通过供电服务指挥系统调看公用配电变压器低电压情况。

二、适用工种

配电运营指挥员初级工。

三、具体任务

通过供电服务指挥系统调看公用配电变压器低电压情况，按要求指出低电压公用配电变压器所处状态。

四、工作规范及要求

（1）熟悉供电服务指挥系统，明确操作范围。

（2）正确使用供电服务指挥系统。

（3）明确公用配电变压器低电压情况。

（4）会调阅相关数据。

五、考核及时间要求

（1）本考核操作时间为 5 分钟，包括报告整理时间，时间到停止考评。

（2）按照给定项目安排操作顺序。

（3）若有补充说明请注明。

技能等级评价专业技能考核操作评分标准

工种	配电运营指挥员					评价等级	初级工
项目模块	基础能力—供电服务运营管控				编号	Jc0001541003	
单位			准考证号			姓名	
考试时限	5 分钟		题型	单项操作		题分	100 分
成绩		考评员		考评组长		日期	
试题正文	通过供电服务指挥系统调看公用配电变压器低电压情况						

续表

需要说明的问题和要求	（1）要求熟悉供电服务指挥系统，掌握公用配电变压器低电压情况。 （2）正确进行调看操作。 （3）操作结束后，应举手示意，待考评员同意后方可离开考场。 （4）若考生误操作或处置不当，则该考核计 0 分

序号	项目名称	质量要求	满分	扣分标准	扣分原因	得分
1	登录系统	说明登录供电服务指挥系统步骤	20	未说明或说明不正确扣 20 分		
2	通过供电服务指挥系统调看公用配电变压器低电压情况	写出调看公用配电变压器低电压步骤	30	未说明或说明不正确扣 30 分		
3	调看内容	选出低电压公用配电变压器	20	未说明或说明不正确扣 10 分		
4	返回系统主界面	说明返回系统主界面操作步骤	10	未说明或说明不正确扣 10 分		
5	填写报告	正确填写报告	20	每缺少 1 步扣 2 分		
合计			100			

Jc0001541004　通过供电服务指挥系统调看公用配电变压器三相不平衡情况。（100 分）

考核知识点： 供电服务指挥系统操作

难易度： 易

技能等级评价专业技能考核操作工作任务书

一、任务名称

通过供电服务指挥系统调看公用配电变压器三相不平衡情况。

二、适用工种

配电运营指挥员初级工。

三、具体任务

通过供电服务指挥系统调看公用配电变压器三相不平衡情况，按要求指出三相不平衡公用配电变压器所处状态。

四、工作规范及要求

（1）熟悉供电服务指挥系统，明确操作范围。

（2）正确使用供电服务指挥系统。

（3）明确公用配电变压器三相不平衡情况。

（4）会调阅相关数据。

五、考核及时间要求

（1）本考核操作时间为 5 分钟，包括报告整理时间，时间到停止考评。

（2）按照给定项目安排操作顺序。

（3）若有补充说明请注明。

技能等级评价专业技能考核操作评分标准

<table>
<tr><td>工种</td><td colspan="5">配电运营指挥员</td><td>评价等级</td><td>初级工</td></tr>
<tr><td>项目模块</td><td colspan="4">基础能力—供电服务运营管控</td><td>编号</td><td colspan="2">Jc0001541004</td></tr>
<tr><td>单位</td><td colspan="2"></td><td>准考证号</td><td colspan="2"></td><td>姓名</td><td></td></tr>
<tr><td>考试时限</td><td colspan="2">5 分钟</td><td>题型</td><td colspan="2">单项操作</td><td>题分</td><td>100 分</td></tr>
<tr><td>成绩</td><td></td><td>考评员</td><td></td><td>考评组长</td><td></td><td>日期</td><td></td></tr>
</table>

续表

试题正文	通过供电服务指挥系统调看公用配电变压器三相不平衡情况					
需要说明的问题和要求	（1）要求熟悉供电服务指挥系统，掌握公用配电变压器三相不平衡情况。 （2）正确进行调看操作。 （3）操作结束后，应举手示意，待考评员同意后方可离开考场。 （4）若考生误操作或处置不当，则该考核计0分					
序号	项目名称	质量要求	满分	扣分标准	扣分原因	得分
1	登录系统	说明登录供电服务指挥系统步骤	20	未说明或说明不正确扣20分		
2	通过供电服务指挥系统调看公用配电变压器三相不平衡情况	写出调看公用配电变压器三相不平衡步骤	30	未说明或说明不正确扣30分		
3	调看内容	选出三相不平衡公用配电变压器	20	未说明或说明不正确扣10分		
4	返回系统主界面	说明返回系统主界面操作步骤	10	未说明或说明不正确扣10分		
5	填写报告	正确填写报告	20	每缺少1步扣2分		
合计			100			

Jc0001541005　通过供电服务指挥系统调看公用配电变压器过电压情况。（100分）

考核知识点：供电服务指挥系统操作

难易度：易

技能等级评价专业技能考核操作工作任务书

一、任务名称

通过供电服务指挥系统调看公用配电变压器过电压情况。

二、适用工种

配电运营指挥员初级工。

三、具体任务

通过供电服务指挥系统调看公用配电变压器过电压情况，按要求指出过电压公用配电变压器所处状态。

四、工作规范及要求

（1）熟悉供电服务指挥系统，明确操作范围。

（2）正确使用供电服务指挥系统。

（3）明确公用配电变压器过电压情况。

（4）会调阅相关数据。

五、考核及时间要求

（1）本考核操作时间为5分钟，包括报告整理时间，时间到停止考评。

（2）按照给定项目安排操作顺序。

（3）若有补充说明请注明。

技能等级评价专业技能考核操作评分标准

工种	配电运营指挥员			评价等级	初级工
项目模块	基础能力—供电服务运营管控		编号	Jc0001541005	
单位		准考证号		姓名	

续表

考试时限	5 分钟		题型	单项操作	题分	100 分
成绩		考评员		考评组长	日期	
试题正文	通过供电服务指挥系统调看公用配电变压器过电压情况					
需要说明的问题和要求	（1）要求熟悉供电服务指挥系统，掌握公用配电变压器过电压情况。 （2）正确进行调看操作。 （3）操作结束后，应举手示意，待考评员同意后方可离开考场。 （4）若考生误操作或处置不当，则该考核计 0 分					

序号	项目名称	质量要求	满分	扣分标准	扣分原因	得分
1	登录系统	说明登录供电服务指挥系统步骤	20	未说明或说明不正确扣 20 分		
2	通过供电服务指挥系统调看公用配电变压器过电压	写出调看公用配电变压器过电压步骤	30	未说明或说明不正确扣 30 分		
3	调看内容	选出过电压公用配电变压器	20	未说明或说明不正确扣 10 分		
4	返回系统主界面	说明返回系统主界面操作步骤	10	未说明或说明不正确扣 10 分		
5	填写报告	正确填写报告	20	每缺少 1 步扣 2 分		
合计			100			

Jc0001541006　通过供电服务指挥系统调看公用配电变压器电压异常情况。(100 分)

考核知识点：供电服务指挥系统操作

难易度：易

技能等级评价专业技能考核操作工作任务书

一、任务名称

通过供电服务指挥系统调看公用配电变压器电压异常情况。

二、适用工种

配电运营指挥员初级工。

三、具体任务

通过供电服务指挥系统调看公用配电变压器电压异常情况，按要求指出电压异常公用配电变压器所处状态。

四、工作规范及要求

（1）熟悉供电服务指挥系统，明确操作范围。

（2）正确使用供电服务指挥系统。

（3）明确公用配电变压器电压异常情况。

（4）会调阅相关数据。

五、考核及时间要求

（1）本考核操作时间为 5 分钟，包括报告整理时间，时间到停止考评。

（2）按照给定项目安排操作顺序。

（3）若有补充说明请注明。

技能等级评价专业技能考核操作评分标准

工种	配电运营指挥员		评价等级	初级工
项目模块	基础能力—供电服务运营管控	编号	Jc0001541006	

续表

单位			准考证号			姓名	
考试时限	5 分钟		题型	单项操作		题分	100 分
成绩		考评员		考评组长		日期	
试题正文	通过供电服务指挥系统调看公用配电变压器电压异常情况						
需要说明的问题和要求	（1）要求熟悉供电服务指挥系统，掌握公用配电变压器电压异常情况。 （2）正确进行调看操作。 （3）操作结束后，应举手示意，待考评员同意后方可离开考场。 （4）若考生误操作或处置不当，则该考核计 0 分						

序号	项目名称	质量要求	满分	扣分标准	扣分原因	得分
1	登录系统	说明登录供电服务指挥系统步骤	20	未说明或说明不正确扣 20 分		
2	通过供电服务指挥系统调看公用配电变压器电压异常	写出调看公用配电变压器电压异常步骤	30	未说明或说明不正确扣 30 分		
3	调看内容	选出电压异常公用配电变压器	20	未说明或说明不正确扣 10 分		
4	返回系统主界面	说明返回系统主界面操作步骤	10	未说明或说明不正确扣 10 分		
5	填写报告	正确填写报告	20	每缺少 1 步扣 2 分		
合计			100			

Jc0001541007　通过供电服务指挥系统调看公用配电变压器功率异常情况。（100 分）

考核知识点：供电服务指挥系统操作

难易度：易

技能等级评价专业技能考核操作工作任务书

一、任务名称

通过供电服务指挥系统调看公用配电变压器功率异常情况。

二、适用工种

配电运营指挥员初级工。

三、具体任务

通过供电服务指挥系统调看公用配电变压器功率异常情况，按要求指出功率异常公用配电变压器所处状态。

四、工作规范及要求

（1）熟悉供电服务指挥系统，明确操作范围。

（2）正确使用供电服务指挥系统。

（3）明确公用配电变压器功率异常情况。

（4）会调阅相关数据。

五、考核及时间要求

（1）本考核操作时间为 5 分钟，包括报告整理时间，时间到停止考评。

（2）按照给定项目安排操作顺序。

（3）若有补充说明请注明。

技能等级评价专业技能考核操作评分标准

工种	配电运营指挥员					评价等级	初级工
项目模块	基础能力—供电服务运营管控				编号	Jc0001541007	
单位			准考证号			姓名	
考试时限	5 分钟		题型	单项操作		题分	100 分
成绩		考评员		考评组长		日期	
试题正文	通过供电服务指挥系统调看公用配电变压器功率异常情况						
需要说明的问题和要求	（1）要求熟悉供电服务指挥系统，掌握公用配电变压器功率异常情况。 （2）正确进行调看操作。 （3）操作结束后，应举手示意，待考评员同意后方可离开考场。 （4）若考生误操作或处置不当，则该考核计 0 分						

序号	项目名称	质量要求	满分	扣分标准	扣分原因	得分
1	登录系统	说明登录供电服务指挥系统步骤	20	未说明或说明不正确扣 20 分		
2	通过供电服务指挥系统调看公用配电变压器功率异常	写出调看公用配电变压器功率异常步骤	30	未说明或说明不正确扣 30 分		
3	调看内容	选出功率异常公用配电变压器	20	未说明或说明不正确扣 10 分		
4	返回系统主界面	说明返回系统主界面操作步骤	10	未说明或说明不正确扣 10 分		
5	填写报告	正确填写报告	20	每缺少 1 步扣 2 分		
合计			100			

Jc0001541008　通过供电服务指挥系统调看公用配电变压器停运情况。（100 分）

考核知识点：供电服务指挥系统操作

难易度：易

技能等级评价专业技能考核操作工作任务书

一、任务名称

通过供电服务指挥系统调看公用配电变压器停运情况。

二、适用工种

配电运营指挥员初级工。

三、具体任务

通过供电服务指挥系统调看公用配电变压器停运情况，按要求指出停运公用配电变压器所处状态。

四、工作规范及要求

（1）熟悉供电服务指挥系统，明确操作范围。

（2）正确使用供电服务指挥系统。

（3）明确公用配电变压器停运情况。

（4）会调阅相关数据。

五、考核及时间要求

（1）本考核操作时间为 5 分钟，包括报告整理时间，时间到停止考评。

（2）按照给定项目安排操作顺序。

（3）若有补充说明请注明。

技能等级评价专业技能考核操作评分标准

工种	配电运营指挥员				评价等级	初级工
项目模块	基础能力—供电服务运营管控			编号	Jc0001541008	
单位		准考证号			姓名	
考试时限	5 分钟	题型	单项操作		题分	100 分
成绩		考评员		考评组长		日期
试题正文	通过供电服务指挥系统调看公用配电变压器停运情况					
需要说明的问题和要求	（1）要求熟悉供电服务指挥系统，掌握公用配电变压器停运情况。 （2）正确进行调看操作。 （3）操作结束后，应举手示意，待考评员同意后方可离开考场。 （4）若考生误操作或处置不当，则该考核计 0 分					

序号	项目名称	质量要求	满分	扣分标准	扣分原因	得分
1	登录系统	说明登录供电服务指挥系统步骤	20	未说明或说明不正确扣 20 分		
2	通过供电服务指挥系统调看公用配电变压器停运	写出调看公用配电变压器停运步骤	30	未说明或说明不正确扣 30 分		
3	调看内容	选出停运公用配电变压器	20	未说明或说明不正确扣 10 分		
4	返回系统主界面	说明返回系统主界面操作步骤	10	未说明或说明不正确扣 10 分		
5	填写报告	正确填写报告	20	每缺少 1 步扣 2 分		
合计			100			

Jc0001541009 通过供电服务指挥系统调看馈线停运情况。（100 分）

考核知识点：供电服务指挥系统操作

难易度：易

技能等级评价专业技能考核操作工作任务书

一、任务名称

通过供电服务指挥系统调看馈线停运情况。

二、适用工种

配电运营指挥员初级工。

三、具体任务

通过供电服务指挥系统调看馈线停运情况，按要求指出停运馈线所处状态。

四、工作规范及要求

（1）熟悉供电服务指挥系统，明确操作范围。

（2）正确使用供电服务指挥系统。

（3）明确馈线停运情况。

（4）会调阅相关数据。

五、考核及时间要求

（1）本考核操作时间为 5 分钟，包括报告整理时间，时间到停止考评。

（2）按照给定项目安排操作顺序。

（3）若有补充说明请注明。

技能等级评价专业技能考核操作评分标准

工种	配电运营指挥员					评价等级	初级工
项目模块	基础能力—供电服务运营管控				编号	Jc0001541009	
单位			准考证号			姓名	
考试时限	5 分钟		题型	单项操作		题分	100 分
成绩		考评员		考评组长		日期	
试题正文	通过供电服务指挥系统调看馈线停运情况						
需要说明的问题和要求	（1）要求熟悉供电服务指挥系统，掌握馈线停运情况。 （2）正确进行调看操作。 （3）操作结束后，应举手示意，待考评员同意后方可离开考场。 （4）若考生误操作或处置不当，则该考核计 0 分						

序号	项目名称	质量要求	满分	扣分标准	扣分原因	得分
1	登录系统	说明登录供电服务指挥系统步骤	20	未说明或说明不正确扣 20 分		
2	通过供电服务指挥系统调看馈线停运	写出调看馈线停运步骤	30	未说明或说明不正确扣 30 分		
3	调看内容	选出停运馈线	20	未说明或说明不正确扣 10 分		
4	返回系统主界面	说明返回系统主界面操作步骤	10	未说明或说明不正确扣 10 分		
5	填写报告	正确填写报告	20	每缺少 1 步扣 2 分		
合计			100			

Jc0001541010　通过供电服务指挥系统调看公用配电变压器设备画像。（100 分）

考核知识点：供电服务指挥系统操作

难易度：易

技能等级评价专业技能考核操作工作任务书

一、任务名称

通过供电服务指挥系统调看公用配电变压器设备画像。

二、适用工种

配电运营指挥员初级工。

三、具体任务

通过供电服务指挥系统调看公用配电变压器设备画像，按要求指出公用配电变压器设备画像所处状态。

四、工作规范及要求

（1）熟悉供电服务指挥系统，明确操作范围。

（2）正确使用供电服务指挥系统。

（3）明确公用配电变压器设备画像情况。

（4）会调阅相关数据。

五、考核及时间要求

（1）本考核操作时间为 5 分钟，包括报告整理时间，时间到停止考评。

（2）按照给定项目安排操作顺序。

（3）若有补充说明请注明。

技能等级评价专业技能考核操作评分标准

<table>
<tr><td>工种</td><td colspan="5">配电运营指挥员</td><td>评价等级</td><td>初级工</td></tr>
<tr><td>项目模块</td><td colspan="4">基础能力—供电服务运营管控</td><td>编号</td><td colspan="2">Jc0001541010</td></tr>
<tr><td>单位</td><td colspan="2"></td><td>准考证号</td><td colspan="2"></td><td>姓名</td><td></td></tr>
<tr><td>考试时限</td><td colspan="2">5 分钟</td><td>题型</td><td colspan="2">单项操作</td><td>题分</td><td>100 分</td></tr>
<tr><td>成绩</td><td></td><td>考评员</td><td></td><td>考评组长</td><td></td><td>日期</td><td></td></tr>
<tr><td>试题正文</td><td colspan="7">通过供电服务指挥系统调看公用配电变压器设备画像</td></tr>
<tr><td>需要说明的问题和要求</td><td colspan="7">（1）要求熟悉供电服务指挥系统，掌握公用配电变压器设备画像。
（2）正确进行调看操作。
（3）操作结束后，应举手示意，待考评员同意后方可离开考场。
（4）若考生误操作或处置不当，则该考核计 0 分</td></tr>
</table>

序号	项目名称	质量要求	满分	扣分标准	扣分原因	得分
1	登录系统	说明登录供电服务指挥系统步骤	20	未说明或说明不正确扣 20 分		
2	通过供电服务指挥系统调看公用配电变压器设备画像	写出调看公用配电变压器设备画像步骤	30	未说明或说明不正确扣 30 分		
3	调看内容	选出公用配电变压器设备画像	20	未说明或说明不正确扣 10 分		
4	返回系统主界面	说明返回系统主界面操作步骤	10	未说明或说明不正确扣 10 分		
5	填写报告	正确填写报告	20	每缺少 1 步扣 2 分		
合计			100			

Jc0001541011　通过供电服务指挥系统调看线损情况。（100 分）

考核知识点：供电服务指挥系统操作

难易度：易

技能等级评价专业技能考核操作工作任务书

一、任务名称

通过供电服务指挥系统调看线损情况。

二、适用工种

配电运营指挥员初级工。

三、具体任务

通过供电服务指挥系统调看线路损耗（简称线损）情况，按要求指出线损情况。

四、工作规范及要求

（1）熟悉供电服务指挥系统，明确操作范围。

（2）正确使用供电服务指挥系统。

（3）明确线损情况。

（4）会调阅相关数据。

五、考核及时间要求

（1）本考核操作时间为 5 分钟，包括报告整理时间，时间到停止考评。

（2）按照给定项目安排操作顺序。

（3）若有补充说明请注明。

技能等级评价专业技能考核操作评分标准

工种	配电运营指挥员					评价等级	初级工
项目模块	基础能力—供电服务运营管控				编号	Jc0001541011	
单位			准考证号			姓名	
考试时限	5 分钟	题型		单项操作		题分	100 分
成绩		考评员		考评组长		日期	
试题正文	通过供电服务指挥系统调看线损情况						
需要说明的问题和要求	（1）要求熟悉供电服务指挥系统，掌握线损情况。 （2）正确进行调看操作。 （3）操作结束后，应举手示意，待考评员同意后方可离开考场。 （4）若考生误操作或处置不当，则该考核计 0 分						

序号	项目名称	质量要求	满分	扣分标准	扣分原因	得分
1	登录系统	说明登录供电服务指挥系统步骤	20	未说明或说明不正确扣 20 分		
2	通过供电服务指挥系统调看线损情况	写出调看线损情况步骤	30	未说明或说明不正确扣 30 分		
3	调看内容	选出线损情况	20	未说明或说明不正确扣 20 分		
4	返回系统主界面	说明返回系统主界面操作步骤	10	未说明或说明不正确扣 10 分		
5	填写报告	正确填写报告	20	每缺少 1 步扣 2 分		
合计			100			

Jc0001541012　通过供电服务指挥系统调看智能巡检任务情况。（100 分）

考核知识点：供电服务指挥系统操作

难易度：易

技能等级评价专业技能考核操作工作任务书

一、任务名称

通过供电服务指挥系统调看智能巡检任务情况。

二、适用工种

配电运营指挥员初级工。

三、具体任务

通过供电服务指挥系统调看智能巡检任务，按要求指出智能巡检任务情况。

四、工作规范及要求

（1）熟悉供电服务指挥系统，明确操作范围。

（2）正确使用供电服务指挥系统。

（3）明确智能巡检任务情况。

（4）会调阅相关数据。

五、考核及时间要求

（1）本考核操作时间为 5 分钟，包括报告整理时间，时间到停止考评。

（2）按照给定项目安排操作顺序。

（3）若有补充说明请注明。

技能等级评价专业技能考核操作评分标准

工种	配电运营指挥员					评价等级	初级工
项目模块	基础能力—供电服务运营管控				编号	Jc0001541012	
单位			准考证号			姓名	
考试时限	5分钟	题型	单项操作			题分	100分
成绩		考评员		考评组长		日期	
试题正文	通过供电服务指挥系统调看智能巡检任务情况						
需要说明的问题和要求	（1）要求熟悉供电服务指挥系统，掌握智能巡检任务情况。 （2）正确进行调看操作。 （3）操作结束后，应举手示意，待考评员同意后方可离开考场。 （4）若考生误操作或处置不当，则该考核计0分						

序号	项目名称	质量要求	满分	扣分标准	扣分原因	得分
1	登录系统	说明登录供电服务指挥系统步骤	20	未说明或说明不正确扣20分		
2	通过供电服务指挥系统调看智能巡检任务	写出调看智能巡检任务步骤	30	未说明或说明不正确扣30分		
3	调看内容	选出智能巡检任务情况	20	未说明或说明不正确扣20分		
4	返回系统主界面	说明返回系统主界面操作步骤	10	未说明或说明不正确扣10分		
5	填写报告	正确填写报告	20	每缺少1步扣2分		
合计			100			

Jc0001541013 通过供电服务指挥系统调看缺陷情况。(100分)

考核知识点：供电服务指挥系统操作

难易度：易

技能等级评价专业技能考核操作工作任务书

一、任务名称

通过供电服务指挥系统调看缺陷情况。

二、适用工种

配电运营指挥员初级工。

三、具体任务

通过供电服务指挥系统调看缺陷，按要求指出缺陷情况。

四、工作规范及要求

（1）熟悉供电服务指挥系统，明确操作范围。

（2）正确使用供电服务指挥系统。

（3）明确缺陷情况。

（4）会调阅相关数据。

五、考核及时间要求

（1）本考核操作时间为5分钟，包括报告整理时间，时间到停止考评。

（2）按照给定项目安排操作顺序。

（3）若有补充说明请注明。

技能等级评价专业技能考核操作评分标准

工种	配电运营指挥员				评价等级	初级工	
项目模块	基础能力一供电服务运营管控			编号	Jc0001541013		
单位			准考证号		姓名		
考试时限	5 分钟	题型	单项操作		题分	100 分	
成绩		考评员		考评组长		日期	
试题正文	通过供电服务指挥系统调看缺陷情况						
需要说明的问题和要求	（1）要求熟悉供电服务指挥系统，掌握缺陷情况。 （2）正确进行调看操作。 （3）操作结束后，应举手示意，待考评员同意后方可离开考场。 （4）若考生误操作或处置不当，则该考核计 0 分						

序号	项目名称	质量要求	满分	扣分标准	扣分原因	得分
1	登录系统	说明登录供电服务指挥系统步骤	20	未说明或说明不正确扣 20 分		
2	通过供电服务指挥系统调看缺陷情况	写出调看缺陷步骤	30	未说明或说明不正确扣 30 分		
3	调看内容	选出缺陷情况	20	未说明或说明不正确扣 20 分		
4	返回系统主界面	说明返回系统主界面操作步骤	10	未说明或说明不正确扣 10 分		
5	填写报告	正确填写报告	20	每缺少 1 步扣 2 分		
合计			100			

Jc0001541014　通过供电服务指挥系统调看业扩工单情况。（100 分）

考核知识点： 供电服务指挥系统操作

难易度： 易

技能等级评价专业技能考核操作工作任务书

一、任务名称

通过供电服务指挥系统调看业扩工单情况。

二、适用工种

配电运营指挥员初级工。

三、具体任务

通过供电服务指挥系统调看业扩工单，按要求指出业扩工单情况。

四、工作规范及要求

（1）熟悉供电服务指挥系统，明确操作范围。

（2）正确使用供电服务指挥系统。

（3）明确业扩工单情况。

（4）会调阅相关数据。

五、考核及时间要求

（1）本考核操作时间为 5 分钟，包括报告整理时间，时间到停止考评。

（2）按照给定项目安排操作顺序。

（3）若有补充说明请注明。

技能等级评价专业技能考核操作评分标准

工种	配电运营指挥员						评价等级	初级工
项目模块	基础能力—供电服务运营管控					编号	Jc0001541014	
单位				准考证号			姓名	
考试时限	5 分钟		题型		单项操作		题分	100 分
成绩		考评员		考评组长			日期	
试题正文	通过供电服务指挥系统调看业扩工单情况							
需要说明的问题和要求	（1）要求熟悉供电服务指挥系统，掌握业扩工单情况。 （2）正确进行调看操作。 （3）操作结束后，应举手示意，待考评员同意后方可离开考场。 （4）若考生误操作或处置不当，则该考核计 0 分							

序号	项目名称	质量要求	满分	扣分标准	扣分原因	得分
1	登录系统	说明登录供电服务指挥系统步骤	20	未说明或说明不正确扣 20 分		
2	通过供电服务指挥系统调看业扩工单情况	写出调看业扩工单步骤	30	未说明或说明不正确扣 30 分		
3	调看内容	选出业扩工单	20	未说明或说明不正确扣 20 分		
4	返回系统主界面	说明返回系统主界面操作步骤	10	未说明或说明不正确扣 10 分		
5	填写报告	正确填写报告	20	每缺少 1 步扣 2 分		
合计			100			

Jc0001541015　通过供电服务指挥系统调看业扩指标情况。（100 分）

考核知识点：供电服务指挥系统操作

难易度：易

技能等级评价专业技能考核操作工作任务书

一、任务名称

通过供电服务指挥系统调看业扩指标情况。

二、适用工种

配电运营指挥员初级工。

三、具体任务

通过供电服务指挥系统调看业扩指标，按要求指出业扩指标情况。

四、工作规范及要求

（1）熟悉供电服务指挥系统，明确操作范围。

（2）正确使用供电服务指挥系统。

（3）明确业扩指标情况。

（4）会调阅相关数据。

五、考核及时间要求

（1）本考核操作时间为 5 分钟，包括报告整理时间，时间到停止考评。

（2）按照给定项目安排操作顺序。

（3）若有补充说明请注明。

技能等级评价专业技能考核操作评分标准

工种	配电运营指挥员					评价等级	初级工
项目模块	基础能力—供电服务运营管控				编号	Jc0001541015	
单位			准考证号			姓名	
考试时限	5 分钟	题型		单项操作		题分	100 分
成绩		考评员		考评组长		日期	
试题正文	通过供电服务指挥系统调看业扩指标情况						
需要说明的问题和要求	（1）要求熟悉供电服务指挥系统，掌握业扩指标情况。 （2）正确进行调看操作。 （3）操作结束后，应举手示意，待考评员同意后方可离开考场。 （4）若考生误操作或处置不当，则该考核计 0 分						

序号	项目名称	质量要求	满分	扣分标准	扣分原因	得分
1	登录系统	说明登录供电服务指挥系统步骤	20	未说明或说明不正确扣 20 分		
2	通过供电服务指挥系统调看业扩指标情况	写出调看业扩指标步骤	30	未说明或说明不正确扣 30 分		
3	调看内容	调看业扩指标	20	未说明或说明不正确扣 20 分		
4	返回系统主界面	说明返回系统主界面操作步骤	10	未说明或说明不正确扣 10 分		
5	填写报告	正确填写报告	20	每缺少 1 步扣 2 分		
合计			100			

Jc0001541016　通过供电服务指挥系统调看 95598 知识库。（100 分）

考核知识点：供电服务指挥系统操作

难易度：易

技能等级评价专业技能考核操作工作任务书

一、任务名称

通过供电服务指挥系统调看 95598 知识库。

二、适用工种

配电运营指挥员初级工。

三、具体任务

通过供电服务指挥系统调看 95598 知识库，按要求使用 95598 知识库。

四、工作规范及要求

（1）熟悉供电服务指挥系统，明确操作范围。

（2）正确使用供电服务指挥系统。

（3）明确 95598 知识库情况。

（4）会调阅相关数据。

五、考核及时间要求

（1）本考核操作时间为 5 分钟，包括报告整理时间，时间到停止考评。

（2）按照给定项目安排操作顺序。

（3）若有补充说明请注明。

技能等级评价专业技能考核操作评分标准

<table>
<tr><td>工种</td><td colspan="6">配电运营指挥员</td><td>评价等级</td><td colspan="2">初级工</td></tr>
<tr><td>项目模块</td><td colspan="5">基础能力—供电服务运营管控</td><td>编号</td><td colspan="3">Jc0001541016</td></tr>
<tr><td>单位</td><td colspan="3"></td><td>准考证号</td><td colspan="2"></td><td>姓名</td><td colspan="2"></td></tr>
<tr><td>考试时限</td><td colspan="2">5 分钟</td><td>题型</td><td colspan="3">单项操作</td><td>题分</td><td colspan="2">100 分</td></tr>
<tr><td>成绩</td><td></td><td>考评员</td><td></td><td>考评组长</td><td colspan="2"></td><td>日期</td><td colspan="2"></td></tr>
<tr><td>试题正文</td><td colspan="9">通过供电服务指挥系统调看 95598 知识库</td></tr>
<tr><td>需要说明的问题和要求</td><td colspan="9">（1）要求熟悉供电服务指挥系统，掌握 95598 知识库的使用。
（2）正确进行调看操作。
（3）操作结束后，应举手示意，待考评员同意后方可离开考场。
（4）若考生误操作或处置不当，则该考核计 0 分</td></tr>
</table>

序号	项目名称	质量要求	满分	扣分标准	扣分原因	得分
1	登录系统	说明登录供电服务指挥系统步骤	20	未说明或说明不正确扣 20 分		
2	通过供电服务指挥系统调看 95598 知识库	写出调看 95598 知识库步骤	30	未说明或说明不正确扣 30 分		
3	调看内容	调看 95598 知识库	20	未说明或说明不正确扣 20 分		
4	返回系统主界面	说明返回系统主界面操作步骤	10	未说明或说明不正确扣 10 分		
5	填写报告	正确填写报告	20	每缺少 1 步扣 2 分		
合计			100			

Jc0001541017　通过供电服务指挥系统调看重要事项报备。（100 分）

考核知识点：供电服务指挥系统操作

难易度：易

技能等级评价专业技能考核操作工作任务书

一、任务名称

通过供电服务指挥系统调看重要事项报备。

二、适用工种

配电运营指挥员初级工。

三、具体任务

通过供电服务指挥系统调看重要事项报备，按要求使用重要事项报备。

四、工作规范及要求

（1）熟悉供电服务指挥系统，明确操作范围。

（2）正确使用供电服务指挥系统。

（3）明确重要事项报备。

（4）会调阅相关数据。

五、考核及时间要求

（1）本考核操作时间为 5 分钟，包括报告整理时间，时间到停止考评。

（2）按照给定项目安排操作顺序。

（3）若有补充说明请注明。

技能等级评价专业技能考核操作评分标准

工种	配电运营指挥员				评价等级	初级工
项目模块	基础能力—供电服务运营管控			编号	Jc0001541017	
单位		准考证号			姓名	
考试时限	5 分钟	题型	单项操作		题分	100 分
成绩		考评员		考评组长	日期	
试题正文	通过供电服务指挥系统调看重要事项报备					
需要说明的问题和要求	（1）要求熟悉供电服务指挥系统，掌握重要事项报备的使用。 （2）正确进行调看操作。 （3）操作结束后，应举手示意，待考评员同意后方可离开考场。 （4）若考生误操作或处置不当，则该考核计 0 分					

序号	项目名称	质量要求	满分	扣分标准	扣分原因	得分
1	登录系统	说明登录供电服务指挥系统步骤	20	未说明或说明不正确扣 20 分		
2	通过供电服务指挥系统调看重要事项报备	写出调看重要事项报备步骤	30	未说明或说明不正确扣 30 分		
3	调看内容	调看重要事项报备	20	未说明或说明不正确扣 20 分		
4	返回系统主界面	说明返回系统主界面操作步骤	10	未说明或说明不正确扣 10 分		
5	填写报告	正确填写报告	20	每缺少 1 步扣 2 分		
合计			100			

Jc0001541018　通过供电服务指挥系统调看营业厅视频。（100 分）

考核知识点：供电服务指挥系统操作

难易度：易

技能等级评价专业技能考核操作工作任务书

一、任务名称

通过供电服务指挥系统调看营业厅视频。

二、适用工种

配电运营指挥员初级工。

三、具体任务

通过供电服务指挥系统按要求调看营业厅视频。

四、工作规范及要求

（1）熟悉供电服务指挥系统，明确操作范围。

（2）正确使用供电服务指挥系统。

（3）明确营业厅视频内容。

（4）会调阅相关数据。

五、考核及时间要求

（1）本考核操作时间为 5 分钟，包括报告整理时间，时间到停止考评。

（2）按照给定项目安排操作顺序。

（3）若有补充说明请注明。

技能等级评价专业技能考核操作评分标准

工种	配电运营指挥员					评价等级	初级工
项目模块	基础能力—供电服务运营管控				编号	Jc0001541018	
单位			准考证号			姓名	
考试时限	5 分钟	题型		单项操作		题分	100 分
成绩		考评员		考评组长		日期	
试题正文	通过供电服务指挥系统调看营业厅视频						
需要说明的问题和要求	（1）要求熟悉供电服务指挥系统，掌握营业厅调看的使用。 （2）正确进行调看操作。 （3）操作结束后，应举手示意，待考评员同意后方可离开考场。 （4）若考生误操作或处置不当，则该考核计 0 分						

序号	项目名称	质量要求	满分	扣分标准	扣分原因	得分
1	登录系统	说明登录供电服务指挥系统步骤	20	未说明或说明不正确扣 20 分		
2	通过供电服务指挥系统调看营业厅视频	写出调看营业厅视频步骤	30	未说明或说明不正确扣 30 分		
3	调看内容	调看营业厅视频	20	未说明或说明不正确扣 20 分		
4	返回系统主界面	说明返回系统主界面操作步骤	10	未说明或说明不正确扣 10 分		
5	填写报告	正确填写报告	20	每缺少 1 步扣 2 分		
合计			100			

Jc0001541019　通过供电服务指挥系统调看客户用电履约情况。（100 分）

考核知识点：供电服务指挥系统操作

难易度：易

技能等级评价专业技能考核操作工作任务书

一、任务名称

通过供电服务指挥系统调看客户用电履约情况。

二、适用工种

配电运营指挥员初级工。

三、具体任务

通过供电服务指挥系统按要求调看客户用电履约情况。

四、工作规范及要求

（1）熟悉供电服务指挥系统，明确操作范围。

（2）正确使用供电服务指挥系统。

（3）明确客户用电履约内容。

（4）会调阅相关数据。

五、考核及时间要求

（1）本考核操作时间为 5 分钟，包括报告整理时间，时间到停止考评。

（2）按照给定项目安排操作顺序。

（3）若有补充说明请注明。

技能等级评价专业技能考核操作评分标准

工种	配电运营指挥员					评价等级	初级工
项目模块	基础能力—供电服务运营管控				编号	Jc0001541019	
单位			准考证号			姓名	
考试时限	5 分钟		题型	单项操作		题分	100 分
成绩		考评员		考评组长		日期	
试题正文	通过供电服务指挥系统调看客户用电履约情况						
需要说明的问题和要求	（1）要求熟悉供电服务指挥系统，掌握调看客户用电履约的使用。 （2）正确进行调看操作。 （3）操作结束后，应举手示意，待考评员同意后方可离开考场。 （4）若考生误操作或处置不当，则该考核计 0 分						

序号	项目名称	质量要求	满分	扣分标准	扣分原因	得分
1	登录系统	说明登录供电服务指挥系统步骤	20	未说明或说明不正确扣 20 分		
2	通过供电服务指挥系统调看客户用电履约情况	写出调看客户用电履约步骤	30	未说明或说明不正确扣 30 分		
3	调看内容	调看客户用电履约情况	20	未说明或说明不正确扣 20 分		
4	返回系统主界面	说明返回系统主界面操作步骤	10	未说明或说明不正确扣 10 分		
5	填写报告	正确填写报告	20	每缺少 1 步扣 2 分		
合计			100			

Jc0001541020　通过 PMS 调看公用配电变压器重载情况。（100 分）

考核知识点：PMS 操作

难易度：易

技能等级评价专业技能考核操作工作任务书

一、任务名称

通过 PMS 调看公用配电变压器重载情况。

二、适用工种

配电运营指挥员初级工。

三、具体任务

通过设备（资产）运维精益管理系统（PMS）按要求调看公用配电变压器重载情况。

四、工作规范及要求

（1）熟悉 PMS，明确操作范围。

（2）正确使用 PMS。

（3）明确公用配电变压器重载内容。

（4）会调阅相关数据。

五、考核及时间要求

（1）本考核操作时间为 5 分钟，包括报告整理时间，时间到停止考评。

（2）按照给定项目安排操作顺序。

（3）若有补充说明请注明。

技能等级评价专业技能考核操作评分标准

<table>
<tr><td>工种</td><td colspan="5">配电运营指挥员</td><td>评价等级</td><td>初级工</td></tr>
<tr><td>项目模块</td><td colspan="4">基础能力—供电服务运营管控</td><td>编号</td><td colspan="2">Jc0001541020</td></tr>
<tr><td>单位</td><td colspan="3"></td><td>准考证号</td><td></td><td>姓名</td><td></td></tr>
<tr><td>考试时限</td><td colspan="2">5 分钟</td><td>题型</td><td colspan="2">单项操作</td><td>题分</td><td>100 分</td></tr>
<tr><td>成绩</td><td></td><td>考评员</td><td></td><td>考评组长</td><td></td><td>日期</td><td></td></tr>
<tr><td>试题正文</td><td colspan="7">通过 PMS 调看公用配电变压器重载情况</td></tr>
<tr><td>需要说明的问题和要求</td><td colspan="7">（1）要求熟悉 PMS，掌握调看公用配电变压器重载的使用。
（2）正确进行调看操作。
（3）操作结束后，应举手示意，待考评员同意后方可离开考场。
（4）若考生误操作或处置不当，则该考核计 0 分</td></tr>
</table>

序号	项目名称	质量要求	满分	扣分标准	扣分原因	得分
1	登录系统	说明登录 PMS 步骤	20	未说明或说明不正确扣 20 分		
2	通过 PMS 调看公用配电变压器重载情况	写出调看公用配电变压器重载步骤	30	未说明或说明不正确扣 30 分		
3	调看内容	调看重载公用配电变压器	20	未说明或说明不正确扣 20 分		
4	返回系统主界面	说明返回系统主界面操作步骤	10	未说明或说明不正确扣 10 分		
5	填写报告	正确填写报告	20	每缺少 1 步扣 2 分		
合计			100			

Jc0001541021 通过 PMS 调看公用配电变压器过载情况。（100 分）

考核知识点： PMS 操作

难易度： 易

技能等级评价专业技能考核操作工作任务书

一、任务名称

通过 PMS 调看公用配电变压器过载情况。

二、适用工种

配电运营指挥员初级工。

三、具体任务

通过 PMS 按要求调看公用配电变压器过载情况。

四、工作规范及要求

（1）熟悉 PMS，明确操作范围。

（2）正确使用 PMS。

（3）明确公用配电变压器过载内容。

（4）会调阅相关数据。

五、考核及时间要求

（1）本考核操作时间为 5 分钟，包括报告整理时间，时间到停止考评。

（2）按照给定项目安排操作顺序。

（3）若有补充说明请注明。

技能等级评价专业技能考核操作评分标准

工种	配电运营指挥员				评价等级	初级工
项目模块	基础能力—供电服务运营管控			编号	Jc0001541021	
单位		准考证号			姓名	
考试时限	5分钟	题型	单项操作		题分	100分
成绩		考评员	考评组长		日期	
试题正文	通过PMS调看公用配电变压器过载情况					
需要说明的问题和要求	（1）要求熟悉PMS，掌握调看公用配电变压器过载的使用。 （2）正确进行调看操作。 （3）操作结束后，应举手示意，待考评员同意后方可离开考场。 （4）若考生误操作或处置不当，则该考核计0分					

序号	项目名称	质量要求	满分	扣分标准	扣分原因	得分
1	登录系统	说明登录PMS步骤	20	未说明或说明不正确扣20分		
2	通过PMS调看公用配电变压器过载情况	写出调看公用配电变压器过载步骤	30	未说明或说明不正确扣30分		
3	调看内容	调看过载公用配电变压器	20	未说明或说明不正确扣20分		
4	返回系统主界面	说明返回系统主界面操作步骤	10	未说明或说明不正确扣10分		
5	填写报告	正确填写报告	20	每缺少1步扣2分		
合计			100			

Jc0001541022 通过PMS调看公用配电变压器低电压情况。（100分）

考核知识点： PMS操作

难易度： 易

技能等级评价专业技能考核操作工作任务书

一、任务名称

通过PMS调看公用配电变压器低电压情况。

二、适用工种

配电运营指挥员初级工。

三、具体任务

通过PMS按要求调看公用配电变压器低电压情况。

四、工作规范及要求

（1）熟悉PMS，明确操作范围。

（2）正确使用PMS。

（3）明确公用配电变压器低电压内容。

（4）会调阅相关数据。

五、考核及时间要求

（1）本考核操作时间为5分钟，包括报告整理时间，时间到停止考评。

（2）按照给定项目安排操作顺序。

（3）若有补充说明请注明。

技能等级评价专业技能考核操作评分标准

工种	配电运营指挥员				评价等级	初级工
项目模块	基础能力—供电服务运营管控			编号	Jc0001541022	
单位		准考证号			姓名	
考试时限	5 分钟	题型	单项操作		题分	100 分
成绩		考评员		考评组长		日期	
试题正文	通过 PMS 调看公用配电变压器低电压情况					
需要说明的问题和要求	（1）要求熟悉 PMS，掌握调看公用配电变压器低电压的使用。 （2）正确进行调看操作。 （3）操作结束后，应举手示意，待考评员同意后方可离开考场。 （4）若考生误操作或处置不当，则该考核计 0 分					

序号	项目名称	质量要求	满分	扣分标准	扣分原因	得分
1	登录系统	说明登录 PMS 步骤	20	未说明或说明不正确扣 20 分		
2	通过 PMS 调看公用配电变压器低电压情况	写出调看公用配电变压器低电压步骤	30	未说明或说明不正确扣 30 分		
3	调看内容	调看低电压公用配电变压器	20	未说明或说明不正确扣 20 分		
4	返回系统主界面	说明返回系统主界面操作步骤	10	未说明或说明不正确扣 10 分		
5	填写报告	正确填写报告	20	每缺少 1 步扣 2 分		
合计			100			

Jc0001541023　通过 PMS 调看公用配电变压器三相不平衡情况。（100 分）

考核知识点： PMS 操作

难易度： 易

技能等级评价专业技能考核操作工作任务书

一、任务名称

通过 PMS 调看公用配电变压器三相不平衡情况。

二、适用工种

配电运营指挥员初级工。

三、具体任务

通过 PMS 按要求调看公用配电变压器三相不平衡情况。

四、工作规范及要求

（1）熟悉 PMS，明确操作范围。

（2）正确使用 PMS。

（3）明确公用配电变压器三相不平衡内容。

（4）会调阅相关数据。

五、考核及时间要求

（1）本考核操作时间为 5 分钟，包括报告整理时间，时间到停止考评。

（2）按照给定项目安排操作顺序。

（3）若有补充说明请注明。

技能等级评价专业技能考核操作评分标准

工种	配电运营指挥员			评价等级	初级工
项目模块	基础能力—供电服务运营管控		编号	Jc0001541023	
单位		准考证号		姓名	
考试时限	5 分钟	题型	单项操作	题分	100 分
成绩		考评员	考评组长	日期	
试题正文	通过 PMS 调看公用配电变压器三相不平衡情况				
需要说明的问题和要求	（1）要求熟悉 PMS，掌握调看公用配电变压器三相不平衡的使用。 （2）正确进行调看操作。 （3）操作结束后，应举手示意，待考评员同意后方可离开考场。 （4）若考生误操作或处置不当，则该考核计 0 分				

序号	项目名称	质量要求	满分	扣分标准	扣分原因	得分
1	登录系统	说明登录 PMS 步骤	20	未说明或说明不正确扣 20 分		
2	通过 PMS 调看公用配电变压器三相不平衡情况	写出调看公用配电变压器三相不平衡步骤	30	未说明或说明不正确扣 30 分		
3	调看内容	调看三相不平衡公用配电变压器	20	未说明或说明不正确扣 20 分		
4	返回系统主界面	说明返回系统主界面操作步骤	10	未说明或说明不正确扣 10 分		
5	填写报告	正确填写报告	20	每缺少 1 步扣 2 分		
合计			100			

Jc0001541024　通过 PMS 调看公用配电变压器过电压情况。（100 分）

考核知识点： PMS 操作

难易度： 易

技能等级评价专业技能考核操作工作任务书

一、任务名称

通过 PMS 调看公用配电变压器过电压情况。

二、适用工种

配电运营指挥员初级工。

三、具体任务

通过 PMS 按要求调看公用配电变压器过电压情况。

四、工作规范及要求

（1）熟悉 PMS，明确操作范围。

（2）正确使用 PMS。

（3）明确公用配电变压器过电压内容。

（4）会调阅相关数据。

五、考核及时间要求

（1）本考核操作时间为 5 分钟，包括报告整理时间，时间到停止考评。

（2）按照给定项目安排操作顺序。

（3）若有补充说明请注明。

技能等级评价专业技能考核操作评分标准

工种	配电运营指挥员				评价等级	初级工
项目模块	基础能力—供电服务运营管控			编号	Jc0001541024	
单位		准考证号			姓名	
考试时限	5分钟	题型	单项操作		题分	100分
成绩	考评员		考评组长		日期	
试题正文	通过PMS调看公用配电变压器过电压情况					
需要说明的问题和要求	（1）要求熟悉PMS，掌握调看公用配电变压器过电压的使用。 （2）正确进行调看操作。 （3）操作结束后，应举手示意，待考评员同意后方可离开考场。 （4）若考生误操作或处置不当，则该考核计0分					

序号	项目名称	质量要求	满分	扣分标准	扣分原因	得分
1	登录系统	说明登录PMS步骤	20	未说明或说明不正确扣20分		
2	通过PMS调看公用配电变压器过电压情况	写出调看公用配电变压器过电压步骤	30	未说明或说明不正确扣30分		
3	调看内容	调看过电压公用配电变压器	20	未说明或说明不正确扣20分		
4	返回系统主界面	说明返回系统主界面操作步骤	10	未说明或说明不正确扣10分		
5	填写报告	正确填写报告	20	每缺少1步扣2分		
合计			100			

Jc0001541025　通过PMS调看公用配电变压器异常电压情况。(100分)

考核知识点：PMS操作

难易度：易

技能等级评价专业技能考核操作工作任务书

一、任务名称

通过PMS调看公用配电变压器异常电压情况。

二、适用工种

配电运营指挥员初级工。

三、具体任务

通过PMS按要求调看公用配电变压器异常电压情况。

四、工作规范及要求

（1）熟悉PMS，明确操作范围。

（2）正确使用PMS。

（3）明确公用配电变压器异常电压内容。

（4）会调阅相关数据。

五、考核及时间要求

（1）本考核操作时间为5分钟，包括报告整理时间，时间到停止考评。

（2）按照给定项目安排操作顺序。

（3）若有补充说明请注明。

技能等级评价专业技能考核操作评分标准

<table>
<tr><td>工种</td><td colspan="5">配电运营指挥员</td><td>评价等级</td><td>初级工</td></tr>
<tr><td>项目模块</td><td colspan="4">基础能力—供电服务运营管控</td><td>编号</td><td colspan="2">Jc0001541025</td></tr>
<tr><td>单位</td><td colspan="3"></td><td>准考证号</td><td></td><td>姓名</td><td></td></tr>
<tr><td>考试时限</td><td colspan="2">5 分钟</td><td>题型</td><td colspan="2">单项操作</td><td>题分</td><td>100 分</td></tr>
<tr><td>成绩</td><td></td><td>考评员</td><td></td><td>考评组长</td><td></td><td>日期</td><td></td></tr>
<tr><td>试题正文</td><td colspan="7">通过 PMS 调看公用配电变压器异常电压情况</td></tr>
<tr><td>需要说明的问题和要求</td><td colspan="7">（1）要求熟悉 PMS，掌握调看公用配电变压器异常电压的使用。
（2）正确进行调看操作。
（3）操作结束后，应举手示意，待考评员同意后方可离开考场。
（4）若考生误操作或处置不当，则该考核计 0 分</td></tr>
</table>

序号	项目名称	质量要求	满分	扣分标准	扣分原因	得分
1	登录系统	说明登录 PMS 步骤	20	未说明或说明不正确扣 20 分		
2	通过 PMS 调看公用配电变压器异常电压情况	写出调看公用配电变压器异常电压步骤	30	未说明或说明不正确扣 30 分		
3	调看内容	调看异常电压公用配电变压器	20	未说明或说明不正确扣 20 分		
4	返回系统主界面	说明返回系统主界面操作步骤	10	未说明或说明不正确扣 10 分		
5	填写报告	正确填写报告	20	每缺少 1 步扣 2 分		
合计			100			

第二部分
中级工

第三章　配电运营指挥员中级工技能笔答

Jb0001432001　配电网中装设消弧线圈的目的是什么？消弧线圈有哪几种补偿方式？（5分）

考核知识点：消弧线圈的装设

难易度：中

标准答案：

配电网在变压器中性点装设消弧线圈的目的是利用消弧线圈的感性电流补偿接地故障时的容性电流，使接地故障电流减小。通常这种补偿有三种不同的运行方式，即欠补偿、全补偿和过补偿。

（1）欠补偿：补偿后电感电流小于电容电流，或者说补偿的感抗大于线路容抗，电网以欠补偿的方式运行。

（2）全补偿：补偿后电感电流等于电容电流，或者说补偿的感抗等于线路容抗，电网以全补偿的方式运行（实际此方式电网处于谐振状态，不能正常运行）。

（3）过补偿：补偿后电感电流大于电容电流，或者说补偿的感抗小于线路容抗，电网以过补偿的方式运行。

Jb0001432002　铁磁谐振过电压现象是什么？消除方法有哪些？（5分）

考核知识点：铁磁谐振过电压现象

难易度：中

标准答案：

谐振回路由带铁芯的电感元件（如空载变压器、电压互感器）和系统的电容器元件组成。因铁芯电感元件的饱和现象，使回路的电感参数是非线性的，这种含有非线性电感元件的回路满足一定的谐振条件时，会产生电磁谐振。铁磁谐振过电压的现象为三相电压不平衡、一相或两相电压升高超过线电压。

消除方法为改变系统参数，具体操作如下：

（1）断开充电断路器。

（2）投入母线上的线路。

（3）投入母线。

（4）投入母线上的备用变压器或站用变压器。

（5）将电压互感器开口三角侧短接。

（6）投、切电容器或电抗器。

Jb0001431003　何种情况下的带电作业应停用重合闸，并不准强送电？（5分）

考核知识点：带电作业

难易度：易

标准答案：

带电作业在以下情况应停用重合闸，并不准强送电：

（1）中性点有效接地系统中有可能引起单相接地的作业。

（2）中性点非有效接地系统中有可能引起相间短路的作业。

（3）直流线路中有可能引起单极接地或极间短路的作业。

（4）工作票签发人或工作负责人认为需停用重合闸或直流再启动保护的作业。

Jb0002431004 简述配电网故障处置的原则。（5 分）

考核知识点：配电网故障处置

难易度：易

标准答案：

配电网故障处置应按以下原则执行：

（1）迅速限制故障的发展，消除故障根源，解除对人身和设备的威胁，防止稳定破坏、电网瓦解和大面积停电。

（2）用一切可能的方法保持设备继续运行和不中断或少中断重要用户的正常供电，首先应保证发电厂厂用电及变电站站用电。

（3）尽快对已停电的用户恢复供电，对重要用户应优先恢复供电。

（4）及时调整电网运行方式，尽快使其恢复正常运行。

Jb0001432005 系统电压调整的常用方法有几种？（5 分）

考核知识点：系统电压调整

难易度：中

标准答案：

系统电压的调整应根据系统的具体要求，在不同的厂站，采用不同的方法，常用的电压调整方法有以下几种：

（1）增减无功功率进行调压，如发电机、调相机、并联电容器、并联电抗器调压。

（2）改变有功功率和无功功率的分布进行调压，如调压变压器、改变变压器分接头调压。

（3）改变网络参数进行调压，如串联电容器、投停并列运行变压器、投停空载或轻载高压线路调压。

（4）通过静止无功补偿器调压。

（5）特殊情况下调整负载的方法调整电压。

Jb0002432006 小接地电流系统在寻找单相接地故障时，有哪些注意事项？（5 分）

考核知识点：寻找单相接地故障

难易度：中

标准答案：

在寻找单相接地故障时，必须注意：

（1）严禁在接地的电网中操作消弧线圈。

（2）禁止用隔离开关断开接地故障。

（3）保护方式或定值是否变更。

（4）设备是否可能过负荷或因过负荷跳闸。

（5）防止电压过低影响用户。

（6）消弧线圈网络补偿度是否合适。

（7）查出故障点，应迅速处理。

Jb0001431007 配电网设备调度管辖范围划分原则是什么？（5 分）

考核知识点：配电网设备调度管辖范围

难易度：易

标准答案：

（1）配电网设备管辖范围以有利于配电网调控管理，有利于配电网安全经济运行，且满足配电网监控相关技术要求为原则划分。

（2）直供区变电站主变压器 10kV 侧断路器为配调与地调管辖分界点；配调与用户或设备管理部门以用户分界断路器或 10kV 公网配电变压器高压侧为界（签订调度协议的按照协议执行）。

（3）配电网设备配置的继电保护装置、安全自动装置与一次设备调度管辖范围一致。

Jb0001431008　检修申请应包括哪些内容？（5 分）

考核知识点：检修申请

难易度：易

标准答案：

检修申请应包括停电范围、检修性质、主要项目、检修时间、所需做的安全措施及对系统的要求（送电时是否需要核相、保护是否测方向、配电智能开关是否联调、线路改造后是否需要送电等）。

Jb0001431009　配电网调控机构有哪些管理要求？（5 分）

考核知识点：配电网调控机构管理要求

难易度：易

标准答案：

配电网电力调度遵循“统一调度、分级管理”的原则，并配备与调控运行、方式计划、继电保护、调度自动化等专业相适应的专职岗位及人员。配调（县调）与地调在调度业务工作中是上下级关系，下级调度必须服从上级调度的调度管理。上级调度对下级调度负有业务培训及指导责任，各电力生产运行单位必须服从与调度管辖相对应的调控机构的调度。

Jb0001431010　方式调整应避免出现哪些情况？（5 分）

考核知识点：方式调整

难易度：易

标准答案：

（1）因方式调整造成双电源用户单电源供电。

（2）单条线路所带的配电室或开关站数量不均衡。

（3）主干线路供电节点过多。

（4）线路供电半径过短或过长。

Jb0001431011　开关站的作用是什么？（5 分）

考核知识点：开关站的作用

难易度：易

标准答案：

（1）为解决高压变电站中压出线间隔不足、出线通道受限制的矛盾。

（2）减少相同路径的电缆条数。

（3）加强电网联络，提高供电可靠性。

Jb0001431012 设备更换或调度命名变更后，应及时进行信息变更的内容有哪些？（5分）

考核知识点：设备更换或调度命名变更后的信息变更

难易度：易

标准答案：

（1）执行设备命名更名流程及管理规定，根据调度要求及时开展更名。

（2）核对相关变更设备画面、数据库、公式定义正确无误。

（3）涉及信号测量或控制回路变更的，即使信息表未发生变化也应重新进行联调验收。

（4）设备更换或调度命名变更后，及时进行信息变更，涉及信号测量或控制回路变更的，即使信息表未发生变化也应重新进行联调验收，核对相关变更设备画面、数据库、公式定义正确无误。

Jb0001431013 箱式变电站主要由哪几部分组成？（5分）

考核知识点：箱式变电站的组成

难易度：易

标准答案：

箱式变电站由高压配电装置、电力变压器、低压配电装置等组成，三部分设备安装于一个金属箱体内，各占一个空间，相互隔离。

Jb0002431014 运行中变压器温升过高由哪些原因引起？（5分）

考核知识点：变压器温升过高的原因

难易度：易

标准答案：

（1）分接开关接触不良。

（2）线圈匝间短路。

（3）铁芯硅钢片间短路。

Jb0002431015 在中性点不接地的10kV系统中发生单相接地故障时，试分析电压的变化。（5分）

考核知识点：接地时电压的变化

难易度：易

标准答案：

在中性点不接地的10kV系统中，中性点的电位是不固定的，它随着系统对地电容、负荷性质等因素的改变而改变。系统在正常运行且三相负荷平衡时，中性点的电位为零。这时三相导线对地的电压是相等的，等于额定相电压。当某相导线接地时，接地相导线的对地电容值等于零，中性点电位不再是零。此时未接地相的电压升高，最大可达线电压值，接地相电压降低，严重时可达到零值。

Jb0001431016 为什么要进行无功补偿？（5分）

考核知识点：无功补偿

难易度：易

标准答案：

（1）无功电源和有功电源一样，是保证系统电能质量和安全供电必不可少的条件。

（2）无功电源不足将导致系统电压下降，影响用电设备，严重时会造成电压崩溃，使系统瓦解，造成大面积停电。

（3）电容性无功电源不足造成功率因数下降，使电气设备的容量不能得到充分发挥。

（4）进行适当的无功补偿，对提高功率因数、提高设备使用率、降低线损、提高经济效益有着重大的意义，也是系统安全经济运行的重要保障之一。

Jb0001431017 系统电压过高对变压器和用户设备有什么影响？（5分）

考核知识点：系统电压过高的影响

难易度：易

标准答案：

（1）系统电压过高时将导致变压器的励磁电流增大，从而使变压器铁芯损耗增大而过热，并使变压器的有功功率降低。

（2）电压过高，将使变压器和用户设备绝缘受到损害，甚至被击穿。

（3）电压过高，变压器磁通增大，会使铁芯饱和，从而使电压和磁通的波形发生畸变，高次谐波分量也随之增大，进而引起用户电流波形畸变，增加电机和线路的附加损耗。

（4）系统电压过高会引发系统产生谐波共振，导致电气设备的绝缘损坏，产生的高次谐波会干扰附近的通信线路。

Jb0001431018 系统中发生短路会产生什么后果？（5分）

考核知识点：短路的后果

难易度：易

标准答案：

（1）短路时的电弧、短路电流和巨大的电动力都会缩短电气设备的使用寿命，甚至使电气设备遭到严重破坏。

（2）使系统中部分地区的电压降低，给用户造成经济损失。

（3）破坏系统运行的稳定性，甚至引起系统振荡，造成大面积停电或使系统瓦解。

Jb0001433019 并联电容器补偿的基本要求有哪些？（5分）

考核知识点：并联电容器补偿的基本要求

难易度：难

标准答案：

电容器具有投资小、有功功率损耗小、运行维护方便、故障范围小等优点，故在供配电系统中，并联电容器装置作为无功功率的补偿设备，得到了广泛应用。

（1）为减少由于无功功率的传送而引起电网的有功损耗，原则上无功功率宜就地平衡补偿。补偿基本无功功率的电容器组，宜在变配电站内集中补偿。在环境正常的车间内，低压电容器宜分散补偿。容量较大、负荷平稳且经常使用的用电设备的无功功率宜单独就地补偿。与电动机直接并联的电容器的额定电流不应超过电动机励磁电流的0.9倍。

（2）容量较大的电容器宜分组，分组的主要原则是根据电压波动、负荷变化、谐波含量等因素确定，且分组电容器在各种容量组合运行时，不得发生谐振。

（3）为抑制谐波和限制涌流，电容器组宜串联适当参数的电抗器。

（4）为提高补偿效果，降低损耗，阻止用户向电网倒送无功功率，在高压侧无高压负荷时，不得在高压侧装设并联电容器装置。

Jb0001431020 配电变压器（含配电室、箱式变电站、柱上变压器）安装无功自动补偿装置时应满足哪些规定？（5分）

考核知识点：安装无功自动补偿装置的规定

难易度：易

标准答案：

（1）在低压侧母线上装设，容量按配电变压器容量的20%～40%考虑。

（2）以电压为约束条件，根据无功需量进行分组自动投切。

（3）宜采用交流接触器—晶闸管负荷投切方式。

（4）合理选择配电变压器分接头，避免电压过高、电容器无法投入运行。

Jb0001431021 阐述并联电容器补偿方式的分类及主要特点。（5分）

考核知识点：并联电容器补偿方式

难易度：易

标准答案：

并联电容器补偿方式一般分为高压集中补偿、低压集中补偿（分散补偿方式）和就地补偿三类，其主要特点为：

（1）高压集中补偿：初期投资少，运行维护方便，但只能补偿高压母线以前的无功功率。

（2）低压集中补偿：能补偿低压母线以前的无功功率，可使变压器的无功功率得到补偿，且运行维护较方便。

（3）就地补偿方式：补偿范围大、补偿效果好，可缩小配电线路的导线截面积，减少有色金属的消耗量，但电容器的利用率不高，且初期投资和维护费用较大，在某些场合维护较困难。

Jb0001431022 为什么变压器绝缘受潮后电容值随温度升高而增大？（5分）

考核知识点：电容值的变化

难易度：易

标准答案：

（1）水分子是一种极强的偶极子，它能改变变压器中吸收电容电流的大小。

（2）在一定频率下，温度较低时，水分子呈现出悬浮状或乳脂状存在于油中或纸中，此时水分子偶极子不易极化，变压器吸收电容电流较小，则变压器电容值较小。

（3）温度升高时，分子热运动使黏度降低，水分扩散并显溶解状态分布在油中，油中的水分子被充分极化，使电容电流增大，故变压器电容值增大。

Jb0001431023 工频交流耐压试验的意义是什么？（5分）

考核知识点：工频交流耐压试验的意义

难易度：易

标准答案：

（1）工频交流耐压试验是考核被试品绝缘承受工频过电压能力的有效方法，对保证设备安全运行具有重要意义。

（2）交流耐压试验时的电压、波形、频率和被试品绝缘内部中的电压的分布，均符合实际运行情况，因此能有效地发现绝缘缺陷。

Jb0001432024 过电压是怎样形成的？它有哪些危害？（5分）

考核知识点：过电压的形成和危害

难易度：中

标准答案：

（1）一般来说，过电压都是由电力系统的能量发生瞬间突变所引起的。

（2）如果是由外部直击雷或雷电感应突然加到系统里所引起的，叫做大气过电压或叫做外部过电压。

（3）如果是在系统运行中，由于操作故障或其他原因所引起的系统内部电磁能量的振荡、积聚和传播从而产生的电压，叫做内部过电压。

（4）不论是大气过电压还是内部过电压，都是很危险的，均可能使输、配电线路及电气设备的绝缘弱点发生击穿或闪络，从而破坏电气系统的正常运行。

Jb0001431025　固体电介质的电击穿和热击穿有什么区别？（5分）

考核知识点：固体电介质的击穿

难易度：易

标准答案：

（1）固体电介质的电击穿过程与气体放电中的汤逊理论及液体的电击穿理论相似，是以考虑在固体电介质中发生碰撞电离为基础的，不考虑由边缘效应、介质劣化等原因引起的击穿。电击穿的特点是电压作用时间短，击穿电压高，击穿电压与环境温度无关，与电场均匀程度有密切关系，与电压作用时间关系很小。

（2）电介质的热击穿是由介质内部的热不平衡过程所造成的。热击穿的特点是击穿电压随环境温度的升高按指数规律降低；击穿电压与散热条件有关，如介质厚度大，散热困难，击穿电压不随介质厚度成正比增加；当电压频率增大时，击穿电压将下降；击穿电压与电压作用时间有关。

Jb0001431026　FTU的功能有哪些？（5分）

考核知识点：FTU的功能

难易度：易

标准答案：

（1）遥信功能。

（2）遥测功能。

（3）统计功能。

（4）遥控功能。

（5）对时功能。

（6）事件顺序记录功能。

（7）事故记录功能。

（8）定值远方修改和召唤定值功能。

（9）自检和自恢复功能。

（10）远方控制闭锁与手动操作功能。

（11）通信功能。

Jb0001431027　FTU的技术核心主要有哪些？（5分）

考核知识点：FTU的技术核心

难易度：易

标准答案：

（1）快速故障定位、事故隔离和恢复供电。

（2）网络通信。
（3）配电网单相接地选线与定位。
（4）开关状态在线监视。

Jb0001432028　配电子站基本功能是什么？（5分）
考核知识点：配电子站基本功能
难易度：中
标准答案：
（1）通信汇集型子站：
1）终端数据的汇集、处理与转发；
2）远程通信；
3）终端的通信异常监视与上报；
4）远程维护和自诊断。
（2）监控功能型子站：
1）具备通信汇集子站的基本功能；
2）在所辖区域内的配电线路发生故障时，子站应具备故障区域自动判断、隔离及非故障区域恢复供电的能力，并将处理情况上传至配电主站；
3）信息存储；
4）人机交互。

Jb0003431029　为什么导线落在室外地面后要防止行人靠近落地点8m以内？（5分）
考核知识点：安全防护
难易度：易
标准答案：
线路发生断线事故时，导线断落地面产生接地短路电流并向四周扩散，在地面各处形成不同的电位分布；行人在有分布电位的地面上行走时，两脚间由于分布电位不同而有跨步电压。跨步电压距接地点越近，电压越高，在相距接地点20m处，该处的分布电位已接近于零；一般在8m以外产生的跨步电压即无危险，离接地点越远，分布的电位梯度越小。所以，当导线落地后，要防止行人靠近落地点8m以内。

Jb0001431030　智能电网具备的主要特征有哪些？将会给人们生活带来哪些好处？（5分）
考核知识点：智能电网具备的主要特征
难易度：易
标准答案：
（1）智能电网具备的主要特征：坚强、自愈、兼容、经济、集成、优化。
（2）智能电网给人们生活带来的好处：让生活更便捷、更低碳、更经济。

Jb0001432031　营业窗口服务规范性核查主要包括哪些内容？（5分）
考核知识点：营业窗口服务规范性核查
难易度：中
标准答案：
营业窗口服务规范性核查主要包括营业时间监控、服务环境监控、行为规范监控、仪容仪表监控四个部分。具体内容如下：

（1）营业时间监控。重点核查营业窗口工作人员不按时上岗、提前下班、营业时间无人值班等营业时间不规范问题。

（2）服务环境监控。重点核查营业窗口环境卫生、服务设施定置不规范问题。

（3）行为规范监控。重点核查营业窗口工作人员是否存在睡觉、聊天、抽烟、吃零食、长时间操作个人电子设备及离岗不摆放“暂停服务”标示牌等行为不规范问题。

（4）仪容仪表监控。重点核查营业窗口工作人员是否穿着统一工装、发型发式是否符合规范要求等。

Jb0001431032　配电网设备异常管控的内容是什么？（5分）

考核知识点：配电网设备异常管控内容

难易度：易

标准答案：

（1）供电服务指挥中心开展异常监视。

（2）供电服务指挥中心下派工单。

（3）责任部门进行现场处置。

（4）供电服务指挥中心跟踪处置进度。

（5）供电服务指挥中心对异常进行督办。

（6）责任部门进行信息反馈。

（7）供电服务指挥中心进行分析评价。

Jb0001432033　营业窗口实时监控过程中发现的哪些服务异常为重要事项？如何处置？（5分）

考核知识点：营业窗口实时监控的重要事项

难易度：中

标准答案：

符合下列情形之一，列为重要事项：

（1）营业时间出现空岗情况10min以上。

（2）未根据公布的营业时间做好营业服务工作，出现未按时开门、提前关门情况。

（3）工作人员与客户发生严重肢体争执。

（4）其他经认定的重要事项。

监控发现的问题通过工单处置和短信处置两种形式进行处理。

（1）工单处置：针对监控过程中发现的服务不规范及视频监控设备状态问题，监控组立即通过截屏等方式进行取证。

（2）短信处置：向责任单位分管领导、营销部主任、优质服务专工等相关人员发送督办短信，同时报告公司营销部。在短信发送成功1h后，再次查看问题营业厅的整改情况，如仍未整改，须按原发送范围再次发送短信进行督办，并记为重复不规范问题。

Jb0001432034　营业窗口实时监控过程中发现的哪些服务异常为一般事项？（5分）

考核知识点：营业窗口实时监控的一般事项

难易度：中

标准答案：

（1）工作人员使用手机（计算机）接打电话、看新闻、看电影、听音乐、玩游戏等。

（2）在客户排队等候时，工作人员随意走动、串岗聊天、妨碍他人工作或做与工作无关的事。

（3）离岗或有特殊情况必须暂时停办业务未摆放“暂停服务”标示牌或未将柜台上方发光二极管（LED）显示屏切换为“暂停服务”字样。

（4）工作人员在营业厅内从事与工作无关的事情，如吃零食、吸烟、睡觉、化妆等。

（5）工作人员存在坐姿随意、趴在工作台上、抖动腿和跷二郎腿等行为举止不规范问题。

（6）工作人员未穿着统一配发的工装，或着装不规范（敞怀、挽袖、卷裤、漏扣、掉扣等），未规范佩戴工号牌，赤脚或穿拖鞋，女性随意披散头发，佩戴夸张饰物等。

（7）营业厅内环境卫生脏乱，上墙图板及服务资料、信息化设备配置违反“四项规范”要求。

（8）视频监控存在状态异常、盲区、全部为远景、画面质量低、与营业工作无关等情况。

（9）其他一般违纪情况。

Jb0001431035　配电网设备定期巡视周期是什么？（5分）

考核知识点：配电网设备定期巡视周期

难易度：易

标准答案：

架空线路通道市区1个月1次，郊区及农村1季度1次；电缆线路通道1个月1次。架空线路、柱上开关设备、柱上变压器、柱上电容器市区1个月1次；郊区及农村1季度1次；电缆线路1季度1次；中压开关站、环网单元1季度1次；配电室、箱式变电站1季度1次；防雷与接地装置、配电终端、直流电源等巡视周期与主设备相同。

Jb0001431036　国家及公司总部、国网客服中心、省公司、地市、县供电企业范围的知识有哪些？（5分）

考核知识点：国家及公司总部、国网客服中心、省公司、地市、县供电企业范围的知识

难易度：易

标准答案：

（1）国家及公司总部范围：全国性的法律法规、政策文件、业务标准、技术规范、服务承诺等。

（2）国网客服中心范围：国网客服中心制定的服务规范、作业指导书、操作手册、标准话术、95598客户服务中的经验总结等。

（3）省公司范围：全省范围的政策法规、文件制度、业务标准、技术规范、特色服务、电网建设等。

（4）地市、县供电企业范围：市及县范围的政策文件、业务标准、技术规范、营销服务、电网建设等。

Jb0001431037　95598知识管理的原则是什么？（5分）

考核知识点：95598知识管理的原则

难易度：易

标准答案：

95598知识管理遵循“统一管理、分级负责、及时更新、持续改善”的原则。

Jb0001431038　供电服务指挥中心配电网运维和检修计划执行管控工作内容是什么？（5分）

考核知识点：配电网运维和检修计划执行管控工作内容

难易度：易

标准答案：

对各类设备运维巡视、检修处（消）缺等计划执行情况进行管控，跟踪分析业务全过程，对于临、超期等情况及时预警和督办。

Jb0001431039　供电服务指挥中心配电网运营管理分析工作的内容是什么？（5分）

考核知识点：运营管理分析工作的内容

难易度：易

标准答案：

针对配电网运维检修工作的进展、重要节点、关键环节进行多维度管控，跟踪分析业务全过程，结合区域环境、配电网设备状态、配电网运维定员数量等因素，分析与评价运检作业工时、成本、成效，辅助提升配电网运维管理效益辅助提升配电网运维管理效益。负责管辖范围内电网资源可开放容量的分析计算，组织建立电网资源负面清单，督导开展电网受限项目改造。

Jb0001431040　供电服务指挥中心运行环境风险评估和预警工作的内容是什么？（5分）

考核知识点：运行环境风险评估和预警工作的内容

难易度：易

标准答案：

支撑专业部门根据配电网历史运行数据，结合季节、气象情况，应用大数据分析技术，对配电设备现场风险（低洼、防汛滞洪、雷区、污区、鸟害、鱼池、重要交跨、山火、线下违章、外力隐患点、树害等）进行评估，发布相关的评估报告及预警，开展差异化运维工作。

Jb0001431041　供电服务指挥中心客户用电履约监控工作的内容是什么？（5分）

考核知识点：客户用电履约监控工作的内容

难易度：易

标准答案：

接收营销业务信息系统推送的用电客户欠费停电流程信息、欠费复电流程信息，审核催费、复电过程是否符合标准，对流程不规范、复电不成功等异常流程发起督催办工单。

Jb0001431042　供电服务指挥中心停/送电信息报送管理内容是什么？（5分）

考核知识点：停/送电信息报送管理内容

难易度：易

标准答案：

负责研判停电影响范围，形成停电影响用户清单，并报送至国网客服中心；负责对影响户数较多、未按时送电的停电信息进行预警督办；负责开展重复停电和停电计划执行情况分析并进行预警督办。

Jb0001431043　什么是智能配电台区？（5分）

考核知识点：智能配电台区的定义

难易度：易

标准答案：

配电变压器高压桩头到用户的供电区域，由配电变压器、智能配电单元、低压线路及用户侧设备组成，实现电能分配、电能计量、无功补偿以及供用电信息的自动测量、采集、保护、监控等功能，并具有“标准化、信息化、自动化、互动化”的智能化特征。

Jb0001431044　向空载变压器充电时，应注意什么？（5分）

考核知识点：空载变压器充电

难易度：易

标准答案：

向空载变压器充电时，应注意以下几点：

（1）充电断路器应有完备的继电保护，并有足够的灵敏度，同时应考虑励磁涌流对系统继电保护的影响。

（2）充电前应检查电源电压，使充电的变压器各侧电压不超过相应分接头电压的5%。

Jb0001431045　配调调管范围是什么？（5分）

考核知识点：配调调管范围

难易度：易

标准答案：

（1）地调与配调调管设备的分界点为变电站10kV配电网线路侧隔离开关。

（2）10kV 配电网主干线路、分支线路，柱上开关（分段、联络、分支开关）及其隔离开关，负荷开关，跌落式熔断器。

（3）10kV配电网开关站、环网柜及分支箱设备。

（4）10kV配电线路装设的无功补偿、调压设备。

（5）10kV公用变压器高压侧负荷开关、跌落式熔断器等控制设备。

（6）10kV公网线路T接用户设备的柱上开关、负荷开关、跌落式熔断器等控制设备。

Jb0001431046　配调交接班内容包括什么？（5分）

考核知识点：配调交接班内容

难易度：易

标准答案：

交接班内容以交接班日志、记录为依据，主要包括：

（1）运行日志和各种记录的重要内容。

（2）操作和检修工作的进行情况。

（3）系统运行方式、继电保护及自动装置的变更情况。

（4）设备缺陷、系统事故异常状态及其处理情况。

（5）配电自动化系统上接地开关、接地线装设情况。

（6）上级布置的工作、指示、传阅文件及有关单位联系事项。

（7）通信、录音设备、自动化装置及计算机等使用变动情况。

Jb0001431047　配电网日运行方式内容有哪些？（5分）

考核知识点：配电网日运行方式内容

难易度：易

标准答案：

（1）已批准的基建、大修、技改项目的方式安排。

（2）已批准的配电网临检项目的方式安排。

（3）配电网月度、周检修计划变更后的方式安排。
（4）节假日和重要保电时期的配电网方式安排。
（5）新设备投产安排。

Jb0001431048　配调应在新建设备投运前提前做好哪些工作，并书面通知到配电网运维单位？（5分）

考核知识点：配调运行

难易度：易

标准答案：

（1）完成配电网新设备命名的下发。
（2）下发设备投运后的运行方式。
（3）编制配电网新设备启动方案。
（4）修改配电网调度工作站主接线图。

Jb0001431049　配电网中设备的运行状态分为几种？说出各种状态的定义。（5分）

考核知识点：配电网中设备的运行状态

难易度：易

标准答案：

设备运行状态分为运行、热备用、冷备用、检修四种状态。
（1）运行状态：断路器、隔离开关均在合闸位置的状态。
（2）热备用状态：断路器在分闸位置、隔离开关处于合闸位置，断路器一经合闸设备即转入运行的状态。
（3）冷备用状态：断路器、隔离开关均在分闸位置的状态。
（4）检修状态：断路器、隔离开关均在分闸位置，设备的接地开关处于合闸（或装设接地线），并悬挂“设备检修，禁止合闸”的警示牌。

Jb0001431050　配电网如何分类？（5分）

考核知识点：配电网的分类

难易度：易

标准答案：

配电网按电压等级的不同，可分为高压配电网（110、35kV）、中压配电网（10、6kV）和低压配电网（380/220V）；按供电地域特点不同或服务对象不同，可分为城市配电网和农村配电网；按配电线路的不同，可分为架空配电网、电缆配电网及架空电缆混合配电网。

Jb0001431051　配电网调控员应熟练掌握哪些内容？（5分）

考核知识点：配电网调控员掌握的内容

难易度：易

标准答案：

（1）《国家电网公司电力安全工作规程》，上级和本公司的调控规程，以及其他有关规程、规定、制度、指示、通知等。
（2）管辖电网的一次接线方式，主要设备的结构原理、运行特性和规范。
（3）管辖电网的继电保护和安全自动装置的基本原理、配置及运行情况。

（4）当年超负荷限电序位表和事故限电序位表。

（5）调控通信、自动化及各种办公设备的使用方法。

（6）调控术语及操作术语。

（7）主要调控业务联系对象的姓名及联系方式。

Jb0001431052　操作指令模式分哪几种？分别简述其特点。（5分）

考核知识点：操作指令模式的分类及特点

难易度：易

标准答案：

值班调控员发布操作指令模式有综合操作指令、单项操作指令或逐项操作指令。

（1）综合操作指令是指值班调控员仅对一个单位下达的而不需要其他单位协同进行的综合操作指令，具体操作项目、顺序由现场运维人员按现场运行规程典型票拟写操作任务书。

（2）单项操作指令是指值班调控员发布的仅对一个单位下达的单一操作指令。

（3）逐项操作指令是指值班调控员按操作任务顺序逐项下达，受令单位按指令的顺序逐项执行的操作指令。

Jb0001431053　配电线路停送电操作的顺序分别是什么？（5分）

考核知识点：配电线路停送电操作的顺序

难易度：易

标准答案：

线路停电时的操作顺序为：首先拉开断路器，然后断开线路侧隔离开关，再断开母线侧隔离开关。

线路送电时的操作顺序为：首先合上母线侧隔离开关，然后合上线路侧隔离开关，最后合上断路器。

Jb0001431054　如何判断遥控操作是否成功？（5分）

考核知识点：遥控操作成功的判断

难易度：易

标准答案：

在进行遥控操作后，通过监控系统检查设备的状态指示、遥测、遥信信号的变化，应有两个及以上的指示同时发生对应变化，才能确认该设备已操作到位。若调控员对遥控操作结果有疑问，应查明情况，必要时通知现场运维人员核对设备状态。

Jb0001431055　运行中的设备停电检修时需注意哪些事项？（5分）

考核知识点：运行中的设备停电检修的注意事项

难易度：易

标准答案：

（1）将运行中的设备停电检修时，应把各方面的电源完全断开（任何运行中的星形接线设备的中性点应视为带电设备），禁止在只经断路器断开电源的设备上工作。

（2）拉开隔离开关，手车开关应拉至试验或检修位置，使各方面有一个明显的断开点。若无法观察到停电设备的断开点，应有能够反应设备运行状态的电气和机械指示。

（3）应将与停电设备有关的变压器和电压互感器各侧断开，防止向停电设备反送电。

Jb0001431056　配电变压器的主要技术参数包括哪些？（5分）

考核知识点：配电变压器的主要技术参数

难易度：易

标准答案：

配电变压器的主要技术参数包括相数、额定频率、额定容量、额定电压、额定电流、阻抗电压、负载损耗、空载电流、空载损耗和联结组别。

Jb0001431057　什么是配电网设备异动管理？配电网设备异动管理的目的和意义是什么？（5分）

考核知识点：配电网设备异动管理的定义、目的和意义

难易度：易

标准答案：

新建、改建、大修配电网工程（包括业扩、增容、销户）、故障抢修等引起配电网网络拓扑、参数及设备命名变化统称配电网设备异动。针对配电网设备异动建立完整的异动流程，明确不同部门在异动工作发生时的工作职责，并在各个环节上有专人跟踪、监督工作进程，最终实现闭环管理，这就是配电网设备异动管理。

通过建立完善的配电网设备异动管理制度，可加强配电网设备管理，保证电网设备、系统图纸、技术资料、规程与现场实际情况相符合，以便调控、运行、检修人员及时掌握设备和系统情况，防止混乱，以利于生产。

Jb0001431058　什么是负荷开关？与断路器有何区别？（5分）

考核知识点：负荷开关

难易度：易

标准答案：

负荷开关是指介于断路器和隔离开关之间的一种开关设备，具有简单的灭弧装置，能切断额定负荷电流和一定的过载电流，但不能切断短路电流。

负荷开关与断路器的主要区别在于其不能开断短路电流。将负荷开关与熔断器串联形成组合电器，实现用负荷开关切断负荷电流，用熔断器切断短路电流及过载电流，在功率不大或不太重要的场所，可代替价格较高的断路器使用，降低配电装置成本，操作和维护也较简单。

Jb0001431059　发布和接受调度操作指令时有何要求？（5分）

考核知识点：发布和接受调度操作指令的要求

难易度：易

标准答案：

在发布和接受调度操作指令前，双方必须互报单位及姓名，严格执行发令、复诵、监护、录音、汇报和记录制度，并使用普通话、规范的调度术语和设备双重名称，发令和受令双方应明确发令时间和完成时间以表示操作的始终。没有发令时间，接令方不得进行操作；没有完成时间，发令方不得进行后项的有关操作。

Jb0001431060　新设备启动前应具备什么条件？（5分）

考核知识点：新设备启动前应具备的条件

难易度：易

标准答案：

新设备启动前应具备以下条件：

（1）该工程已全部按照设计要求安装，调试完毕、具备投运条件，验收质检（包括主设备、继电保护及安全自动装置、电力通信、调度自动化设备等）已经结束，质量符合安全运行要求，且新设备投运手续齐全。

（2）现场生产准备工作就绪。

（3）现场具备启动条件，且调度关系已明确。

（4）相关合同、技术管理协议等已经签订。

Jb0001432061　供电可靠性分析的主要内容是什么？（5分）

考核知识点：供电可靠性分析的主要内容

难易度：中

标准答案：

（1）指标完成情况。包括基础数据、运行数据和主要关键指标完成情况。应重点分析的可靠性指标：上级下达的可靠性目标完成情况、供电可靠率指标、系统平均停电时间指标、故障停电指标、预安排停电指标。

（2）影响指标的因素。如计划停电分析、故障停电分析、重复性停电情况分析、带电作业分析等，通过对责任原因的比较分析，找出供电可靠性指标的变动趋势，并对异常情况进行重点分析。

（3）管理工作及电网和设备的薄弱点分析。

（4）改进措施及其效果分析（包括上一次分析措施落实效果）。

Jb0001431062　调度术语中的“调度同意”“调度许可”“直接调度”的含义是什么？（5分）

考核知识点：调度术语

难易度：易

标准答案：

（1）调度同意：上级值班调度员对下级值班调度员或厂站值班人员提出的申请、要求等予以同意。

（2）调度许可：在改变电气设备的状态和电网运行方式前，根据有关规定，由有关人员提出操作项目，值班调度员同意其操作。

（3）直接调度：值班调度员直接向运行人员发布调度命令的调度方式。

Jb0001431063　什么是小接地电流系统？（5分）

考核知识点：小接地电流系统的定义

难易度：易

标准答案：

采用中性点不接地或经消弧线圈接地的系统，当发生接地故障时，由于不能构成短路回路，接地故障电流往往比负荷电流小得多，所以这种系统被称为小接地电流系统。

Jb0001431064　什么是线路距离保护？其基本原理是什么？（5分）

考核知识点：线路距离保护的定义及基本原理

难易度：易

标准答案：

（1）线路距离保护：反映保护安装处至故障点的距离（或阻抗），并根据距离的远近而确定动作时间的一种保护装置。

（2）基本原理：通过阻抗继电器来测量保护安装处的电压和电流的比值，来测量故障点至保护安装处的阻抗，当测量阻抗小于阻抗继电器的整定值时，阻抗继电器动作。

Jb0001431065　110kV、35kV、10kV、380/220V 电压等级的供电电压允许偏差值分别是多少？（5分）

考核知识点：供电电压允许偏差值

难易度：易

标准答案：

（1）110kV 供电电压正负偏差的绝对值之和不超过标称电压的 10%。

（2）35kV 供电电压正负偏差的绝对值之和不超过标称电压的 10%。

（3）10kV 供电电压允许偏差为标称电压的±7%。

（4）380/220V 供电电压允许偏差为标称电压的－10%～＋7%。

Jb0001431066　配电网柱上开断设备主要有哪几种？（5分）

考核知识点：配电网柱上开断设备

难易度：易

标准答案：

配电网柱上开断设备主要有断路器、负荷开关、重合器、隔离开关等。

Jb0001431067　配电网一般有哪些配电设备？（5分）

考核知识点：配电设备

难易度：易

标准答案：

配电网配电设备主要有配电变压器、测量设备（电压互感器、电流互感器）、开断设备（断路器、负荷开关、熔断器、隔离开关、重合器、分段器）、防雷与接地装置、无功补偿装置、成套配电装置（开关站、环网单元、箱式变压器、电缆分接箱）、新型设备（多功能防雷器、无线遥控跌落式熔断器、高压分界真空断路器）。

Jb0001431068　大接地电流系统和小接地电流系统的划分标准是什么？（5分）

考核知识点：大接地电流系统和小接地电流系统的划分标准

难易度：易

标准答案：

划分标准为：$X_0/X_1 \leqslant 4 \sim 5$ 的系统属于大接地电流系统，$X_0/X_1 > 4 \sim 5$ 的系统属于小接地电流系统（X_0 为系统零序电抗，X_1 为系统正序电抗）。

Jb0003431069　配电网的安全技术要求有哪些？（5分）

考核知识点：配电网的安全技术要求

难易度：易

标准答案：

（1）保证持续供电。

（2）及时发现配电网的非正常运行情况和设备存在的缺陷情况。

（3）迅速隔离故障，最大限度地缩小停电范围，满足灵活供电需要。

Jb0001431070　什么是微电网？（5分）

考核知识点：微电网的定义

难易度：易

标准答案：

（1）由分布式电源、储能装置、能量转换装置、相关负荷和监控、保护装置汇集而成的小型发配电系统。

（2）能够实现自我控制、保护和管理的自治系统。

（3）既可以与外部电网并网运行，也可以孤立运行。

Jb0001431071　影响系统电压的因素有哪些？（5分）

考核知识点：影响系统电压的因素

难易度：易

标准答案：

（1）由于生产、生活、气象等因素引起的负荷变化。

（2）无功补偿容量的变化。

（3）系统运行方式的改变引起的功率分布和网络阻抗变化。

Jb0001431072　什么是配电自动化一般缺陷？主要包括哪些？（5分）

考核知识点：配电自动化一般缺陷

难易度：易

标准答案：

配电自动化一般缺陷是指对人身和设备无威胁，对设备功能及系统稳定运行没有立即、明显的影响，且不至于发展成严重缺陷，应结合检修计划尽快处理的缺陷。

主要包括：

（1）配电主站除核心主机外的其他设备的单网运行。

（2）一般遥测量、遥信量故障。

（3）其他一般缺陷。

Jb0001431073　提高配电网供电可靠性的措施有哪些？（5分）

考核知识点：提高配电网供电可靠性的措施

难易度：易

标准答案：

（1）改善配电网网络结构。

（2）逐步对设备实行状态检修。

（3）开展带电作业。

（4）实现配电自动化，在发生故障时，快速隔离故障段，使非故障段倒入其他线路，恢复供电。

（5）发展临时发电车、临时变电站供电等辅助设施。

Jb0001431074　配电网中常用的自动化开关器件有哪些？（5分）

考核知识点：配电网中常用的自动化开关器件

难易度：易

标准答案：

（1）重合器：重合器是一种自身具有控制和保护功能的断路器，它具有故障电流检测、操作顺序控制以及执行功能。

（2）分段器：分段器是用于配电线路上，用来隔离线路区段的自动开关装置。它实际上是带有自动保护功能的负荷开关。

（3）自动配电开关：自动配电开关是以检测网络电压来控制开关的开闭，能开断负荷电流和接通有短路故障线路的一种用于配电网的自动开关。通常也称为电压—时间型分段器，或简称电压型分段器。

Jb0001431075　跌落式熔断器主要作用是什么？（5 分）

考核知识点：跌落式熔断器主要作用

难易度：易

标准答案：

跌落式熔断器可装在柱上变压器高压侧、互感器和电容器与线路连接处，提供过载和短路保护，也可装在农村、山区的长线路末端或分支线路上，可作为继电保护装置的辅助设备。

Jb0001431076　什么是避雷器？常见种类有哪些？（5 分）

考核知识点：避雷器的定义和种类

难易度：易

标准答案：

避雷器是连接在电力线路和大地之间，使雷云向大地放电，从而保护电气设备的器具。当雷电过电压或操作过电压来到时，使其急速向大地放电。当电压降到发电机、变压器或线路的正常电压时，则停止放电，以防正常电流向大地流通。

常见避雷器主要有金属氧化物避雷器、阀型避雷器两种。

Jb0001431077　什么是环网单元？有何用途？（5 分）

考核知识点：环网单元的定义和用途

难易度：易

标准答案：

环网单元也称环网柜或开闭器，用于中压电缆线路分段、联络及分接负荷。设备选用气体绝缘环网柜（共箱式）和固体绝缘环网柜。适用于电缆走廊紧张区域公用配电站和小容量 10kV 供电客户的前置环网，以减少多回路放射电缆，节约路径资源和电缆工程投资；适宜地势狭小、选址困难区域。

Jb0001431078　配电网调度管辖范围应如何划分？（5 分）

考核知识点：配电网调度管辖范围的划分

难易度：易

标准答案：

（1）地调调度管辖范围为地域内 110kV 发、输、变电设备和 35kV 及以下认为应由地调直接调度的发、输、变电设备。

（2）配调调度管辖范围为城区 10（6、20）kV 发、变、配电设备（含分支线许可）。

（3）县调调度管辖范围为县域内 35kV、10（6、20）kV 发、输、变、配电设备。

（4）调度管辖设备划分应遵循有利于配电网安全、优化调度的原则，并根据配电网发展情况适时调整。上级调控机构可以根据实际工作需要，将原调度管辖范围内的调度设备授权下级调控机构。

Jb0001431079 配电网线路三段式过电流保护各段保护范围是什么？（5分）

考核知识点：配电网线路三段式过电流保护各段保护范围

难易度：易

标准答案：

（1）速断保护：其保护范围不能超出被保护线路末端。

（2）限时速断保护：其保护范围不仅包括线路的全长，而且深入相邻线路的速断保护保护区，但不保护相邻线路的全部。

（3）过电流保护：其保护范围不仅包括线路的全部，还可作为相邻线路的后备保护。

Jb0001431080 配调值班调控员在倒闸操作前，应充分考虑哪些内容？（5分）

考核知识点：配调倒闸操作

难易度：易

标准答案：

（1）停送电日期、时间、工作内容、工作地点及停送电范围是否正确。

（2）停送电时是否做好防止反送电的措施。

（3）对运行方式、继电保护、重要用户的供电可靠性、通信、配电自动化等方面的影响。

（4）应做好操作中可能出现的异常情况的事故预想及对策，防止出现带地线合闸及带负荷拉合隔离开关等误操作。

（5）拟投运配电网设备相序、相位是否正确。

（6）配电网线路是否过载。

Jb0001431081 配电网管辖范围内设备状态发生变化后，配电网电子接线图相关操作规定有哪些？（5分）

考核知识点：配电网电子接线图相关操作规定

难易度：易

标准答案：

（1）配电自动化覆盖区域的设备状态发生变化后，配调值班调控员应根据设备变位情况悬挂相应标示牌。

（2）配电自动化未覆盖区域的设备状态发生变化后，配调值班调控员应根据现场运行人员汇报内容，对设备状态进行置位并悬挂相应标示牌。

（3）配调值班调控员在电子接线图中悬挂的标示牌主要包括热备用、冷备用、检修等，配调值班调控员不得随意悬挂、摘除标示牌，并对标示牌的正确性负责。

Jb0001431082 配电网操作指令票的审核有哪些相关规定？（5分）

考核知识点：配电网操作指令票的审核的规定

难易度：易

标准答案：

（1）调度操作指令票由正值调控员审核，经由拟票和审核人都签字的操作票，方可按规定下令操作。

（2）前一值编制的调度操作指令票，执行值的正值调控员必须重新审核签字后才能执行。如认为有问题可作废重新填写，对于上一值调度操作指令票的正确性，执行值负主要责任。

（3）计划检修操作，一般提前一天由配电网副值调控员拟写调度操作指令票，拟写完成后由配电网正值调控员根据模拟屏或接线图审核，并签字。

Jb0001431083　简要描述带电作业配调工作流程。（5 分）

考核知识点：带电作业配调工作流程

难易度：易

标准答案：

（1）线路维护单位向配调提出带电作业申请。

（2）配调受理、核实并同意后，下令退出配电网线路开关合闸连接片后，许可线路带电作业。

（3）带电作业结束后，配调下令投入配电网线路开关合闸连接片或向地调申请投入线路重合闸。

（4）配调将以上工作填入运行日志。

Jb0001431084　配电网值班调控员遥控操作前，应做好哪些准备？（5 分）

考核知识点：配电网值班调控遥控操作

难易度：易

标准答案：

（1）核对当时的运行方式。

（2）考虑操作过程中的危险点预控措施。

（3）对操作有疑问时，应及时向正值调控员（调控值班长）提出。

（4）宜通知相关配电运维人员。

Jb0001431085　简要描述小接地电流系统接地处理的工作流程。（5 分）

考核知识点：小接地电流系统接地处理的工作流程。

难易度：易

标准答案：

（1）电网发生接地信号，地调根据选线顺序确定接地线路后通知配调，重要及高危用户需配调与运维单位联系确认后方可选线。

（2）若为间歇性接地，断开接地线路开关后不再送电。

（3）配调根据选线结果，通知运维单位查线，运维单位根据查线结果判定是否需要停电处理；如需要停电处理，运维单位向配调申请线路停电处理。

（4）线路具备送电条件后，配调下令恢复送电，并将处置过程填入调度运行日志。

Jb0001431086　影响配电网电压的主要因素有哪些？（5 分）

考核知识点：影响配电网电压的主要因素

难易度：易

标准答案：

配电网电压是由配电网潮流分布决定的。影响配电网电压的主要因素有：

（1）由于生产、生活、气象等因素引起的负荷变化。

（2）无功补偿容量的变化。

（3）配电网运行方式的改变引起的功率分布和网络阻抗变化。

Jb0001431087　配电网的电压调节方式主要有哪些？（5 分）

考核知识点：配电网的电压调节方式

难易度： 易

标准答案：

配电网应有足够的电压调节能力，将电压维持在规定范围内。

配电网的电压调节方式主要有：

（1）通过配置无功补偿装置进行电压调节。

（2）选用有载或无载调压变压器，通过改变分接头进行电压调节。

（3）通过线路调压器进行电压调节。

Jb0001431088　什么是电网运行的 $N-1$ 原则？（5 分）

考核知识点： 电网运行的 $N-1$ 原则的定义

难易度： 易

标准答案：

$N-1$ 原则是指正常运行方式下的电力系统中任一元件（如线路、发电机、变压器等）无故障或因故障断开，电力系统应能保持稳定运行和正常供电，其他元件不过负荷，电压和频率均在允许范围内。

Jb0003431089　在配电线路和设备上工作，保证安全的技术措施有哪些？（5 分）

考核知识点： 保证安全的技术措施

难易度： 易

标准答案：

（1）停电。

（2）验电。

（3）接地。

（4）悬挂标示牌和遮栏。

Jb0001431090　正常倒闸操作应尽可能避免在哪些情况下进行？（5 分）

考核知识点： 倒闸操作

难易度： 易

标准答案：

（1）值班人员交接班时。

（2）电网接线极不正常时。

（3）电网高峰负荷时。

（4）雷雨、大风等恶劣气候时。

（5）联络线输送功率超过稳定限额时。

（6）电网发生事故时。

（7）其他有特殊要求时等。

Jb0001431091　隔离开关允许进行哪些操作？（5 分）

考核知识点： 隔离开关允许的操作

难易度： 易

标准答案：

（1）在电网无接地时拉、合电压互感器。

（2）在无雷击时拉、合避雷器。

（3）拉、合电容电流不超过5A的空载线路。

（4）拉、合35kV及以下母线的充电电流。

（5）拉、合断路器旁路隔离开关的旁路电流（指与旁路开关并列运行，一般需将两断路器同时改为运行非自动）。

（6）在没有接地故障时，拉、合变压器中性点接地开关。

Jb0001431092 “开关检修”状态是如何定义的？（5分）

考核知识点：“开关检修”状态的定义

难易度：易

标准答案：

“开关检修”是指断路器及其两侧隔离开关均拉开，断路器操作回路的熔断器已取下，断路器两侧或一侧合上接地开关（或装设接地线）。

Jb0001431093 “线路检修”状态是如何定义的？（5分）

考核知识点：“线路检修”状态的定义

难易度：易

标准答案：

“线路检修”是指线路的断路器、母线（包括旁路母线）及线路隔离开关都在断开位置，如有线路电压互感器者应将其隔离开关拉开或取下高低压熔断器。线路接地开关在闭合位置（或装设接地线），取下该线路断路器的母线差动保护和失灵保护连接片。

Jb0001431094 并列操作有何基本要求？（5分）

考核知识点：并列操作的基本要求

难易度：易

标准答案：

两个电网进行同期并列时，应满足相序相同、频率相等、电压相等或偏差尽量小的条件。若调整困难，特别是事故时为了加速并列，允许频率差不超过0.5Hz。

Jb0001431095 配电变压器停送电操作的原则是什么？（5分）

考核知识点：配电变压器停送电操作的原则

难易度：易

标准答案：

（1）凡属供电企业管辖的配电变压器（包括已运行和新建配电变压器）停送电操作应由设备运维人员按调度指令执行。

（2）在故障处理时，设备运维人员可对变压器进行停电处理，应及时通知值班调控员，值班调控员应做好相关记录，但送电操作应由设备运维人员按调度指令执行。

（3）变压器停电操作顺序为先停低压侧，后停高压侧；送电操作顺序为先送高压侧，后送低压侧。

（4）变压器停送电操作应由两人进行，一人操作，一人监护。

（5）操作时，必须使用绝缘手套以及合格的绝缘棒，操作人员应戴安全帽。雨天操作应穿绝缘靴，并使用有防雨罩的绝缘棒。

Jb0001431096 配电网运行监视内容主要有哪些？（5分）

考核知识点：配电网运行监视内容

难易度：易

标准答案：

监视内容主要包括变电站的母线电压和主变压器功率因数、主变压器负载、油温、线路负载、直流电压、站用电电压、断路器、隔离开关对位情况、光字牌变化以及各种运行报警信息、设备异常和事故记录等。

Jb0001431097 配电网调控员遥控操作前，应做好哪些准备？（5分）

考核知识点：配电网调控员遥控操作

难易度：易

标准答案：

（1）核对当时的运行方式。

（2）考虑操作过程中的危险点预控措施。

（3）对操作有疑问时，应及时向正值调控员（调控值班长）提出。

（4）宜通知相关运维站（班）值班人员。

Jb0001431098 设备缺陷如何分类？缺陷处理周期如何规定？（5分）

考核知识点：设备缺陷的分类及缺陷处理周期

难易度：易

标准答案：

分为三类：危急缺陷、严重缺陷、一般缺陷。

处理周期：危急缺陷不超过24h，严重缺陷不超过一周，一般缺陷不超过一个检修周期。

Jb0001431099 计划操作应尽量避免在哪些情况下进行？（5分）

考核知识点：计划操作的进行

难易度：易

标准答案：

（1）交接班时。

（2）雷雨、大风等恶劣天气时。

（3）电网发生异常及事故时。

（4）通信、自动化及监控系统发生异常时。

（5）电网高峰负荷时段。

Jb0001431100 电力系统中的设备一般分为几种状态？并叙述其含义。（5分）

考核知识点：电力系统中的设备的状态及其含义

难易度：易

标准答案：

电力系统中的设备状态一般划分为运行、热备用、冷备用和检修四种状态。

（1）运行：设备的隔离开关及断路器均在合闸位置，将电源端至受电端的电路接通（包括辅助设备如TV、避雷器等）。继电保护及二次设备按规定正确投入。

（2）热备用：设备的断路器在分闸位置，而隔离开关仍在合闸位置。此状态下如无特殊要求，设备继电保护均应在运行状态。

（3）冷备用：设备无安全措施，隔离开关及断路器均在分闸位置。

（4）检修：设备所有断路器、隔离开关均在分闸位置，并挂好接地线或合上接地开关。

Jb0001431101　配电网集中监控缺陷管理主要内容是什么？（5分）

考核知识点：配电网集中监控缺陷管理主要内容

难易度：易

标准答案：

（1）应加强对监控范围内设备的缺陷管理，通过监控系统告警信息分析判断，及时发现设备缺陷并发起缺陷管理流程。

（2）应定期对监控运行中发现的缺陷情况进行跟踪、统计、分析和督办，对于严重影响设备监控的缺陷有权将该缺陷等级提高，并督促检修单位加快消缺进度。

（3）对于集中监控发现的缺陷，除开展消缺进度跟踪外，还应定期将消缺情况进行通报，定期组织缺陷分析会议。

（4）应根据设备集中监控运行业务需求和信息规范化管理的要求，加强对频发、无效监控信息的优化管理，及时总结监控运行经验，采取筛选、归并、延时等措施，提高监控信息质量。

Jb0001431102　配电自动化严重缺陷是什么？主要包括什么？（5分）

考核知识点：配电自动化严重缺陷

难易度：易

标准答案：

配电自动化严重缺陷是指对设备功能、使用寿命及系统正常运行有一定影响或可能发展成为危急缺陷，但允许其带缺陷继续运行或动态跟踪一段时间，必须限期安排进行处理的缺陷。

主要包括：

（1）配电主站重要功能失效或异常。

（2）遥控拒动等异常。

（3）对调度员监控、判断有影响的重要遥测量、遥信量故障。

（4）配电主站核心设备，包括数据服务器、数据采集与监视控制系统服务器、前置服务器、全球定位系统（GPS）天文时钟单机停用、单网运行、单电源运行。

Jb0001431103　馈线自动化的实施原则是什么？（5分）

考核知识点：馈线自动化的实施原则

难易度：易

标准答案：

（1）对于主站与终端之间具备可靠通信条件，且开关具备遥控功能的区域，可采用集中型全自动式或半自动式。

（2）对于电缆环网等一次网架结构成熟稳定，且配电终端之间具备对等通信条件的区域，可采用就地型智能分布式。

（3）对于不具备通信条件的区域，可采用就地型重合器式。

Jb0001431104　什么叫线路状态检修？状态检修的基本原则是什么？（5分）

考核知识点：状态检修的定义和基本原则

难易度： 易

标准答案：

（1）线路状态检修是指对巡视、检测发现的状态量超过状态控制值的部位或区段检修维护或修理的过程，可根据实际情况采取带电或停电方式进行。

（2）线路状态检修可结合线路的大修、技术改造和日常维修进行。

（3）状态检修的基本原则是指经状态巡视、状态检测和在线监测等发现的异常状态（隐患）应按“应修必修，修必修好”的原则，及时安排线路设备带电处理或停电检修。

Jb0001431105 为什么要核相？哪些情况下要核相？（5分）

考核知识点： 核相

难易度： 易

标准答案：

（1）若相位或相序不同的交流电源并列或合环，将产生很大的电流。巨大的电流会造成发动机或电气设备的损坏，因此必须核相。

（2）对于新投产的线路或更改后的线路，必须进行相位、相序核对。与并列有关的二次回路检修时改动过，也必须核对相位、相序。

Jb0001431106 电网的无功补偿原则是什么？（5分）

考核知识点： 电网的无功补偿原则

难易度： 易

标准答案：

（1）分散就地补偿与变电站集中补偿相结合，以分散补偿为主。

（2）高压补偿与低压补偿相结合，以低压补偿为主。

（3）降损与调压相结合，以降损为主。

Jb0001411107 一台60kVA、220V的单相变压器，它的额定电流为 $I_N=272.72$A，求 $\cos\varphi=1$ 和 $\cos\varphi=0.8$ 时的 P、Q。（5分）

考核知识点： 变压器运行参数

难易度： 易

标准答案：

解： $\cos\varphi=1$ 时，$P=S\times\cos\varphi=60\times1=60$（kW）

$Q=S\times\sin\varphi=60\times0=0$

$\cos\varphi=0.8$ 时，$P=S\times\cos\varphi=60\times0.8=48$（kW）

$Q=S\times\sin\varphi=60\times0.6=36$（kvar）

Jb0001431108 配电网固定联络开关点的选择有什么要求？（5分）

考核知识点： 配电网固定联络开关点的选择

难易度： 易

标准答案：

（1）原则上由运维部门和营销部门根据配电网一次结构共同确定主干线和固定联络开关点。

（2）优先选择交通便利且属于供电公司资产的设备，无特殊原因不将联络点设置在用户设备，避免转供电操作耗费不必要的时间；对架空线路，应使用柱上开关，严禁使用单一开关作为线路联络点，规避操作风险；联络点优先选择具备遥控功能的开关，利于调度台端对设备的遥控操作。

（3）因特殊原因，主干线和固定联络开关点发生变更，调度部门应及时与运维部门和营销部门重新确定主干线和联络开关点。

Jb0001411109　某三相变压器二次侧电压为400V，电流为250A，已知功率因数 $\cos\varphi=0.866$，求该变压器的有功功率 P、无功功率 Q 和视在功率 S 分别是多少？（5分）

考核知识点：变压器运行参数

难易度：易

标准答案：

解：有功功率 $P=\sqrt{3}UI\cos\varphi$

$=\sqrt{3}\times400\times250\times0.866$

≈150（kW）

无功功率 $Q=\sqrt{3}UI\sin\varphi$

$=\sqrt{S^2-P^2}$

$=\sqrt{173.2^2-150^2}$

≈86.6（kvar）

视在功率 $S=\sqrt{3}UI$

$=\sqrt{3}\times400\times250$

$=173.2$（kVA）

答：该变压器的有功功率 P、无功功率 Q 和视在功率 S 分别是150kW、86.6kvar、173.2kVA。

Jb0001411110　如图Jb0001411110所示电路中，已知电阻 $R_1=60\Omega$，$R_2=40\Omega$，总电流 $I=2$A，求该电路中流过 R_1 和 R_2 的电流 I_1 和 I_2 分别是多少？（5分）

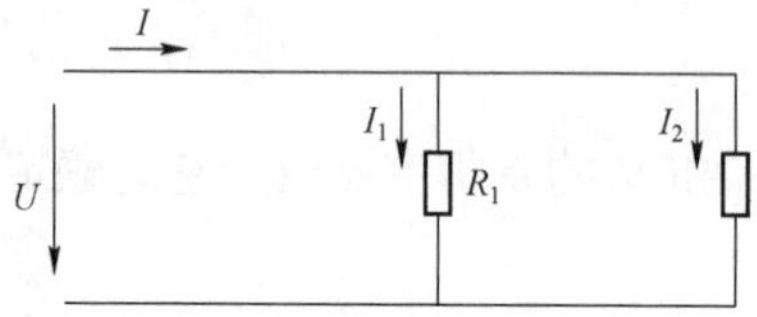

图 Jb0001411110

考核知识点：变压器运行参数

难易度：易

标准答案：

解：R_1 支路中的电流 $I_1=[R_2/(R_1+R_2)]\times I$

$=[40/(60+40)]\times2$

$=0.8$（A）

R_2 支路中的电流 $I_2=[R_1/(R_1+R_2)]\times I$

$=[60/(60+40)]\times2$

$=1.2$（A）

答：该电路中流过 R_1 和 R_2 的电流 I_1 和 I_2 分别是0.8A、1.2A。

Jb0001431111　配电网转供线路的选择有什么要求？（5分）

考核知识点：配电网转供线路的选择

难易度：易

标准答案：

配电网线路由其他线路转供，如存在多种转供路径，应优先采用转供线路线况好、合环潮流小、便于运行操作、供电可靠性高的方式，方式调整时应注意继电保护的适应性。

Jb0001431112　小接地电流系统中，为什么单相接地保护在多数情况下只是用来发信号，而动作于跳闸？（5分）

考核知识点：单相接地保护

难易度：易

标准答案：

（1）小接地电流系统中，单相接地时并不破坏系统电压的对称性，通过故障点的电流仅为系统的电容电流，或者经过消弧线圈补偿后的残流，其数值很小，对电网运行及用户的工作影响较小。

（2）为了防止在发生一点接地时形成短路故障，一般要求保护装置及时发出预告信号，以便值班人员酌情处理。

Jb0001431113　操作中发生带负荷拉、合隔离开关时如何处理？（5分）

考核知识点：配电网调控操作

难易度：易

标准答案：

（1）带负荷误合闸时，即使已发现合错，也不准将隔离开关再拉开。因为带负荷拉隔离开关，将造成三相弧光短路事故。

（2）带负荷错拉隔离开关时，在刀片刚离开固定触头时，便发生电弧，这时应立即合上，可以消除电弧，避免事故扩大。如隔离开关已全部拉开，则不许将误拉的隔离开关再合上。

Jb0001431114　为了防止事故的扩大，哪些情况下的操作可由现场运维人员自行处理并迅速向配调值班调控员作简要汇报，事后再作详细汇报？（5分）

考核知识点：配电网调控操作

难易度：易

标准答案：

（1）将直接对人员生命安全有威胁的设备停电。

（2）运行中设备受损伤已对系统安全构成威胁时，根据现场事故处理规程的规定将其停运或隔离。

（3）根据现场运行规程规定，有权自行处理的。

Jb0001431115　配电线路单相接地试拉线路时，无论接地是否消失，均应立即恢复送电，哪些情况例外？（5分）

考核知识点：配电网调控操作

难易度：易

标准答案：

（1）不影响对外供电者。

（2）已与用户联系并同意暂不恢复送电。

（3）出现异常过电压。

（4）恢复送电可能威胁人员和设备安全者。

Jb0001431116　小接地电流系统，当发生单相接地故障时有什么特点？（5分）

考核知识点：单相接地故障

难易度：易

标准答案：

（1）不接地系统（小接地电流系统）供电可靠性高，但对绝缘水平的要求也高。

（2）因为这种系统中发生单相接地故障时，不构成短路回路，接地相电流不大，所以不必立即切除接地相，但这时非接地相的对地电压确升高为相电压的 $\sqrt{3}$ 倍。

Jb0001431117　造成配电网电压过低的主要因素有哪些？（5分）

考核知识点：配电网低电压因素

难易度：易

标准答案：

造成配电网电压过低的主要因素有无功补偿不足、供电半径过大、变压器电压分接头位置偏低等。

Jb0001431118　影响配电网电压的主要因素有哪些？（5分）

考核知识点：配电网电压影响因素

难易度：易

标准答案：

（1）由于生产、生活、气象等因素引起的负荷变化。

（2）上级电源影响。

（3）配电网运行方式的改变。

Jb0002431119　某开关站10kV母线电压如下所示，请分析为那种异常电压情况以及如何处理？（5分）

（1）$U_a=0.85\text{kV}$，$U_b=9.65\text{kV}$，$U_c=10.22\text{kV}$，$3U_0=98.2\text{V}$

（2）$U_a=0.00\text{kV}$，$U_b=5.98\text{kV}$，$U_c=6.03\text{kV}$，$3U_0=18\text{V}$

考核知识点：配电网异常电压及处理

难易度：易

标准答案：

第一种情况为A相金属性接地。

处理方法：

（1）某开关站某线路A相金属性接地。

（2）配调通知线路运维单位尽快巡线，接地时间不超过2h，找出故障点后，隔离故障后方可送电，或将线路转检修处理线路故障。

第二种情况为TV高压熔断器熔断。

处理方法：

（1）配调通知运维人员去现场检查实际设备及电压情况。

（2）根据运维人员现场检查情况，如确实是TV高压熔断器熔断，配调应及时将TV转检修进行处理。

Jb0001431120　配电线路过负荷时值班调控员应如何处置？（5分）

考核知识点：配电网调控

难易度：易

标准答案：

当配电线路过负荷时值班调控员应根据线路过负荷程度，及时实施负荷转移。若无法转移，应首先与该线路的双电源客户协商转移负荷；若仍然过负荷，应及时通知运维单位，对该线路部分客户进行有序供电。

Jb0001431121　单相接地逐条试拉后，接地仍不消失的原因主要有哪些？（5分）

考核知识点：单相接地处理

难易度：易

标准答案：

（1）多条线路同相接地。

（2）母线设备接地。

（3）主变压器低压侧设备接地。

Jb0003431122　什么是事故预想？（5分）

考核知识点：事故预想的定义

难易度：易

标准答案：

事故预想，就是假定电网中可能发生的事故、故障，包括假定故障点、故障类型并由此预想故障可能造成的影响等，有针对性地提出对事故发生后的紧急处理办法和控制措施。

Jb0003431123　事故预想应包含哪些内容？（5分）

考核知识点：事故预想的内容

难易度：易

标准答案：

（1）预想内容：简述预想发生的事故。

（2）事故前运行方式：事故发生时的电网及相关厂站运行情况。

（3）故障设置：事故的故障类型、保护动作及断路器跳闸情况。

（4）潮流计算情况：事故发生后相关厂站设备的运行状况。

（5）事故处理步骤：事故处理思路及步骤，关键环节以及事故后必要的稳定断面控制要点。

Jb0002431124　线路保护动作断路器跳闸，调控值班员应迅速查看记录哪些内容？（5分）

考核知识点：配电网调控操作

难易度：易

标准答案：

线路保护动作断路器跳闸，调控值班员应迅速记录跳闸发生时间、保护动作情况、信号内容、断路器变位情况，同时查看线路潮流变化情况、断路器位置指示等。

Jb0002431125　设备缺陷消除有何规定？（5分）

考核知识点：设备缺陷消除

难易度：易

标准答案：

危急缺陷消除时间不得超过24h，严重缺陷应在1个月内消除，一般缺陷可结合检修计划尽早消除，但应处于可控状态。设备带缺陷运行期间，运行单位应加强监视，必要时制订相应应急措施。

Jb0002431126　线路故障跳闸在哪几种情况下不宜强送？（5 分）

考核知识点：线路故障跳闸处理

难易度：易

标准答案：

（1）全电缆线路。

（2）检修后的线路恢复送电时跳闸，在未查明原因前一般不得强送。

（3）线路有带电作业。

（4）已发现明显故障象征。

（5）投入 FA 功能的线路跳闸，已判定为故障区间。

Jb0002431127　开关站全停时，配电网调控员应如何处理？（5 分）

考核知识点：线路故障跳闸处理

难易度：易

标准答案：

开关站全停时，调控员应采取以下措施尽快恢复供电：

（1）查明是上级系统原因还是本站设备故障引起的停电，若是本站设备故障，则加以隔离。

（2）短时能恢复供电的，则调整方式等待来电或处理后送电。

（3）较长时间内无法恢复供电的，则考虑负荷转移，优先转供站用电及重要线路，线路转供时要避免对侧主变压器及线路超限，同时要注意保护及自动装置的匹配。

Jb0002432128　变电站 10kV 断路器跳闸如何处理？（5 分）

考核知识点：跳闸处理

难易度：中

标准答案：

（1）无论重合成功与否，均应告知故障带电巡线，重合成功但负荷电流明显减小的，需告知巡线人员该情况。

（2）若重合不成功或未重合，则条件允许时可强送一次。

（3）查到故障点，在消除故障或隔离故障点后，确认其余线路和配电设备无明显故障点后，可进行试送。

（4）全线巡查找不到明显故障点时，可进行全线试送或逐段试送，逐段试送时应合理分段，减少可能需要的试送次数，试送的线路断路器应本身良好并可保证操作安全，必要时可全由总线断路器进行逐段试送。

（5）经逐段试送确定故障区段后加以隔离检查，对电缆可通过摇绝缘检查是否良好，故障区段外线路恢复送电。

（6）对并有分布式电源的线路，试送需确认并网点断路器断开。

Jb0002431129　断路器无法分闸时应如何处理？（5 分）

考核知识点：断路器操作

难易度：易

标准答案：

断路器无法分闸时应按以下原则处理：

（1）断路器远方遥控操作无法分闸时，可就地操作。

（2）必要时可按相关规定手动分闸。

（3）上述方法均无法分闸时，则须在停电情况下将该断路器两侧隔离开关拉开。

Jb0001431130　10kV 配电线路故障保护采用过电流保护，简述为什么同时又配加电流速断保护。（5 分）

考核知识点：配电线路保护

难易度：易

标准答案：

过电流保护的启动电流是按照大于最大负荷电流的原则整定的，为了保证选择的正确性，采用逐级增大的阶梯形式时限特性，这样一来，越靠近电源端故障电流越大，短路电流保护装置动作时间越长，为克服这种情况，同时采用了提高整定值的方法来限制动作保护范围，即采用瞬时切除故障线路的电流速断保护。

Jb0001431131　电力电缆故障发生的主要原因有哪些？（5 分）

考核知识点：电力电缆故障

难易度：易

标准答案：

（1）机械损伤。

（2）绝缘老化。

（3）绝缘受潮。

（4）过电压。

（5）电缆发热。

（6）产品质量缺陷。

Jb0002431132　事故处理的主要任务是什么？（5 分）

考核知识点：事故处理的主要任务

难易度：易

标准答案：

（1）迅速限制事故发展，消除或隔离事故根源，解除对人身和设备安全的威胁。

（2）尽最大可能保持对用户的正常供电。

（3）迅速对已停电的用户恢复送电，特别应优先恢复厂站用电和重要用户的保安用电。

Jb0002431133　变压器出现哪些情况时应立即停电处理？（5 分）

考核知识点：变压器停电处理

难易度：易

标准答案：

（1）内部声音很大，很不均匀，有爆裂声。

（2）在正常负荷和冷却条件下，变压器温度不正常且不断上升。

（3）储油柜或防爆管喷油。

（4）漏油致使油面下降，低于油位指示计的指示限度。

（5）油色变化过甚，油内出现碳质等。

（6）套管有严重的破损和放电现象。

（7）违反其他现场规程的规定。

Jb0002431134　系统发生单相接地故障时，故障现象是什么？（5 分）

考核知识点：单相接地故障

难易度：易

标准答案：

（1）非金属性接地时：故障相电压下降但不为零，非故障相电压上升至相电压与线电压之间，零序电压（$3U_0$）上升至整定值，发信号。

（2）金属性接地时：故障相电压降为零，非故障相电压上升为线电压，零序电压（$3U_0$）上升至100V，发信号。

（3）弧光接地时：电压表指示不稳定，非故障相电压可达正常相电压的3～3.5倍，零序电压（$3U_0$）可能大于100V。

（4）间歇性接地：接地时有时无，间歇性出现，故障相电压时增时减，非故障相电压时增时减或有时正常，零序电压（$3U_0$）也时增时减或有时正常，不稳定。

Jb0002431135　断路器拒分闸对电网运行有什么影响？（5 分）

考核知识点：断路器拒分闸的影响

难易度：易

标准答案：

断路器拒分闸对电网安全运行危害很大，因为当某一元件故障后，断路器拒分闸，故障不能消除，将会造成上一级断路器跳闸，即“越级跳闸”，或相邻元件断路器跳闸，这将扩大事故停电范围，造成严重的电网事故。

第四章　配电运营指挥员中级工技能操作

Jc0001441001　通过供电服务指挥系统调看公用配电变压器重载情况。(100 分)

考核知识点：供电服务指挥系统操作

难易度：易

技能等级评价专业技能考核操作工作任务书

一、任务名称

通过供电服务指挥系统调看公用配电变压器重载情况。

二、适用工种

配电运营指挥员中级工。

三、具体任务

通过供电服务指挥系统调看公用配电变压器重载情况，按要求指出重载公用配电变压器所处状态。

四、工作规范及要求

(1) 熟悉供电服务指挥系统，明确操作范围。

(2) 正确使用供电服务指挥系统。

(3) 明确公用配电变压器重载情况。

(4) 会调阅相关数据。

五、考核及时间要求

(1) 本考核操作时间为 5 分钟，包括报告整理时间，时间到停止考评。

(2) 按照给定项目安排操作顺序。

(3) 若有补充说明请注明。

技能等级评价专业技能考核操作评分标准

工种	配电运营指挥员				评价等级	中级工
项目模块	基础能力—供电服务运营管控			编号	Jc0001441001	
单位		准考证号			姓名	
考试时限	5 分钟	题型	单项操作		题分	100 分
成绩		考评员		考评组长	日期	
试题正文	通过供电服务指挥系统调看公用配电变压器重载情况					
需要说明的问题和要求	(1) 要求熟悉供电服务指挥系统，掌握公用配电变压器重载情况。 (2) 正确进行调看操作。 (3) 操作结束后，应举手示意，待考评员同意后方可离开考场。 (4) 若考生误操作或处置不当，则该考核计 0 分					

序号	项目名称	质量要求	满分	扣分标准	扣分原因	得分
1	登录系统	说明登录供电服务指挥系统步骤	20	未说明或说明不正确扣 20 分		
2	通过供电服务指挥系统调看公用配电变压器重载情况	写出调看公用配电变压器重载步骤	30	未说明或说明不正确扣 30 分		

续表

序号	项目名称	质量要求	满分	扣分标准	扣分原因	得分
3	调看内容	选出重载的公用配电变压器	20	未说明或说明不正确扣 10 分		
4	返回系统主界面	说明返回系统主界面操作步骤	10	未说明或说明不正确扣 10 分		
5	填写报告	正确填写报告	20	每缺少 1 步扣 2 分		
合计			100			

Jc0001441002　通过供电服务指挥系统调看公用配电变压器过载情况。（100 分）

考核知识点：供电服务指挥系统操作

难易度：易

技能等级评价专业技能考核操作工作任务书

一、任务名称

通过供电服务指挥系统调看公用配电变压器过载情况。

二、适用工种

配电运营指挥员中级工。

三、具体任务

通过供电服务指挥系统调看公用配电变压器过载情况，按要求指出过载公用配电变压器所处状态。

四、工作规范及要求

（1）熟悉供电服务指挥系统，明确操作范围。

（2）正确使用供电服务指挥系统。

（3）明确公用配电变压器过载情况。

（4）会调阅相关数据。

五、考核及时间要求

（1）本考核操作时间为 5 分钟，包括报告整理时间，时间到停止考评。

（2）按照给定项目安排操作顺序。

（3）若有补充说明请注明。

技能等级评价专业技能考核操作评分标准

<table>
<tr><td>工种</td><td colspan="8">配电运营指挥员</td><td>评价等级</td><td>中级工</td></tr>
<tr><td>项目模块</td><td colspan="7">基础能力—供电服务运营管控</td><td>编号</td><td colspan="2">Jc0001441002</td></tr>
<tr><td>单位</td><td colspan="3"></td><td colspan="2">准考证号</td><td colspan="3"></td><td>姓名</td><td></td></tr>
<tr><td>考试时限</td><td colspan="2">5 分钟</td><td colspan="2">题型</td><td colspan="4">单项操作</td><td>题分</td><td>100 分</td></tr>
<tr><td>成绩</td><td></td><td>考评员</td><td colspan="2"></td><td colspan="2">考评组长</td><td colspan="2"></td><td>日期</td><td></td></tr>
<tr><td>试题正文</td><td colspan="10">通过供电服务指挥系统调看公用配电变压器过载情况</td></tr>
<tr><td>需要说明的问题和要求</td><td colspan="10">（1）要求熟悉供电服务指挥系统，掌握公用配电变压器过载情况。
（2）正确进行调看操作。
（3）操作结束后，应举手示意，待考评员同意后方可离开考场。
（4）若考生误操作或处置不当，则该考核计 0 分</td></tr>
</table>

续表

序号	项目名称	质量要求	满分	扣分标准	扣分原因	得分
1	登录系统	说明登录供电服务指挥系统步骤	20	未说明或说明不正确扣 20 分		
2	通过供电服务指挥系统调看公用配电变压器过载情况	写出调看公用配电变压器过载步骤	30	未说明或说明不正确扣 30 分		
3	调看内容	选出过载的公用配电变压器	20	未说明或说明不正确扣 10 分		
4	返回系统主界面	说明返回系统主界面操作步骤	10	未说明或说明不正确扣 10 分		
5	填写报告	正确填写报告	20	每缺少 1 步扣 2 分		
合计			100			

Jc0001441003　通过供电服务指挥系统调看公用配电变压器低电压情况。（100 分）

考核知识点：供电服务指挥系统操作

难易度：易

技能等级评价专业技能考核操作工作任务书

一、任务名称

通过供电服务指挥系统调看公用配电变压器低电压情况。

二、适用工种

配电运营指挥员中级工。

三、具体任务

通过供电服务指挥系统调看公用配电变压器低电压情况，按要求指出低电压公用配电变压器所处状态。

四、工作规范及要求

（1）熟悉供电服务指挥系统，明确操作范围。

（2）正确使用供电服务指挥系统。

（3）明确公用配电变压器低电压情况。

（4）会调阅相关数据。

五、考核及时间要求

（1）本考核操作时间为 5 分钟，包括报告整理时间，时间到停止考评。

（2）按照给定项目安排操作顺序。

（3）若有补充说明请注明。

技能等级评价专业技能考核操作评分标准

<table>
<tr><td>工种</td><td colspan="6">配电运营指挥员</td><td>评价等级</td><td>中级工</td></tr>
<tr><td>项目模块</td><td colspan="5">基础能力—供电服务运营管控</td><td>编号</td><td colspan="2">Jc0001441003</td></tr>
<tr><td>单位</td><td colspan="3"></td><td>准考证号</td><td colspan="2"></td><td>姓名</td><td></td></tr>
<tr><td>考试时限</td><td colspan="2">5 分钟</td><td>题型</td><td colspan="3">单项操作</td><td>题分</td><td>100 分</td></tr>
<tr><td>成绩</td><td></td><td>考评员</td><td></td><td>考评组长</td><td colspan="2"></td><td>日期</td><td></td></tr>
<tr><td>试题正文</td><td colspan="8">通过供电服务指挥系统调看公用配电变压器低电压情况</td></tr>
</table>

续表

需要说明的问题和要求	（1）要求熟悉供电服务指挥系统，掌握公用配电变压器低电压情况。 （2）正确进行调看操作。 （3）操作结束后，应举手示意，待考评员同意后方可离开考场。 （4）若考生误操作或处置不当，则该考核计0分

序号	项目名称	质量要求	满分	扣分标准	扣分原因	得分
1	登录系统	说明登录供电服务指挥系统步骤	20	未说明或说明不正确扣20分		
2	通过供电服务指挥系统调看公用配电变压器低电压情况	写出调看公用配电变压器低电压步骤	30	未说明或说明不正确扣30分		
3	调看内容	选出低电压公用配电变压器	20	未说明或说明不正确扣10分		
4	返回系统主界面	说明返回系统主界面操作步骤	10	未说明或说明不正确扣10分		
5	填写报告	正确填写报告	20	每缺少1步扣2分		
合计			100			

Jc0001441004　通过供电服务指挥系统调看公用配电变压器三相不平衡情况。（100分）

考核知识点：供电服务指挥系统操作

难易度：易

技能等级评价专业技能考核操作工作任务书

一、任务名称

通过供电服务指挥系统调看公用配电变压器三相不平衡情况。

二、适用工种

配电运营指挥员中级工。

三、具体任务

通过供电服务指挥系统调看公用配电变压器三相不平衡情况，按要求指出三相不平衡公用配电变压器所处状态。

四、工作规范及要求

（1）熟悉供电服务指挥系统，明确操作范围。

（2）正确使用供电服务指挥系统。

（3）明确公用配电变压器三相不平衡情况。

（4）会调阅相关数据。

五、考核及时间要求

（1）本考核操作时间为5分钟，包括报告整理时间，时间到停止考评。

（2）按照给定项目安排操作顺序。

（3）若有补充说明请注明。

技能等级评价专业技能考核操作评分标准

工种	配电运营指挥员					评价等级	中级工
项目模块	基础能力—供电服务运营管控				编号	Jc0001441004	
单位		准考证号				姓名	
考试时限	5分钟	题型	单项操作			题分	100分
成绩		考评员		考评组长		日期	
试题正文	通过供电服务指挥系统调看公用配电变压器三相不平衡情况						

续表

需要说明的问题和要求	（1）要求熟悉供电服务指挥系统，掌握公用配电变压器三相不平衡情况。 （2）正确进行调看操作。 （3）操作结束后，应举手示意，待考评员同意后方可离开考场。 （4）若考生误操作或处置不当，则该考核计 0 分

序号	项目名称	质量要求	满分	扣分标准	扣分原因	得分
1	登录系统	说明登录供电服务指挥系统步骤	20	未说明或说明不正确扣 20 分		
2	通过供电服务指挥系统调看公用配电变压器三相不平衡情况	写出调看公用配电变压器三相不平衡步骤	30	未说明或说明不正确扣 30 分		
3	调看内容	选出三相不平衡公用配电变压器	20	未说明或说明不正确扣 10 分		
4	返回系统主界面	说明返回系统主界面操作步骤	10	未说明或说明不正确扣 10 分		
5	填写报告	正确填写报告	20	每缺少 1 步扣 2 分		
合计			100			

Jc0001441005　通过供电服务指挥系统调看公用配电变压器过电压情况。（100 分）

考核知识点：供电服务指挥系统操作

难易度：易

技能等级评价专业技能考核操作工作任务书

一、任务名称

通过供电服务指挥系统调看公用配电变压器过电压情况。

二、适用工种

配电运营指挥员中级工。

三、具体任务

通过供电服务指挥系统调看公用配电变压器过电压情况，按要求指出过电压公用配电变压器所处状态。

四、工作规范及要求

（1）熟悉供电服务指挥系统，明确操作范围。

（2）正确使用供电服务指挥系统。

（3）明确公用配电变压器过电压情况。

（4）会调阅相关数据。

五、考核及时间要求

（1）本考核操作时间为 5 分钟，包括报告整理时间，时间到停止考评。

（2）按照给定项目安排操作顺序。

（3）若有补充说明请注明。

技能等级评价专业技能考核操作评分标准

工种	配电运营指挥员					评价等级	中级工
项目模块	基础能力—供电服务运营管控				编号	Jc0001441005	
单位			准考证号			姓名	
考试时限	5 分钟		题型	单项操作		题分	100 分
成绩		考评员		考评组长		日期	
试题正文	通过供电服务指挥系统调看公用配电变压器过电压情况						
需要说明的问题和要求	（1）要求熟悉供电服务指挥系统，掌握公用配电变压器过电压情况。 （2）正确进行调看操作。 （3）操作结束后，应举手示意，待考评员同意后方可离开考场。 （4）若考生误操作或处置不当，则该考核计 0 分						

序号	项目名称	质量要求	满分	扣分标准	扣分原因	得分
1	登录系统	说明登录供电服务指挥系统步骤	20	未说明或说明不正确扣 20 分		
2	通过供电服务指挥系统调看公用配电变压器过电压	写出调看公用配电变压器过电压步骤	30	未说明或说明不正确扣 30 分		
3	调看内容	选出过电压公用配电变压器	20	未说明或说明不正确扣 10 分		
4	返回系统主界面	说明返回系统主界面操作步骤	10	未说明或说明不正确扣 10 分		
5	填写报告	正确填写报告	20	每缺少 1 步扣 2 分		
合计			100			

Jc0001441006　通过供电服务指挥系统调看公用配电变压器电压异常情况。（100 分）

考核知识点：供电服务指挥系统操作

难易度：易

技能等级评价专业技能考核操作工作任务书

一、任务名称

通过供电服务指挥系统调看公用配电变压器电压异常情况。

二、适用工种

配电运营指挥员中级工。

三、具体任务

通过供电服务指挥系统调看公用配电变压器电压异常情况，按要求指出电压异常公用配电变压器所处状态。

四、工作规范及要求

（1）熟悉供电服务指挥系统，明确操作范围。

（2）正确使用供电服务指挥系统。

（3）明确公用配电变压器电压异常情况。

（4）会调阅相关数据。

五、考核及时间要求

（1）本考核操作时间为 5 分钟，包括报告整理时间，时间到停止考评。

（2）按照给定项目安排操作顺序。

（3）若有补充说明请注明。

技能等级评价专业技能考核操作评分标准

<table>
<tr><td>工种</td><td colspan="6">配电运营指挥员</td><td colspan="2">评价等级</td><td colspan="2">中级工</td></tr>
<tr><td>项目模块</td><td colspan="6">基础能力—供电服务运营管控</td><td>编号</td><td colspan="3">Jc0001441006</td></tr>
<tr><td>单位</td><td colspan="3"></td><td>准考证号</td><td colspan="3"></td><td>姓名</td><td colspan="2"></td></tr>
<tr><td>考试时限</td><td colspan="2">5 分钟</td><td>题型</td><td colspan="4">单项操作</td><td>题分</td><td colspan="2">100 分</td></tr>
<tr><td>成绩</td><td></td><td>考评员</td><td></td><td>考评组长</td><td colspan="3"></td><td>日期</td><td colspan="2"></td></tr>
<tr><td>试题正文</td><td colspan="10">通过供电服务指挥系统调看公用配电变压器电压异常情况</td></tr>
<tr><td>需要说明的问题和要求</td><td colspan="10">（1）要求熟悉供电服务指挥系统，掌握公用配电变压器电压异常情况。
（2）正确进行调看操作。
（3）操作结束后，应举手示意，待考评员同意后方可离开考场。
（4）若考生误操作或处置不当，则该考核计 0 分</td></tr>
<tr><td>序号</td><td>项目名称</td><td>质量要求</td><td>满分</td><td>扣分标准</td><td>扣分原因</td><td>得分</td></tr>
<tr><td>1</td><td>登录系统</td><td>说明登录供电服务指挥系统步骤</td><td>20</td><td>未说明或说明不正确扣 20 分</td><td></td><td></td></tr>
<tr><td>2</td><td>通过供电服务指挥系统调看公用配电变压器电压异常</td><td>写出调看公用配电变压器电压异常步骤</td><td>30</td><td>未说明或说明不正确扣 30 分</td><td></td><td></td></tr>
<tr><td>3</td><td>调看内容</td><td>选出电压异常公用配电变压器</td><td>20</td><td>未说明或说明不正确扣 10 分</td><td></td><td></td></tr>
<tr><td>4</td><td>返回系统主界面</td><td>说明返回系统主界面操作步骤</td><td>10</td><td>未说明或说明不正确扣 10 分</td><td></td><td></td></tr>
<tr><td>5</td><td>填写报告</td><td>正确填写报告</td><td>20</td><td>每缺少 1 步扣 2 分</td><td></td><td></td></tr>
<tr><td colspan="2">合计</td><td></td><td>100</td><td></td><td></td><td></td></tr>
</table>

Jc0001441007　通过供电服务指挥系统调看公用配电变压器功率异常情况。（100 分）

考核知识点：供电服务指挥系统操作

难易度：易

技能等级评价专业技能考核操作工作任务书

一、任务名称

通过供电服务指挥系统调看公用配电变压器功率异常情况。

二、适用工种

配电运营指挥员中级工。

三、具体任务

通过供电服务指挥系统调看公用配电变压器功率异常情况，按要求指出功率异常公用配电变压器所处状态。

四、工作规范及要求

（1）熟悉供电服务指挥系统，明确操作范围。

（2）正确使用供电服务指挥系统。

（3）明确公用配电变压器功率异常情况。

（4）会调阅相关数据。

五、考核及时间要求

（1）本考核操作时间为 5 分钟，包括报告整理时间，时间到停止考评。

（2）按照给定项目安排操作顺序。

（3）若有补充说明请注明。

技能等级评价专业技能考核操作评分标准

工种	配电运营指挥员				评价等级	中级工
项目模块	基础能力—供电服务运营管控			编号	Jc0001441007	
单位			准考证号		姓名	
考试时限	5 分钟	题型	单项操作		题分	100 分
成绩	考评员		考评组长		日期	
试题正文	通过供电服务指挥系统调看公用配电变压器功率异常情况					
需要说明的问题和要求	（1）要求熟悉供电服务指挥系统，掌握公用配电变压器功率异常情况。 （2）正确进行调看操作。 （3）操作结束后，应举手示意，待考评员同意后方可离开考场。 （4）若考生误操作或处置不当，则该考核计 0 分					

序号	项目名称	质量要求	满分	扣分标准	扣分原因	得分
1	登录系统	说明登录供电服务指挥系统步骤	20	未说明或说明不正确扣 20 分		
2	通过供电服务指挥系统调看公用配电变压器功率异常	写出调看公用配电变压器功率异常步骤	30	未说明或说明不正确扣 30 分		
3	调看内容	选出功率异常公用配电变压器	20	未说明或说明不正确扣 10 分		
4	返回系统主界面	说明返回系统主界面操作步骤	10	未说明或说明不正确扣 10 分		
5	填写报告	正确填写报告	20	每缺少 1 步扣 2 分		
合计			100			

Jc0001441008　通过供电服务指挥系统调看公用配电变压器停运情况。（100 分）

考核知识点：供电服务指挥系统操作

难易度：易

技能等级评价专业技能考核操作工作任务书

一、任务名称

通过供电服务指挥系统调看公用配电变压器停运情况。

二、适用工种

配电运营指挥员中级工。

三、具体任务

通过供电服务指挥系统调看公用配电变压器停运情况，按要求指出停运公用配电变压器所处状态。

四、工作规范及要求

（1）熟悉供电服务指挥系统，明确操作范围。

（2）正确使用供电服务指挥系统。

（3）明确公用配电变压器停运情况。

（4）会调阅相关数据。

五、考核及时间要求

（1）本考核操作时间为 5 分钟，包括报告整理时间，时间到停止考评。

（2）按照给定项目安排操作顺序。

（3）若有补充说明请注明。

技能等级评价专业技能考核操作评分标准

<table>
<tr><td>工种</td><td colspan="5">配电运营指挥员</td><td>评价等级</td><td colspan="2">中级工</td></tr>
<tr><td>项目模块</td><td colspan="4">基础能力—供电服务运营管控</td><td>编号</td><td colspan="3">Jc0001441008</td></tr>
<tr><td>单位</td><td colspan="3"></td><td>准考证号</td><td></td><td>姓名</td><td colspan="2"></td></tr>
<tr><td>考试时限</td><td colspan="2">5 分钟</td><td>题型</td><td colspan="2">单项操作</td><td>题分</td><td colspan="2">100 分</td></tr>
<tr><td>成绩</td><td></td><td>考评员</td><td></td><td>考评组长</td><td></td><td>日期</td><td colspan="2"></td></tr>
<tr><td>试题正文</td><td colspan="8">通过供电服务指挥系统调看公用配电变压器停运情况</td></tr>
<tr><td>需要说明的问题和要求</td><td colspan="8">（1）要求熟悉供电服务指挥系统，掌握公用配电变压器停运情况。
（2）正确进行调看操作。
（3）操作结束后，应举手示意，待考评员同意后方可离开考场。
（4）若考生误操作或处置不当，则该考核计 0 分</td></tr>
</table>

序号	项目名称	质量要求	满分	扣分标准	扣分原因	得分
1	登录系统	说明登录供电服务指挥系统步骤	20	未说明或说明不正确扣 20 分		
2	通过供电服务指挥系统调看公用配电变压器停运	写出调看公用配电变压器停运步骤	30	未说明或说明不正确扣 30 分		
3	调看内容	选出停运公用配电变压器	20	未说明或说明不正确扣 10 分		
4	返回系统主界面	说明返回系统主界面操作步骤	10	未说明或说明不正确扣 10 分		
5	填写报告	正确填写报告	20	每缺少 1 步扣 2 分		
合计			100			

Jc0001441009　通过供电服务指挥系统调看馈线停运情况。（100 分）

考核知识点：供电服务指挥系统操作

难易度：易

技能等级评价专业技能考核操作工作任务书

一、任务名称

通过供电服务指挥系统调看馈线停运情况。

二、适用工种

配电运营指挥员中级工。

三、具体任务

通过供电服务指挥系统调看馈线停运情况，按要求指出停运馈线所处状态。

四、工作规范及要求

（1）熟悉供电服务指挥系统，明确操作范围。

（2）正确使用供电服务指挥系统。

（3）明确馈线停运情况。

（4）会调阅相关数据。

五、考核及时间要求

（1）本考核操作时间为 5 分钟，包括报告整理时间，时间到停止考评。

（2）按照给定项目安排操作顺序。

（3）若有补充说明请注明。

技能等级评价专业技能考核操作评分标准

工种	配电运营指挥员					评价等级	中级工
项目模块	基础能力—供电服务运营管控				编号	Jc0001441009	
单位			准考证号			姓名	
考试时限	5分钟		题型	单项操作		题分	100分
成绩		考评员		考评组长		日期	
试题正文	通过供电服务指挥系统调看馈线停运情况						
需要说明的问题和要求	（1）要求熟悉供电服务指挥系统，掌握馈线停运情况。 （2）正确进行调看操作。 （3）操作结束后，应举手示意，待考评员同意后方可离开考场。 （4）若考生误操作或处置不当，则该考核计0分						

序号	项目名称	质量要求	满分	扣分标准	扣分原因	得分
1	登录系统	说明登录供电服务指挥系统步骤	20	未说明或说明不正确扣20分		
2	通过供电服务指挥系统调看馈线停运	写出调看馈线停运步骤	30	未说明或说明不正确扣30分		
3	调看内容	选出停运馈线	20	未说明或说明不正确扣10分		
4	返回系统主界面	说明返回系统主界面操作步骤	10	未说明或说明不正确扣10分		
5	填写报告	正确填写报告	20	每缺少1步扣2分		
合计			100			

Jc0001441010　通过供电服务指挥系统调看公用配电变压器设备画像。（100分）

考核知识点：供电服务指挥系统操作

难易度：易

技能等级评价专业技能考核操作工作任务书

一、任务名称

通过供电服务指挥系统调看公用配电变压器设备画像。

二、适用工种

配电运营指挥员中级工。

三、具体任务

通过供电服务指挥系统调看公用配电变压器设备画像，按要求指出公用配电变压器设备画像所处状态。

四、工作规范及要求

（1）熟悉供电服务指挥系统，明确操作范围。

（2）正确使用供电服务指挥系统。

（3）明确公用配电变压器设备画像情况。

（4）会调阅相关数据。

五、考核及时间要求

（1）本考核操作时间为5分钟，包括报告整理时间，时间到停止考评。

（2）按照给定项目安排操作顺序。

（3）若有补充说明请注明。

技能等级评价专业技能考核操作评分标准

工种	配电运营指挥员					评价等级	中级工	
项目模块	基础能力—供电服务运营管控				编号	Jc0001441010		
单位			准考证号			姓名		
考试时限	5分钟		题型	单项操作		题分	100分	
成绩		考评员		考评组长		日期		
试题正文	通过供电服务指挥系统调看公用配电变压器设备画像							
需要说明的问题和要求	（1）要求熟悉供电服务指挥系统，掌握公用配电变压器设备画像。 （2）正确进行调看操作。 （3）操作结束后，应举手示意，待考评员同意后方可离开考场。 （4）若考生误操作或处置不当，则该考核计0分							

序号	项目名称	质量要求	满分	扣分标准	扣分原因	得分
1	登录系统	说明登录供电服务指挥系统步骤	20	未说明或说明不正确扣20分		
2	通过供电服务指挥系统调看公用配电变压器设备画像	写出调看公用配电变压器设备画像步骤	30	未说明或说明不正确扣30分		
3	调看内容	选出公用配电变压器设备画像	20	未说明或说明不正确扣10分		
4	返回系统主界面	说明返回系统主界面操作步骤	10	未说明或说明不正确扣10分		
5	填写报告	正确填写报告	20	每缺少1步扣2分		
合计			100			

Jc0001441011 通过供电服务指挥系统调看线损情况。（100分）

考核知识点：供电服务指挥系统操作

难易度：易

技能等级评价专业技能考核操作工作任务书

一、任务名称

通过供电服务指挥系统调看线损情况。

二、适用工种

配电运营指挥员中级工。

三、具体任务

通过供电服务指挥系统调看并按要求指出线损情况。

四、工作规范及要求

（1）熟悉供电服务指挥系统，明确操作范围。

（2）正确使用供电服务指挥系统。

（3）明确线损情况。

（4）会调阅相关数据。

五、考核及时间要求

（1）本考核操作时间为5分钟，包括报告整理时间，时间到停止考评。

（2）按照给定项目安排操作顺序。

（3）若有补充说明请注明。

技能等级评价专业技能考核操作评分标准

工种	配电运营指挥员					评价等级	中级工
项目模块	基础能力—供电服务运营管控				编号	Jc0001441011	
单位			准考证号			姓名	
考试时限	5 分钟		题型	单项操作		题分	100 分
成绩		考评员		考评组长		日期	
试题正文	通过供电服务指挥系统调看线损情况						
需要说明的问题和要求	（1）要求熟悉供电服务指挥系统，掌握线损情况。 （2）正确进行调看操作。 （3）操作结束后，应举手示意，待考评员同意后方可离开考场。 （4）若考生误操作或处置不当，则该考核计 0 分						

序号	项目名称	质量要求	满分	扣分标准	扣分原因	得分
1	登录系统	说明登录供电服务指挥系统步骤	20	未说明或说明不正确扣 20 分		
2	通过供电服务指挥系统调看线损情况	写出调看线损情况步骤	30	未说明或说明不正确扣 30 分		
3	调看内容	选出线损情况	20	未说明或说明不正确扣 20 分		
4	返回系统主界面	说明返回系统主界面操作步骤	10	未说明或说明不正确扣 10 分		
5	填写报告	正确填写报告	20	每缺少 1 步扣 2 分		
合计			100			

Jc0001441012　通过供电服务指挥系统调看智能巡检任务情况。（100 分）

考核知识点： 供电服务指挥系统操作

难易度： 易

技能等级评价专业技能考核操作工作任务书

一、任务名称

通过供电服务指挥系统调看智能巡检任务情况。

二、适用工种

配电运营指挥员中级工。

三、具体任务

通过供电服务指挥系统调看智能巡检任务，并按要求指出智能巡检任务情况。

四、工作规范及要求

（1）熟悉供电服务指挥系统，明确操作范围。

（2）正确使用供电服务指挥系统。

（3）明确智能巡检任务情况。

（4）会调阅相关数据。

五、考核及时间要求

（1）本考核操作时间为 5 分钟，包括报告整理时间，时间到停止考评。

（2）按照给定项目安排操作顺序。

（3）若有补充说明请注明。

技能等级评价专业技能考核操作评分标准

工种	配电运营指挥员					评价等级	中级工	
项目模块	基础能力—供电服务运营管控				编号	Jc0001441012		
单位			准考证号			姓名		
考试时限	5 分钟		题型	单项操作		题分	100 分	
成绩		考评员		考评组长		日期		
试题正文	通过供电服务指挥系统调看智能巡检任务情况							
需要说明的问题和要求	（1）要求熟悉供电服务指挥系统，掌握智能巡检任务情况。 （2）正确进行调看操作。 （3）操作结束后，应举手示意，待考评员同意后方可离开考场。 （4）若考生误操作或处置不当，则该考核计 0 分							

序号	项目名称	质量要求	满分	扣分标准	扣分原因	得分
1	登录系统	说明登录供电服务指挥系统步骤	20	未说明或说明不正确扣 20 分		
2	通过供电服务指挥系统调看智能巡检任务	写出调看智能巡检任务步骤	30	未说明或说明不正确扣 30 分		
3	调看内容	选出智能巡检任务情况	20	未说明或说明不正确扣 20 分		
4	返回系统主界面	说明返回系统主界面操作步骤	10	未说明或说明不正确扣 10 分		
5	填写报告	正确填写报告	20	每缺少 1 步扣 2 分		
合计			100			

Jc0001441013　通过供电服务指挥系统调看缺陷情况。（100 分）

考核知识点：供电服务指挥系统操作

难易度：易

技能等级评价专业技能考核操作工作任务书

一、任务名称

通过供电服务指挥系统调看缺陷情况。

二、适用工种

配电运营指挥员中级工。

三、具体任务

通过供电服务指挥系统调看并按要求指出缺陷情况。

四、工作规范及要求

（1）熟悉供电服务指挥系统，明确操作范围。

（2）正确使用供电服务指挥系统。

（3）明确缺陷情况。

（4）会调阅相关数据。

五、考核及时间要求

（1）本考核操作时间为 5 分钟，包括报告整理时间，时间到停止考评。

（2）按照给定项目安排操作顺序。

（3）若有补充说明请注明。

技能等级评价专业技能考核操作评分标准

工种	配电运营指挥员					评价等级	中级工
项目模块	基础能力—供电服务运营管控				编号	Jc0001441013	
单位			准考证号			姓名	
考试时限	5 分钟		题型	单项操作		题分	100 分
成绩		考评员		考评组长		日期	
试题正文	通过供电服务指挥系统调看缺陷情况						
需要说明的问题和要求	（1）要求熟悉供电服务指挥系统，掌握缺陷情况。 （2）正确进行调看操作。 （3）操作结束后，应举手示意，待考评员同意后方可离开考场。 （4）若考生误操作或处置不当，则该考核计 0 分						

序号	项目名称	质量要求	满分	扣分标准	扣分原因	得分
1	登录系统	说明登录供电服务指挥系统步骤	20	未说明或说明不正确扣 20 分		
2	通过供电服务指挥系统调看缺陷情况	写出调看缺陷步骤	30	未说明或说明不正确扣 30 分		
3	调看内容	选出缺陷情况	20	未说明或说明不正确扣 20 分		
4	返回系统主界面	说明返回系统主界面操作步骤	10	未说明或说明不正确扣 10 分		
5	填写报告	正确填写报告	20	每缺少 1 步扣 2 分		
合计			100			

Jc0001441014　通过供电服务指挥系统调看业扩工单情况。（100 分）

考核知识点：供电服务指挥系统操作

难易度：易

技能等级评价专业技能考核操作工作任务书

一、任务名称

通过供电服务指挥系统调看业扩工单情况。

二、适用工种

配电运营指挥员中级工。

三、具体任务

通过供电服务指挥系统调看业扩工单，并按要求指出业扩工单情况。

四、工作规范及要求

（1）熟悉供电服务指挥系统，明确操作范围。

（2）正确使用供电服务指挥系统。

（3）明确业扩工单情况。

（4）会调阅相关数据。

五、考核及时间要求

（1）本考核操作时间为 5 分钟，包括报告整理时间，时间到停止考评。

（2）按照给定项目安排操作顺序。

（3）若有补充说明请注明。

技能等级评价专业技能考核操作评分标准

工种	配电运营指挥员				评价等级	中级工
项目模块	基础能力—供电服务运营管控			编号	Jc0001441014	
单位		准考证号			姓名	
考试时限	5 分钟	题型	单项操作		题分	100 分
成绩		考评员		考评组长	日期	
试题正文	通过供电服务指挥系统调看业扩工单情况					
需要说明的问题和要求	（1）要求熟悉供电服务指挥系统，掌握业扩工单情况。 （2）正确进行调看操作。 （3）操作结束后，应举手示意，待考评员同意后方可离开考场。 （4）若考生误操作或处置不当，则该考核计 0 分					

序号	项目名称	质量要求	满分	扣分标准	扣分原因	得分
1	登录系统	说明登录供电服务指挥系统步骤	20	未说明或说明不正确扣 20 分		
2	通过供电服务指挥系统调看业扩工单情况	写出调看业扩工单步骤	30	未说明或说明不正确扣 30 分		
3	调看内容	选出业扩工单	20	未说明或说明不正确扣 20 分		
4	返回系统主界面	说明返回系统主界面操作步骤	10	未说明或说明不正确扣 10 分		
5	填写报告	正确填写报告	20	每缺少 1 步扣 2 分		
合计			100			

Jc0001441015 通过供电服务指挥系统调看业扩指标情况。（100 分）

考核知识点：供电服务指挥系统操作

难易度：易

技能等级评价专业技能考核操作工作任务书

一、任务名称

通过供电服务指挥系统调看业扩指标情况。

二、适用工种

配电运营指挥员中级工。

三、具体任务

通过供电服务指挥系统调看业扩指标，并按要求指出业扩指标情况。

四、工作规范及要求

（1）熟悉供电服务指挥系统，明确操作范围。

（2）正确使用供电服务指挥系统。

（3）明确业扩指标情况。

（4）会调阅相关数据。

五、考核及时间要求

（1）本考核操作时间为 5 分钟，包括报告整理时间，时间到停止考评。

（2）按照给定项目安排操作顺序。

（3）若有补充说明请注明。

技能等级评价专业技能考核操作评分标准

工种	配电运营指挥员					评价等级	中级工
项目模块	基础能力—供电服务运营管控				编号	Jc0001441015	
单位			准考证号			姓名	
考试时限	5 分钟		题型	单项操作		题分	100 分
成绩		考评员		考评组长		日期	
试题正文	通过供电服务指挥系统调看业扩指标情况						
需要说明的问题和要求	（1）要求熟悉供电服务指挥系统，掌握业扩指标情况。 （2）正确进行调看操作。 （3）操作结束后，应举手示意，待考评员同意后方可离开考场。 （4）若考生误操作或处置不当，则该考核计 0 分						

序号	项目名称	质量要求	满分	扣分标准	扣分原因	得分
1	登录系统	说明登录供电服务指挥系统步骤	20	未说明或说明不正确扣 20 分		
2	通过供电服务指挥系统调看业扩指标情况	写出调看业扩指标步骤	30	未说明或说明不正确扣 30 分		
3	调看内容	调看业扩指标	20	未说明或说明不正确扣 20 分		
4	返回系统主界面	说明返回系统主界面操作步骤	10	未说明或说明不正确扣 10 分		
5	填写报告	正确填写报告	20	每缺少 1 步扣 2 分		
合计			100			

Jc0001441016　通过供电服务指挥系统调看 95598 知识库。（100 分）

考核知识点：供电服务指挥系统操作

难易度：易

技能等级评价专业技能考核操作工作任务书

一、任务名称

通过供电服务指挥系统调看 95598 知识库。

二、适用工种

配电运营指挥员中级工。

三、具体任务

通过供电服务指挥系统调看 95598 知识库，并按要求使用 95598 知识库。

四、工作规范及要求

（1）熟悉供电服务指挥系统，明确操作范围。

（2）正确使用供电服务指挥系统。

（3）明确 95598 知识库情况。

（4）会调阅相关数据。

五、考核及时间要求

（1）本考核操作时间为 5 分钟，包括报告整理时间，时间到停止考评。

（2）按照给定项目安排操作顺序。

（3）若有补充说明请注明。

技能等级评价专业技能考核操作评分标准

<table>
<tr><td>工种</td><td colspan="5">配电运营指挥员</td><td>评价等级</td><td>中级工</td></tr>
<tr><td>项目模块</td><td colspan="4">基础能力—供电服务运营管控</td><td>编号</td><td colspan="2">Jc0001441016</td></tr>
<tr><td>单位</td><td colspan="2"></td><td>准考证号</td><td colspan="2"></td><td>姓名</td><td></td></tr>
<tr><td>考试时限</td><td>5 分钟</td><td>题型</td><td colspan="3">单项操作</td><td>题分</td><td>100 分</td></tr>
<tr><td>成绩</td><td></td><td>考评员</td><td></td><td>考评组长</td><td></td><td>日期</td><td></td></tr>
<tr><td>试题正文</td><td colspan="7">通过供电服务指挥系统调看 95598 知识库</td></tr>
<tr><td>需要说明的问题和要求</td><td colspan="7">（1）要求熟悉供电服务指挥系统，掌握 95598 知识库的使用。
（2）正确进行调看操作。
（3）操作结束后，应举手示意，待考评员同意后方可离开考场。
（4）若考生误操作或处置不当，则该考核计 0 分</td></tr>
</table>

序号	项目名称	质量要求	满分	扣分标准	扣分原因	得分
1	登录系统	说明登录供电服务指挥系统步骤	20	未说明或说明不正确扣 20 分		
2	通过供电服务指挥系统调看 95598 知识库	写出调看 95598 知识库步骤	30	未说明或说明不正确扣 30 分		
3	调看内容	调看 95598 知识库	20	未说明或说明不正确扣 20 分		
4	返回系统主界面	说明返回系统主界面操作步骤	10	未说明或说明不正确扣 10 分		
5	填写报告	正确填写报告	20	每缺少 1 步扣 2 分		
合计			100			

Jc0001441017　通过供电服务指挥系统调看重要事项报备。（100 分）

考核知识点：供电服务指挥系统操作

难易度：易

技能等级评价专业技能考核操作工作任务书

一、任务名称

通过供电服务指挥系统调看重要事项报备。

二、适用工种

配电运营指挥员中级工。

三、具体任务

通过供电服务指挥系统调看重要事项报备，并按要求使用重要事项报备。

四、工作规范及要求

（1）熟悉供电服务指挥系统，明确操作范围。

（2）正确使用供电服务指挥系统。

（3）明确重要事项报备。

（4）会调阅相关数据。

五、考核及时间要求

（1）本考核操作时间为 5 分钟，包括报告整理时间，时间到停止考评。

（2）按照给定项目安排操作顺序。

（3）若有补充说明请注明。

技能等级评价专业技能考核操作评分标准

工种	配电运营指挥员					评价等级	中级工
项目模块	基础能力—供电服务运营管控				编号	Jc0001441017	
单位			准考证号			姓名	
考试时限	5 分钟		题型		单项操作	题分	100 分
成绩		考评员		考评组长		日期	
试题正文	通过供电服务指挥系统调看重要事项报备						
需要说明的问题和要求	（1）要求熟悉供电服务指挥系统，掌握重要事项报备的使用。 （2）正确进行调看操作。 （3）操作结束后，应举手示意，待考评员同意后方可离开考场。 （4）若考生误操作或处置不当，则该考核计 0 分						

序号	项目名称	质量要求	满分	扣分标准	扣分原因	得分
1	登录系统	说明登录供电服务指挥系统步骤	20	未说明或说明不正确扣 20 分		
2	通过供电服务指挥系统调看重要事项报备	写出调看重要事项报备	30	未说明或说明不正确扣 30 分		
3	调看内容	调看重要事项报备	20	未说明或说明不正确扣 20 分		
4	返回系统主界面	说明返回系统主界面操作步骤	10	未说明或说明不正确扣 10 分		
5	填写报告	正确填写报告	20	每缺少 1 步扣 2 分		
合计			100			

Jc0001441018　通过供电服务指挥系统调看营业厅视频。（100 分）

考核知识点：供电服务指挥系统操作

难易度：易

技能等级评价专业技能考核操作工作任务书

一、任务名称

通过供电服务指挥系统调看营业厅视频。

二、适用工种

配电运营指挥员中级工。

三、具体任务

通过供电服务指挥系统按要求调看营业厅视频。

四、工作规范及要求

（1）熟悉供电服务指挥系统，明确操作范围。

（2）正确使用供电服务指挥系统。

（3）明确营业厅视频内容。

（4）会调阅相关数据。

五、考核及时间要求

（1）本考核操作时间为 5 分钟，包括报告整理时间，时间到停止考评。

（2）按照给定项目安排操作顺序。

（3）若有补充说明请注明。

技能等级评价专业技能考核操作评分标准

<table>
<tr><td>工种</td><td colspan="5">配电运营指挥员</td><td>评价等级</td><td>中级工</td></tr>
<tr><td>项目模块</td><td colspan="4">基础能力—供电服务运营管控</td><td>编号</td><td colspan="2">Jc0001441018</td></tr>
<tr><td>单位</td><td colspan="2"></td><td>准考证号</td><td colspan="2"></td><td>姓名</td><td></td></tr>
<tr><td>考试时限</td><td>5 分钟</td><td>题型</td><td colspan="3">单项操作</td><td>题分</td><td>100 分</td></tr>
<tr><td>成绩</td><td></td><td>考评员</td><td></td><td>考评组长</td><td></td><td>日期</td><td></td></tr>
<tr><td>试题正文</td><td colspan="7">通过供电服务指挥系统调看营业厅视频</td></tr>
<tr><td>需要说明的问题和要求</td><td colspan="7">（1）要求熟悉供电服务指挥系统，掌握营业厅调看的使用。
（2）正确进行调看操作。
（3）操作结束后，应举手示意，待考评员同意后方可离开考场。
（4）若考生误操作或处置不当，则该考核计 0 分</td></tr>
</table>

序号	项目名称	质量要求	满分	扣分标准	扣分原因	得分
1	登录系统	说明登录供电服务指挥系统步骤	20	未说明或说明不正确扣 20 分		
2	通过供电服务指挥系统调看营业厅视频	写出调看营业厅视频步骤	30	未说明或说明不正确扣 30 分		
3	调看内容	调看营业厅视频	20	未说明或说明不正确扣 20 分		
4	返回系统主界面	说明返回系统主界面操作步骤	10	未说明或说明不正确扣 10 分		
5	填写报告	正确填写报告	20	每缺少 1 步扣 2 分		
合计			100			

Jc0001441019 通过供电服务指挥系统调看客户用电履约情况。（100 分）

考核知识点：供电服务指挥系统操作

难易度：易

技能等级评价专业技能考核操作工作任务书

一、任务名称

通过供电服务指挥系统调看客户用电履约情况。

二、适用工种

配电运营指挥员中级工。

三、具体任务

通过供电服务指挥系统按要求调看客户用电履约情况。

四、工作规范及要求

（1）熟悉供电服务指挥系统，明确操作范围。

（2）正确使用供电服务指挥系统。

（3）明确客户用电履约内容。

（4）会调阅相关数据。

五、考核及时间要求

（1）本考核操作时间为 5 分钟，包括报告整理时间，时间到停止考评。

（2）按照给定项目安排操作顺序。

（3）若有补充说明请注明。

技能等级评价专业技能考核操作评分标准

工种	配电运营指挥员			评价等级	中级工
项目模块	基础能力—供电服务运营管控		编号	Jc0001441019	
单位		准考证号		姓名	
考试时限	5 分钟	题型	单项操作	题分	100 分
成绩		考评员		考评组长		日期	
试题正文	通过供电服务指挥系统调看客户用电履约情况				
需要说明的问题和要求	（1）要求熟悉供电服务指挥系统，掌握调看客户用电履约的使用。 （2）正确进行调看操作。 （3）操作结束后，应举手示意，待考评员同意后方可离开考场。 （4）若考生误操作或处置不当，则该考核计 0 分				

序号	项目名称	质量要求	满分	扣分标准	扣分原因	得分
1	登录系统	说明登录供电服务指挥系统步骤	20	未说明或说明不正确扣 20 分		
2	通过供电服务指挥系统调看客户用电履约情况	写出调看客户用电履约步骤	30	未说明或说明不正确扣 30 分		
3	调看内容	调看客户用电履约	20	未说明或说明不正确扣 20 分		
4	返回系统主界面	说明返回系统主界面操作步骤	10	未说明或说明不正确扣 10 分		
5	填写报告	正确填写报告	20	每缺少 1 步扣 2 分		
合计			100			

Jc0001441020　通过 PMS 调看公用配电变压器重载情况。（100 分）

考核知识点： PMS 操作

难易度： 易

技能等级评价专业技能考核操作工作任务书

一、任务名称

通过 PMS 调看公用配电变压器重载情况。

二、适用工种

配电运营指挥员中级工。

三、具体任务

通过 PMS 按要求调看公用配电变压器重载情况。

四、工作规范及要求

（1）熟悉 PMS，明确操作范围。

（2）正确使用 PMS。

（3）明确公用配电变压器重载内容。

（4）会调阅相关数据。

五、考核及时间要求

（1）本考核操作时间为 5 分钟，包括报告整理时间，时间到停止考评。

（2）按照给定项目安排操作顺序。

（3）若有补充说明请注明。

技能等级评价专业技能考核操作评分标准

工种	配电运营指挥员					评价等级	中级工	
项目模块	基础能力—供电服务运营管控				编号	Jc0001441020		
单位			准考证号			姓名		
考试时限	5 分钟	题型	单项操作			题分	100 分	
成绩		考评员		考评组长		日期		
试题正文	通过 PMS 调看公用配电变压器重载情况							
需要说明的问题和要求	（1）要求熟悉 PMS，掌握调看公用配电变压器重载的使用。 （2）正确进行调看操作。 （3）操作结束后，应举手示意，待考评员同意后方可离开考场。 （4）若考生误操作或处置不当，则该考核计 0 分							

序号	项目名称	质量要求	满分	扣分标准	扣分原因	得分
1	登录系统	说明登录 PMS 步骤	20	未说明或说明不正确扣 20 分		
2	通过 PMS 调看公用配电变压器重载情况	写出调看公用配电变压器重载步骤	30	未说明或说明不正确扣 30 分		
3	调看内容	调看重载公用配电变压器	20	未说明或说明不正确扣 20 分		
4	返回系统主界面	说明返回系统主界面操作步骤	10	未说明或说明不正确扣 10 分		
5	填写报告	正确填写报告	20	每缺少 1 步扣 2 分		
合计			100			

Jc0001441021　通过 PMS 调看公用配电变压器过载情况。（100 分）

考核知识点：PMS 操作

难易度：易

技能等级评价专业技能考核操作工作任务书

一、任务名称

通过 PMS 调看公用配电变压器过载情况。

二、适用工种

配电运营指挥员中级工。

三、具体任务

通过 PMS 按要求调看公用配电变压器过载情况。

四、工作规范及要求

（1）熟悉 PMS，明确操作范围。

（2）正确使用 PMS。

（3）明确公用配电变压器过载内容。

（4）会调阅相关数据。

五、考核及时间要求

（1）本考核操作时间为 5 分钟，包括报告整理时间，时间到停止考评。

（2）按照给定项目安排操作顺序。

（3）若有补充说明请注明。

技能等级评价专业技能考核操作评分标准

工种	配电运营指挥员					评价等级	中级工
项目模块	基础能力—供电服务运营管控				编号		Jc0001441021
单位			准考证号			姓名	
考试时限	5 分钟		题型	单项操作		题分	100 分
成绩		考评员		考评组长		日期	
试题正文	通过 PMS 调看公用配电变压器过载情况						
需要说明的问题和要求	（1）要求熟悉 PMS，掌握调看公用配电变压器过载的使用。 （2）正确进行调看操作。 （3）操作结束后，应举手示意，待考评员同意后方可离开考场。 （4）若考生误操作或处置不当，则该考核计 0 分						

序号	项目名称	质量要求	满分	扣分标准	扣分原因	得分
1	登录系统	说明登录 PMS 步骤	20	未说明或说明不正确扣 20 分		
2	通过 PMS 调看公用配电变压器过载情况	写出调看公用配电变压器过载步骤	30	未说明或说明不正确扣 30 分		
3	调看内容	调看过载公用配电变压器	20	未说明或说明不正确扣 20 分		
4	返回系统主界面	说明返回系统主界面操作步骤	10	未说明或说明不正确扣 10 分		
5	填写报告	正确填写报告	20	每缺少 1 步扣 2 分		
合计			100			

Jc0001441022　通过 PMS 调看公用配电变压器低电压情况。（100 分）

考核知识点：PMS 操作

难易度：易

技能等级评价专业技能考核操作工作任务书

一、任务名称

通过 PMS 调看公用配电变压器低电压情况。

二、适用工种

配电运营指挥员中级工。

三、具体任务

通过 PMS 按要求调看公用配电变压器低电压情况。

四、工作规范及要求

（1）熟悉 PMS，明确操作范围。

（2）正确使用 PMS。

（3）明确公用配电变压器低电压内容。

（4）会调阅相关数据。

五、考核及时间要求

（1）本考核操作时间为 5 分钟，包括报告整理时间，时间到停止考评。

（2）按照给定项目安排操作顺序。

（3）若有补充说明请注明。

技能等级评价专业技能考核操作评分标准

工种	配电运营指挥员					评价等级	中级工
项目模块	基础能力—供电服务运营管控				编号	Jc0001441022	
单位			准考证号			姓名	
考试时限	5 分钟		题型	单项操作		题分	100 分
成绩		考评员		考评组长		日期	
试题正文	通过 PMS 调看公用配电变压器低电压情况						
需要说明的问题和要求	（1）要求熟悉 PMS，掌握调看公用配电变压器低电压的使用。 （2）正确进行调看操作。 （3）操作结束后，应举手示意，待考评员同意后方可离开考场。 （4）若考生误操作或处置不当，则该考核计 0 分						

序号	项目名称	质量要求	满分	扣分标准	扣分原因	得分
1	登录系统	说明登录 PMS 步骤	20	未说明或说明不正确扣 20 分		
2	通过 PMS 调看公用配电变压器低电压情况	写出调看公用配电变压器低电压步骤	30	未说明或说明不正确扣 30 分		
3	调看内容	调看低电压公用配电变压器	20	未说明或说明不正确扣 20 分		
4	返回系统主界面	说明返回系统主界面操作步骤	10	未说明或说明不正确扣 10 分		
5	填写报告	正确填写报告	20	每缺少 1 步扣 2 分		
合计			100			

Jc0001441023　通过 PMS 调看公用配电变压器三相不平衡情况。（100 分）

考核知识点：PMS 操作

难易度：易

技能等级评价专业技能考核操作工作任务书

一、任务名称

通过 PMS 调看公用配电变压器三相不平衡情况。

二、适用工种

配电运营指挥员中级工。

三、具体任务

通过 PMS 按要求调看公用配电变压器三相不平衡情况。

四、工作规范及要求

（1）熟悉 PMS，明确操作范围。

（2）正确使用 PMS。

（3）明确公用配电变压器三相不平衡内容。

（4）会调阅相关数据。

五、考核及时间要求

（1）本考核操作时间为 5 分钟，包括报告整理时间，时间到停止考评。

（2）按照给定项目安排操作顺序。

（3）若有补充说明请注明。

技能等级评价专业技能考核操作评分标准

<table>
<tr><td>工种</td><td colspan="5">配电运营指挥员</td><td>评价等级</td><td colspan="2">中级工</td></tr>
<tr><td>项目模块</td><td colspan="4">基础能力—供电服务运营管控</td><td>编号</td><td colspan="3">Jc0001441023</td></tr>
<tr><td>单位</td><td colspan="2"></td><td colspan="2">准考证号</td><td></td><td>姓名</td><td colspan="2"></td></tr>
<tr><td>考试时限</td><td colspan="2">5分钟</td><td>题型</td><td colspan="2">单项操作</td><td>题分</td><td colspan="2">100分</td></tr>
<tr><td>成绩</td><td></td><td>考评员</td><td></td><td>考评组长</td><td></td><td>日期</td><td colspan="2"></td></tr>
<tr><td>试题正文</td><td colspan="8">通过PMS调看公用配电变压器三相不平衡情况</td></tr>
<tr><td>需要说明的问题和要求</td><td colspan="8">（1）要求熟悉PMS，掌握调看公用配电变压器三相不平衡的使用。
（2）正确进行调看操作。
（3）操作结束后，应举手示意，待考评员同意后方可离开考场。
（4）若考生误操作或处置不当，则该考核计0分</td></tr>
</table>

序号	项目名称	质量要求	满分	扣分标准	扣分原因	得分
1	登录系统	说明登录PMS步骤	20	未说明或说明不正确扣20分		
2	通过PMS调看公用配电变压器三相不平衡情况	写出调看公用配电变压器三相不平衡步骤	30	未说明或说明不正确扣30分		
3	调看内容	调看三相不平衡公用配电变压器	20	未说明或说明不正确扣20分		
4	返回系统主界面	说明返回系统主界面操作步骤	10	未说明或说明不正确扣10分		
5	填写报告	正确填写报告	20	每缺少1步扣2分		
合计			100			

Jc0001441024　通过PMS调看公用配电变压器过电压情况。（100分）

考核知识点：PMS操作

难易度：易

技能等级评价专业技能考核操作工作任务书

一、任务名称

通过PMS调看公用配电变压器过电压情况。

二、适用工种

配电运营指挥员中级工。

三、具体任务

通过PMS按要求调看公用配电变压器过电压情况。

四、工作规范及要求

（1）熟悉PMS，明确操作范围。

（2）正确使用PMS。

（3）明确公用配电变压器过电压内容。

（4）会调阅相关数据。

五、考核及时间要求

（1）本考核操作时间为5分钟，包括报告整理时间，时间到停止考评。

（2）按照给定项目安排操作顺序。

（3）若有补充说明请注明。

技能等级评价专业技能考核操作评分标准

工种	配电运营指挥员				评价等级	中级工
项目模块	基础能力—供电服务运营管控			编号	Jc0001441024	
单位		准考证号			姓名	
考试时限	5 分钟	题型	单项操作		题分	100 分
成绩		考评员		考评组长	日期	
试题正文	通过 PMS 调看公用配电变压器过电压情况					
需要说明的问题和要求	（1）要求熟悉 PMS，掌握调看公用配电变压器过电压的使用。 （2）正确进行调看操作。 （3）操作结束后，应举手示意，待考评员同意后方可离开考场。 （4）若考生误操作或处置不当，则该考核计 0 分					

序号	项目名称	质量要求	满分	扣分标准	扣分原因	得分
1	登录系统	说明登录 PMS 步骤	20	未说明或说明不正确扣 20 分		
2	通过 PMS 调看公用配电变压器过电压情况	写出调看公用配电变压器过电压步骤	30	未说明或说明不正确扣 30 分		
3	调看内容	调看过电压公用配电变压器	20	未说明或说明不正确扣 20 分		
4	返回系统主界面	说明返回系统主界面操作步骤	10	未说明或说明不正确扣 10 分		
5	填写报告	正确填写报告	20	每缺少 1 步扣 2 分		
合计			100			

Jc0001441025　通过 PMS 调看公用配电变压器异常电压情况。（100 分）

考核知识点：PMS 操作

难易度：易

技能等级评价专业技能考核操作工作任务书

一、任务名称

通过 PMS 调看公用配电变压器异常电压情况。

二、适用工种

配电运营指挥员中级工。

三、具体任务

通过 PMS 按要求调看公用配电变压器异常电压情况。

四、工作规范及要求

（1）熟悉 PMS，明确操作范围。

（2）正确使用 PMS。

（3）明确公用配电变压器异常电压内容。

（4）会调阅相关数据。

五、考核及时间要求

（1）本考核操作时间为 5 分钟，包括报告整理时间，时间到停止考评。

（2）按照给定项目安排操作顺序。

（3）若有补充说明请注明。

技能等级评价专业技能考核操作评分标准

工种	配电运营指挥员					评价等级	中级工
项目模块	基础能力—供电服务运营管控				编号	Jc0001441025	
单位			准考证号			姓名	
考试时限	5分钟		题型	单项操作		题分	100分
成绩		考评员		考评组长		日期	
试题正文	通过PMS调看公用配电变压器异常电压情况						
需要说明的问题和要求	（1）要求熟悉PMS，掌握调看公用配电变压器异常电压的使用。 （2）正确进行调看操作。 （3）操作结束后，应举手示意，待考评员同意后方可离开考场。 （4）若考生误操作或处置不当，则该考核计0分						

序号	项目名称	质量要求	满分	扣分标准	扣分原因	得分
1	登录系统	说明登录PMS步骤	20	未说明或说明不正确扣20分		
2	通过PMS调看公用配电变压器异常电压情况	写出调看公用配电变压器异常电压步骤	30	未说明或说明不正确扣30分		
3	调看内容	调看异常电压公用配电变压器	20	未说明或说明不正确扣20分		
4	返回系统主界面	说明返回系统主界面操作步骤	10	未说明或说明不正确扣10分		
5	填写报告	正确填写报告	20	每缺少1步扣2分		
合计			100			

Jc0001441026　通过PMS调看公用配电变压器最大负载率情况。（100分）

考核知识点：PMS操作

难易度：易

技能等级评价专业技能考核操作工作任务书

一、任务名称

通过PMS调看公用配电变压器最大负载率情况。

二、适用工种

配电运营指挥员中级工。

三、具体任务

通过PMS按要求调看公用配电变压器最大负载率情况。

四、工作规范及要求

（1）熟悉PMS，明确操作范围。

（2）正确使用PMS。

（3）明确公用配电变压器最大负载率内容。

（4）会调阅相关数据。

五、考核及时间要求

（1）本考核操作时间为5分钟，包括报告整理时间，时间到停止考评。

（2）按照给定项目安排操作顺序。

（3）若有补充说明请注明。

技能等级评价专业技能考核操作评分标准

工种	配电运营指挥员					评价等级	中级工
项目模块	基础能力—供电服务运营管控				编号	Jc0001441026	
单位			准考证号			姓名	
考试时限	5 分钟		题型	单项操作		题分	100 分
成绩		考评员		考评组长		日期	
试题正文	通过 PMS 调看公用配电变压器最大负载率情况						
需要说明的问题和要求	（1）要求熟悉 PMS，掌握调看公用配电变压器最大负载率的使用。 （2）正确进行调看操作。 （3）操作结束后，应举手示意，待考评员同意后方可离开考场。 （4）若考生误操作或处置不当，则该考核计 0 分						

序号	项目名称	质量要求	满分	扣分标准	扣分原因	得分
1	登录系统	说明登录 PMS 步骤	20	未说明或说明不正确扣 20 分		
2	通过 PMS 调看公用配电变压器最大负载率情况	写出调看公用配电变压器最大负载率步骤	30	未说明或说明不正确扣 30 分		
3	调看内容	调看最大负载率公用配电变压器	20	未说明或说明不正确扣 20 分		
4	返回系统主界面	说明返回系统主界面操作步骤	10	未说明或说明不正确扣 10 分		
5	填写报告	正确填写报告	20	每缺少 1 步扣 2 分		
合计			100			

Jc0001441027　通过 PMS 调看配电网规模情况。（100 分）

考核知识点：PMS 操作

难易度：易

技能等级评价专业技能考核操作工作任务书

一、任务名称

通过 PMS 调看配电网规模情况。

二、适用工种

配电运营指挥员中级工。

三、具体任务

通过 PMS 按要求调看配电网规模情况。

四、工作规范及要求

（1）熟悉 PMS，明确操作范围。

（2）正确使用 PMS。

（3）明确配电网规模内容。

（4）会调阅相关数据。

五、考核及时间要求

（1）本考核操作时间为 5 分钟，包括报告整理时间，时间到停止考评。

（2）按照给定项目安排操作顺序。

（3）若有补充说明请注明。

技能等级评价专业技能考核操作评分标准

工种	配电运营指挥员					评价等级	中级工
项目模块	基础能力—供电服务运营管控				编号	Jc0001441027	
单位			准考证号			姓名	
考试时限	5 分钟	题型		单项操作		题分	100 分
成绩		考评员		考评组长		日期	
试题正文	通过 PMS 调看配电网规模情况						
需要说明的问题和要求	（1）要求熟悉 PMS，掌握调看配电网规模的使用。 （2）正确进行调看操作。 （3）操作结束后，应举手示意，待考评员同意后方可离开考场。 （4）若考生误操作或处置不当，则该考核计 0 分						

序号	项目名称	质量要求	满分	扣分标准	扣分原因	得分
1	登录系统	说明登录 PMS 步骤	20	未说明或说明不正确扣 20 分		
2	通过 PMS 调看配电网规模情况	写出调看配电网规模步骤	30	未说明或说明不正确扣 30 分		
3	调看内容	调看配电网规模	20	未说明或说明不正确扣 20 分		
4	返回系统主界面	说明返回系统主界面操作步骤	10	未说明或说明不正确扣 10 分		
5	填写报告	正确填写报告	20	每缺少 1 步扣 2 分		
合计			100			

Jc0001441028　通过 PMS 调看配电网运行情况。(100 分)

考核知识点： PMS 操作

难易度： 易

技能等级评价专业技能考核操作工作任务书

一、任务名称

通过 PMS 调看配电网运行情况。

二、适用工种

配电运营指挥员中级工。

三、具体任务

通过 PMS 按要求调看配电网运行情况。

四、工作规范及要求

（1）熟悉 PMS，明确操作范围。

（2）正确使用 PMS。

（3）明确配电网运行内容。

（4）会调阅相关数据。

五、考核及时间要求

（1）本考核操作时间为 5 分钟，包括报告整理时间，时间到停止考评。

（2）按照给定项目安排操作顺序。

（3）若有补充说明请注明。

技能等级评价专业技能考核操作评分标准

<table>
<tr><td>工种</td><td colspan="4">配电运营指挥员</td><td>评价等级</td><td colspan="2">中级工</td></tr>
<tr><td>项目模块</td><td colspan="3">基础能力—供电服务运营管控</td><td>编号</td><td colspan="3">Jc0001441028</td></tr>
<tr><td>单位</td><td colspan="2"></td><td>准考证号</td><td></td><td>姓名</td><td colspan="2"></td></tr>
<tr><td>考试时限</td><td>5 分钟</td><td>题型</td><td colspan="2">单项操作</td><td>题分</td><td colspan="2">100 分</td></tr>
<tr><td>成绩</td><td></td><td>考评员</td><td>考评组长</td><td></td><td>日期</td><td colspan="2"></td></tr>
<tr><td>试题正文</td><td colspan="7">通过 PMS 调看配电网运行情况</td></tr>
<tr><td>需要说明的问题和要求</td><td colspan="7">（1）要求熟悉 PMS，掌握调看配电网运行的使用。
（2）正确进行调看操作。
（3）操作结束后，应举手示意，待考评员同意后方可离开考场。
（4）若考生误操作或处置不当，则该考核计 0 分</td></tr>
</table>

序号	项目名称	质量要求	满分	扣分标准	扣分原因	得分
1	登录系统	说明登录 PMS 步骤	20	未说明或说明不正确扣 20 分		
2	通过 PMS 调看配电网运行情况	写出调看配电网运行步骤	30	未说明或说明不正确扣 30 分		
3	调看内容	调看配电网运行	20	未说明或说明不正确扣 20 分		
4	返回系统主界面	说明返回系统主界面操作步骤	10	未说明或说明不正确扣 10 分		
5	填写报告	正确填写报告	20	每缺少 1 步扣 2 分		
合计			100			

Jc0001441029 通过 PMS 调看公用配电变压器过电压分布情况。(100 分)

考核知识点：PMS 操作

难易度：易

技能等级评价专业技能考核操作工作任务书

一、任务名称

通过 PMS 调看公用配电变压器过电压分布情况。

二、适用工种

配电运营指挥员中级工。

三、具体任务

通过 PMS 按要求调看公用配电变压器过电压分布情况，并填写报告。

四、工作规范及要求

（1）熟悉 PMS，明确操作范围。

（2）正确使用 PMS。

（3）明确公用配电变压器过电压分布内容。

（4）会调阅相关数据。

五、考核及时间要求

（1）本考核操作时间为 5 分钟，包括报告整理时间，时间到停止考评。

（2）按照给定项目安排操作顺序。

（3）若有补充说明请注明。

技能等级评价专业技能考核操作评分标准

工种		配电运营指挥员				评价等级	中级工
项目模块		基础能力—供电服务运营管控			编号		Jc0001441029
单位			准考证号			姓名	
考试时限	5分钟		题型	单项操作		题分	100分
成绩		考评员		考评组长		日期	
试题正文	通过PMS调看公用配电变压器过电压分布情况						
需要说明的问题和要求	（1）要求熟悉PMS，掌握调看公用配电变压器过电压分布情况的使用。 （2）正确进行调看操作。 （3）操作结束后，应举手示意，待考评员同意后方可离开考场。 （4）若考生误操作或处置不当，则该考核计0分						

序号	项目名称	质量要求	满分	扣分标准	扣分原因	得分
1	登录系统	说明登录PMS步骤	20	未说明或说明不正确扣20分		
2	通过PMS调看公用配电变压器过电压分布情况	写出调看公用配电变压器过电压分布步骤	30	未说明或说明不正确扣30分		
3	调看内容	调看公用配电变压器过电压分布	20	未说明或说明不正确扣20分		
4	返回系统主界面	说明返回系统主界面操作步骤	10	未说明或说明不正确扣10分		
5	填写报告	正确填写报告	20	每缺少1步扣2分		
合计			100			

Jc0001441030　通过95598知识库系统调看知识点。（100分）

考核知识点：95598知识库系统操作

难易度：易

技能等级评价专业技能考核操作工作任务书

一、任务名称

通过95598知识库系统调看知识点。

二、适用工种

配电运营指挥员中级工。

三、具体任务

按要求通过95598知识库系统调看知识点，并填写报告。

四、工作规范及要求

（1）熟悉95598知识库系统，明确操作范围。

（2）正确使用95598知识库系统。

（3）明确95598知识库系统知识点内容。

（4）会调阅相关数据。

五、考核及时间要求

（1）本考核操作时间为5分钟，包括报告整理时间，时间到停止考评。

（2）按照给定项目安排操作顺序。

（3）若有补充说明请注明。

技能等级评价专业技能考核操作评分标准

<table>
<tr><td>工种</td><td colspan="5">配电运营指挥员</td><td>评价等级</td><td>中级工</td></tr>
<tr><td>项目模块</td><td colspan="4">基础能力—供电服务运营管控</td><td>编号</td><td colspan="2">Jc0001441030</td></tr>
<tr><td>单位</td><td colspan="2"></td><td>准考证号</td><td colspan="2"></td><td>姓名</td><td></td></tr>
<tr><td>考试时限</td><td>5 分钟</td><td>题型</td><td colspan="3">单项操作</td><td>题分</td><td>100 分</td></tr>
<tr><td>成绩</td><td></td><td>考评员</td><td></td><td>考评组长</td><td></td><td>日期</td><td></td></tr>
<tr><td>试题正文</td><td colspan="7">通过 95598 知识库系统调看知识点</td></tr>
<tr><td>需要说明的问题和要求</td><td colspan="7">（1）要求熟悉 95598 知识库系统，掌握调看知识点的使用。
（2）正确进行调看操作。
（3）操作结束后，应举手示意，待考评员同意后方可离开考场。
（4）若考生误操作或处置不当，则该考核计 0 分</td></tr>
</table>

序号	项目名称	质量要求	满分	扣分标准	扣分原因	得分
1	登录系统	说明登录插件式微应用数据共享分析平台步骤	20	未说明或说明不正确扣 20 分		
2	通过 95598 知识库调看知识点	写出调看知识点步骤	30	未说明或说明不正确扣 30 分		
3	调看内容	调看知识点	20	未说明或说明不正确扣 20 分		
4	返回系统主界面	说明返回系统主界面操作步骤	10	未说明或说明不正确扣 10 分		
5	填写报告	正确填写报告	20	每缺少 1 步扣 2 分		
合计			100			

Jc0001441031 通过供电服务指挥系统调看 95598 故障报修历史抢修工单。(100 分)

考核知识点：供电服务指挥系统操作

难易度：易

技能等级评价专业技能考核操作工作任务书

一、任务名称

通过供电服务指挥系统调看 95598 故障报修历史抢修工单。

二、适用工种

配电运营指挥员中级工。

三、具体任务

通过供电服务指挥系统调看 95598 故障报修历史抢修工单，并填写报告。

四、工作规范及要求

（1）熟悉供电服务指挥系统，明确操作范围。

（2）正确使用供电服务指挥系统。

（3）明确 95598 故障报修历史抢修工单知识点内容。

（4）会调阅相关数据。

五、考核及时间要求

（1）本考核操作时间为 5 分钟，包括报告整理时间，时间到停止考评。

（2）按照给定项目安排操作顺序。

（3）若有补充说明请注明。

技能等级评价专业技能考核操作评分标准

工种	配电运营指挥员					评价等级	中级工
项目模块	基础能力—供电服务运营管控				编号	Jc0001441031	
单位			准考证号			姓名	
考试时限	5分钟		题型		单项操作	题分	100分
成绩		考评员		考评组长		日期	
试题正文	通过供电服务指挥系统调看95598故障报修历史抢修工单						
需要说明的问题和要求	（1）要求熟悉供电服务指挥系统，掌握调看95598故障报修历史抢修工单的使用。 （2）正确进行调看操作。 （3）操作结束后，应举手示意，待考评员同意后方可离开考场。 （4）若考生误操作或处置不当，则该考核计0分						

序号	项目名称	质量要求	满分	扣分标准	扣分原因	得分
1	登录系统	说明登录供电服务指挥系统步骤	20	未说明或说明不正确扣20分		
2	通过供电服务指挥系统调看95598故障报修历史抢修工单	写出指定时间段内调看95598故障报修历史抢修工单步骤	30	未说明或说明不正确扣30分		
3	调看内容	调看指定时间段内95598故障报修历史抢修工单，工单来源为95598	20	未说明或说明不正确扣20分		
4	返回系统主界面	说明返回系统主界面操作步骤	10	未说明或说明不正确扣10分		
5	填写报告	正确填写报告	20	每缺少1步扣2分		
合计			100			

Jc0001441032 通过供电服务指挥系统调看停电计划。（100分）

考核知识点：供电服务指挥系统操作

难易度：易

技能等级评价专业技能考核操作工作任务书

一、任务名称

通过供电服务指挥系统调看停电计划。

二、适用工种

配电运营指挥员中级工。

三、具体任务

通过供电服务指挥系统调看停电计划，按要求指出停电工作内容。

四、工作规范及要求

（1）熟悉供电服务指挥系统，明确操作范围。

（2）正确使用供电服务指挥系统。

（3）明确停电计划。

（4）会调阅停电工作相关信息。

五、考核及时间要求

（1）本考核操作时间为5分钟，包括报告整理时间，时间到停止考评。

（2）按照给定项目安排操作顺序。

（3）若有补充说明请注明。

技能等级评价专业技能考核操作评分标准

工种	配电运营指挥员					评价等级	中级工
项目模块	基础能力—供电服务运营管控				编号	Jc0001441032	
单位			准考证号			姓名	
考试时限	5 分钟		题型	单项操作		题分	100 分
成绩		考评员		考评组长		日期	
试题正文	通过供电服务指挥系统调看设备停电计划						
需要说明的问题和要求	（1）要求熟悉供电服务指挥系统，调看停电计划。 （2）正确进行调看操作。 （3）操作结束后，应举手示意，待考评员同意后方可离开考场。 （4）若考生误操作或处置不当，则该考核计 0 分						

序号	项目名称	质量要求	满分	扣分标准	扣分原因	得分
1	登录系统	说明登录供电服务指挥系统步骤	20	未说明或说明不正确扣 20 分		
2	通过供电服务指挥系统调看停电计划	操作调阅停电计划步骤	30	未说明或说明不正确扣 30 分		
3	调看内容	选出一条停电信息，查看停电线路、停电范围、停电时间	20	未说明或说明不正确扣 10 分		
4	返回系统主界面	说明返回系统主界面操作步骤	10	未说明或说明不正确扣 10 分		
5	填写报告	正确填写报告	20	每缺少 1 步扣 2 分		
合计			100			

Jc0001441033　通过供电服务指挥系统调看 95598 故障报修类型。（100 分）

考核知识点：供电服务指挥系统操作

难易度：易

技能等级评价专业技能考核操作工作任务书

一、任务名称

通过供电服务指挥系统调看 95598 故障报修类型。

二、适用工种

配电运营指挥员中级工。

三、具体任务

通过供电服务指挥系统调看 95598 故障报修类型，并填写报告。

四、工作规范及要求

（1）熟悉供电服务指挥系统，明确操作范围。

（2）正确使用供电服务指挥系统。

（3）掌握 95598 故障报修类型分类情况。

（4）会查阅 95598 故障报修类型相关数据。

五、考核及时间要求

（1）本考核操作时间为 5 分钟，包括报告整理时间，时间到停止考评。

（2）按照给定项目安排操作顺序。

（3）若有补充说明请注明。

技能等级评价专业技能考核操作评分标准

工种	配电运营指挥员				评价等级	中级工
项目模块	基础能力—供电服务运营管控			编号	Jc0001441033	
单位			准考证号		姓名	
考试时限	5 分钟	题型	单项操作		题分	100 分
成绩		考评员		考评组长		日期	
试题正文	通过供电服务指挥系统调看 95598 故障报修类型					
需要说明的问题和要求	（1）要求熟悉供电服务指挥系统，掌握 95598 故障报修类型分类情况。 （2）正确进行调看操作。 （3）操作结束后，应举手示意，待考评员同意后方可离开考场。 （4）若考生误操作或处置不当，则该考核计 0 分					

序号	项目名称	质量要求	满分	扣分标准	扣分原因	得分
1	登录系统	说明登录供电服务指挥系统步骤	20	未说明或说明不正确扣 20 分		
2	通过供电服务指挥系统调看 95598 故障报修类型	操作查阅 95598 故障报修类型步骤	30	未说明或说明不正确扣 30 分		
3	调看内容	查阅某一时段 95598 故障报修类型数量	20	未说明或说明不正确扣 10 分		
4	返回系统主界面	说明返回系统主界面操作步骤	10	未说明或说明不正确扣 10 分		
5	填写报告	正确填写报告	20	每缺少 1 步扣 2 分		
合计			100			

Jc0001441034　通过供电服务指挥系统生成主动工单。（100 分）

考核知识点：供电服务指挥系统操作

难易度：易

技能等级评价专业技能考核操作工作任务书

一、任务名称

通过供电服务指挥系统生成主动工单。

二、适用工种

配电运营指挥员中级工。

三、具体任务

通过供电服务指挥系统生成主动工单，按上报故障内容派发相关单位。

四、工作规范及要求

（1）熟悉供电服务指挥系统，明确操作范围。

（2）正确使用供电服务指挥系统。

（3）掌握生成主动工单方式。

（4）会调阅主动工单相关信息。

五、考核及时间要求

（1）本考核操作时间为 5 分钟，包括报告整理时间，时间到停止考评。

（2）按照给定项目安排操作顺序。

（3）若有补充说明请注明。

技能等级评价专业技能考核操作评分标准

工种	配电运营指挥员					评价等级	中级工
项目模块	基础能力—供电服务运营管控				编号	Jc0001441034	
单位			准考证号			姓名	
考试时限	5 分钟	题型		单项操作		题分	100 分
成绩		考评员		考评组长		日期	
试题正文	通过供电服务指挥系统生成主动工单						
需要说明的问题和要求	（1）要求熟悉供电服务指挥系统，掌握生成主动工单方式。 （2）正确进行调看操作。 （3）操作结束后，应举手示意，待考评员同意后方可离开考场。 （4）若考生误操作或处置不当，则该考核计 0 分						

序号	项目名称	质量要求	满分	扣分标准	扣分原因	得分
1	登录系统	说明登录供电服务指挥系统步骤	20	未说明或说明不正确扣 20 分		
2	通过供电服务指挥系统生成主动工单	操作生成主动工单步骤	30	未说明或说明不正确扣 30 分		
3	调看内容	调阅生成主动工单的报修内容，报修时间	20	未说明或说明不正确扣 10 分		
4	返回系统主界面	说明返回系统主界面操作步骤	10	未说明或说明不正确扣 10 分		
5	填写报告	正确填写报告	20	每缺少 1 步扣 2 分		
合计			100			

Jc0001441035　通过供电服务指挥系统检索 95598 历史抢修工单情况。(100 分)

考核知识点：供电服务指挥系统操作

难易度：易

技能等级评价专业技能考核操作工作任务书

一、任务名称

通过供电服务指挥系统检索 95598 历史抢修工单情况。

二、适用工种

配电运营指挥员中级工。

三、具体任务

通过供电服务指挥系统检索历史抢修工单内容。

四、工作规范及要求

（1）熟悉供电服务指挥系统，明确操作范围。

（2）正确使用供电服务指挥系统。

（3）掌握检索历史抢修工单情况。

（4）会调阅历史工单相关信息。

五、考核及时间要求

（1）本考核操作时间为 5 分钟，包括报告整理时间，时间到停止考评。

（2）按照给定项目安排操作顺序。

（3）若有补充说明请注明。

技能等级评价专业技能考核操作评分标准

工种	配电运营指挥员					评价等级	中级工
项目模块	基础能力—供电服务运营管控				编号	Jc0001441035	
单位			准考证号			姓名	
考试时限	5分钟		题型	单项操作		题分	100分
成绩		考评员		考评组长		日期	
试题正文	通过供电服务指挥系统检索95598历史抢修工单情况						
需要说明的问题和要求	（1）要求熟悉供电服务指挥系统，掌握检索95598历史抢修工单情况。 （2）正确进行调看操作。 （3）操作结束后，应举手示意，待考评员同意后方可离开考场。 （4）若考生误操作或处置不当，则该考核计0分						

序号	项目名称	质量要求	满分	扣分标准	扣分原因	得分
1	登录系统	说明登录供电服务指挥系统步骤	20	未说明或说明不正确扣20分		
2	通过供电服务指挥系统检索历史抢修工单情况	操作检索95598历史抢修工单情况步骤	30	未说明或说明不正确扣30分		
3	调看内容	查阅某张95598历史抢修工单派单时长、到达现场时间、修复时长	20	未说明或说明不正确扣10分		
4	返回系统主界面	说明返回系统主界面操作步骤	10	未说明或说明不正确扣10分		
5	填写报告	正确填写报告	20	每缺少1步扣2分		
合计			100			

Jc0001441036　通过供电服务指挥系统调阅停电信息通知到户率情况。（100分）

考核知识点：供电服务指挥系统操作

难易度：易

技能等级评价专业技能考核操作工作任务书

一、任务名称

通过供电服务指挥系统调阅停电信息通知到户率情况。

二、适用工种

配电运营指挥员中级工。

三、具体任务

通过供电服务指挥系统调阅停电信息通知到户率，并填写报告。

四、工作规范及要求

（1）熟悉供电服务指挥系统，明确操作范围。

（2）正确使用供电服务指挥系统。

（3）掌握调阅停电信息通知到户率情况。

（4）会调阅停电信息通知到户率。

五、考核及时间要求

（1）本考核操作时间为5分钟，包括报告整理时间，时间到停止考评。

（2）按照给定项目安排操作顺序。

（3）若有补充说明请注明。

技能等级评价专业技能考核操作评分标准

工种	配电运营指挥员					评价等级	中级工
项目模块	基础能力—供电服务运营管控				编号	Jc0001441036	
单位			准考证号			姓名	
考试时限	5 分钟		题型	单项操作		题分	100 分
成绩		考评员		考评组长		日期	
试题正文	通过供电服务指挥系统调阅停电信息通知到户率情况						
需要说明的问题和要求	（1）要求熟悉供电服务指挥系统，调阅停电信息通知到户率情况。 （2）正确进行调看操作。 （3）操作结束后，应举手示意，待考评员同意后方可离开考场。 （4）若考生误操作或处置不当，则该考核计 0 分						

序号	项目名称	质量要求	满分	扣分标准	扣分原因	得分
1	登录系统	说明登录供电服务指挥系统步骤	20	未说明或说明不正确扣 20 分		
2	通过供电服务指挥系统调阅停电信息通知到户率情况	操作调阅停电信息通知到户率步骤	30	未说明或说明不正确扣 30 分		
3	调看内容	调阅某时段各单位停电信息通知到户率情况	20	未说明或说明不正确扣 10 分		
4	返回系统主界面	说明返回系统主界面操作步骤	10	未说明或说明不正确扣 10 分		
5	填写报告	正确填写报告	20	每缺少 1 步扣 2 分		
合计			100			

Jc0001441037　通过供电服务指挥系统查阅停电信息影响户数情况。（100 分）

考核知识点：供电服务指挥系统操作

难易度：易

技能等级评价专业技能考核操作工作任务书

一、任务名称

通过供电服务指挥系统查阅停电信息影响户数情况。

二、适用工种

配电运营指挥员中级工。

三、具体任务

通过供电服务指挥系统查阅停电信息影响户数情况，并填写报告。

四、工作规范及要求

（1）熟悉供电服务指挥系统，明确操作范围。

（2）正确使用供电服务指挥系统。

（3）查阅停电信息影响户数情况。

五、考核及时间要求

（1）本考核操作时间为 5 分钟，包括报告整理时间，时间到停止考评。

（2）按照给定项目安排操作顺序。

（3）若有补充说明请注明。

技能等级评价专业技能考核操作评分标准

<table>
<tr><td>工种</td><td colspan="5">配电运营指挥员</td><td>评价等级</td><td colspan="2">中级工</td></tr>
<tr><td>项目模块</td><td colspan="4">基础能力—供电服务运营管控</td><td>编号</td><td colspan="3">Jc0001441037</td></tr>
<tr><td>单位</td><td colspan="2"></td><td>准考证号</td><td colspan="2"></td><td>姓名</td><td colspan="2"></td></tr>
<tr><td>考试时限</td><td>5 分钟</td><td>题型</td><td colspan="3">单项操作</td><td>题分</td><td colspan="2">100 分</td></tr>
<tr><td>成绩</td><td></td><td>考评员</td><td></td><td>考评组长</td><td></td><td>日期</td><td colspan="2"></td></tr>
<tr><td>试题正文</td><td colspan="8">通过供电服务指挥系统查阅停电信息影响户数情况</td></tr>
<tr><td>需要说明的问题和要求</td><td colspan="8">（1）要求熟悉供电服务指挥系统，查阅停电信息影响户数情况。
（2）正确进行调看操作。
（3）操作结束后，应举手示意，待考评员同意后方可离开考场。
（4）若考生误操作或处置不当，则该考核计 0 分</td></tr>
</table>

序号	项目名称	质量要求	满分	扣分标准	扣分原因	得分
1	登录系统	说明登录供电服务指挥系统步骤	20	未说明或说明不正确扣 20 分		
2	通过供电服务指挥系统查阅停电信息影响户数情况	操作进入停电信息报送界面	30	未说明或说明不正确扣 30 分		
3	调看内容	调阅某条停电信息影响户数	20	未说明或说明不正确扣 10 分		
4	返回系统主界面	说明返回系统主界面操作步骤	10	未说明或说明不正确扣 10 分		
5	填写报告	正确填写报告	20	每缺少 1 步扣 2 分		
合计			100			

Jc0001441038　通过供电服务指挥系统报送停电信息。（100 分）

考核知识点：供电服务指挥系统操作

难易度：易

技能等级评价专业技能考核操作工作任务书

一、任务名称

通过供电服务指挥系统报送停电信息。

二、适用工种

配电运营指挥员中级工。

三、具体任务

通过供电服务指挥系统报送停电信息，并填写报告。

四、工作规范及要求

（1）熟悉供电服务指挥系统，明确操作范围。

（2）正确使用供电服务指挥系统。

（3）掌握停电信息。

（4）会报送停电信息。

五、考核及时间要求

（1）本考核操作时间为 5 分钟，包括报告整理时间，时间到停止考评。

（2）按照给定项目安排操作顺序。

（3）若有补充说明请注明。

技能等级评价专业技能考核操作评分标准

工种	配电运营指挥员				评价等级	中级工
项目模块	基础能力—供电服务运营管控			编号	Jc0001441038	
单位		准考证号			姓名	
考试时限	5分钟	题型	单项操作		题分	100分
成绩		考评员		考评组长		日期
试题正文	通过供电服务指挥系统报送停电信息					
需要说明的问题和要求	(1)要求熟悉供电服务指挥系统报送停电信息。 (2)正确进行调看操作。 (3)操作结束后，应举手示意，待考评员同意后方可离开考场。 (4)若考生误操作或处置不当，则该考核计0分					

序号	项目名称	质量要求	满分	扣分标准	扣分原因	得分
1	登录系统	说明登录供电服务指挥系统步骤	20	未说明或说明不正确扣20分		
2	通过供电服务指挥系统报送停电信息	操作进入报送停电信息界面	30	未说明或说明不正确扣30分		
3	调看内容	报送一条停电信息	20	未说明或说明不正确扣10分		
4	返回系统主界面	说明返回系统主界面操作步骤	10	未说明或说明不正确扣10分		
5	填写报告	正确填写报告	20	每缺少1步扣2分		
合计			100			

Jc0001441039 通过供电服务指挥系统导出历史抢修工单。(100分)

考核知识点：供电服务指挥系统操作

难易度：易

技能等级评价专业技能考核操作工作任务书

一、任务名称

通过供电服务指挥系统导出历史抢修工单。

二、适用工种

配电运营指挥员中级工。

三、具体任务

通过供电服务指挥系统导出某时段内相关单位的历史抢修工单，并填写报告。

四、工作规范及要求

(1)熟悉供电服务指挥系统，明确操作范围。

(2)正确使用供电服务指挥系统。

(3)掌握导出历史抢修工单。

(4)会导出查阅历史抢修工单。

五、考核及时间要求

(1)本考核操作时间为5分钟，包括报告整理时间，时间到停止考评。

(2)按照给定项目安排操作顺序。

(3)若有补充说明请注明。

技能等级评价专业技能考核操作评分标准

工种	配电运营指挥员				评价等级	中级工
项目模块	基础能力—供电服务运营管控			编号	Jc0001441039	
单位			准考证号		姓名	
考试时限	5 分钟	题型	单项操作		题分	100 分
成绩		考评员		考评组长	日期	
试题正文	通过供电服务指挥系统导出历史抢修工单					
需要说明的问题和要求	（1）要求熟悉供电服务指挥系统导出历史抢修工单。 （2）正确进行调看操作。 （3）操作结束后，应举手示意，待考评员同意后方可离开考场。 （4）若考生误操作或处置不当，则该考核计 0 分					

序号	项目名称	质量要求	满分	扣分标准	扣分原因	得分
1	登录系统	说明登录供电服务指挥系统步骤	20	未说明或说明不正确扣 20 分		
2	通过供电服务指挥系统导出历史抢修工单	操作进入历史抢修工单回溯界面	30	未说明或说明不正确扣 30 分		
3	调看内容	导出某时段内相关单位的历史抢修工单	20	未说明或说明不正确扣 10 分		
4	返回系统主界面	说明返回系统主界面操作步骤	10	未说明或说明不正确扣 10 分		
5	填写报告	正确填写报告	20	每缺少 1 步扣 2 分		
合计			100			

Jc0001441040　通过供电服务指挥系统调阅城农网抢修工单。（100 分）

考核知识点：供电服务指挥系统操作

难易度：易

技能等级评价专业技能考核操作工作任务书

一、任务名称

通过供电服务指挥系统调阅城农网抢修工单。

二、适用工种

配电运营指挥员中级工。

三、具体任务

通过供电服务指挥系统调阅某时段内相关单位的城农网抢修工单，并填写报告。

四、工作规范及要求

（1）熟悉供电服务指挥系统，明确操作范围。

（2）正确使用供电服务指挥系统。

（3）掌握城农网抢修工单情况。

（4）会查阅城农网抢修工单情况。

五、考核及时间要求

（1）本考核操作时间为 5 分钟，包括报告整理时间，时间到停止考评。

（2）按照给定项目安排操作顺序。

（3）若有补充说明请注明。

技能等级评价专业技能考核操作评分标准

工种	配电运营指挥员					评价等级	中级工
项目模块	基础能力—供电服务运营管控				编号	Jc0001441040	
单位			准考证号			姓名	
考试时限	5 分钟		题型	单项操作		题分	100 分
成绩		考评员		考评组长		日期	
试题正文	通过供电服务指挥系统调阅城农网抢修工单						
需要说明的问题和要求	（1）要求熟悉供电服务指挥系统调阅城农网抢修工单情况。 （2）正确进行调看操作。 （3）操作结束后，应举手示意，待考评员同意后方可离开考场。 （4）若考生误操作或处置不当，则该考核计 0 分						

序号	项目名称	质量要求	满分	扣分标准	扣分原因	得分
1	登录系统	说明登录供电服务指挥系统步骤	20	未说明或说明不正确扣 20 分		
2	通过供电服务指挥系统调阅城农网抢修工单情况	操作进入历史抢修工单回溯界面	30	未说明或说明不正确扣 30 分		
3	调看内容	调阅某时段内相关单位的城农网抢修工单	20	未说明或说明不正确扣 10 分		
4	返回系统主界面	说明返回系统主界面操作步骤	10	未说明或说明不正确扣 10 分		
5	填写报告	正确填写报告	20	每缺少 1 步扣 2 分		
合计			100			

Jc0001441041　通过供电服务指挥系统调阅超长时长抢修工单。（100 分）

考核知识点：供电服务指挥系统操作

难易度：易

技能等级评价专业技能考核操作工作任务书

一、任务名称

通过供电服务指挥系统调阅超长时长抢修工单。

二、适用工种

配电运营指挥员中级工。

三、具体任务

通过供电服务指挥系统调阅某时段内城网大于 180min、农网大于 240min 超长时长工单情况，并填写报告。

四、工作规范及要求

（1）熟悉供电服务指挥系统，明确操作范围。

（2）正确使用供电服务指挥系统。

（3）掌握调阅超长时长抢修工单情况。

五、考核及时间要求

（1）本考核操作时间为 5 分钟，包括报告整理时间，时间到停止考评。

（2）按照给定项目安排操作顺序。

（3）若有补充说明请注明。

技能等级评价专业技能考核操作评分标准

工种	配电运营指挥员						评价等级	中级工
项目模块	基础能力—供电服务运营管控				编号		Jc0001441041	
单位			准考证号				姓名	
考试时限	5分钟		题型		单项操作		题分	100分
成绩		考评员		考评组长			日期	
试题正文	通过供电服务指挥系统调阅超长时长抢修工单							
需要说明的问题和要求	（1）要求熟悉供电服务指挥系统调阅超长时长抢修工单情况。 （2）正确进行调看操作。 （3）操作结束后，应举手示意，待考评员同意后方可离开考场。 （4）若考生误操作或处置不当，则该考核计0分							

序号	项目名称	质量要求	满分	扣分标准	扣分原因	得分
1	登录系统	说明登录供电服务指挥系统步骤	20	未说明或说明不正确扣20分		
2	通过供电服务指挥系统调阅城农网抢修工单情况	操作进入历史抢修工单回溯界面	30	未说明或说明不正确扣30分		
3	调看内容	调阅某时段内城网大于180min、农网大于240min超长时长工单	20	未说明或说明不正确扣10分		
4	返回系统主界面	说明返回系统主界面操作步骤	10	未说明或说明不正确扣10分		
5	填写报告	正确填写报告	20	每缺少1步扣2分		
合计			100			

Jc0001441042　通过供电服务指挥系统调阅主动工单故障报修类型分类情况。（100分）

考核知识点：供电服务指挥系统操作

难易度：易

技能等级评价专业技能考核操作工作任务书

一、任务名称

通过供电服务指挥系统调阅主动工单故障报修类型分类情况。

二、适用工种

配电运营指挥员中级工。

三、具体任务

通过供电服务指挥系统调阅主动工单故障报修类型分类情况，并填写报告。

四、工作规范及要求

（1）熟悉供电服务指挥系统，明确操作范围。

（2）正确使用供电服务指挥系统。

（3）掌握主动工单故障报修类型分类情况。

（4）会查阅主动工单故障报修类型相关数据。

五、考核及时间要求

（1）本考核操作时间为5分钟，包括报告整理时间，时间到停止考评。

（2）按照给定项目安排操作顺序。

（3）若有补充说明请注明。

技能等级评价专业技能考核操作评分标准

工种	配电运营指挥员					评价等级	中级工
项目模块	基础能力—供电服务运营管控				编号	Jc0001441042	
单位			准考证号			姓名	
考试时限	5分钟		题型	单项操作		题分	100分
成绩		考评员		考评组长		日期	
试题正文	通过供电服务指挥系统调阅主动工单故障报修类型分类情况						
需要说明的问题和要求	（1）要求熟悉供电服务指挥系统，掌握调阅主动工单故障报修类型分类情况。 （2）正确进行调看操作。 （3）操作结束后，应举手示意，待考评员同意后方可离开考场。 （4）若考生误操作或处置不当，则该考核计0分						

序号	项目名称	质量要求	满分	扣分标准	扣分原因	得分
1	登录系统	说明登录供电服务指挥系统步骤	20	未说明或说明不正确扣20分		
2	通过供电服务指挥系统调看主动工单故障报修类型	操作查阅主动工单故障报修类型步骤	30	未说明或说明不正确扣30分		
3	调看内容	查阅某一时段主动工单故障报修类型数量	20	未说明或说明不正确扣10分		
4	返回系统主界面	说明返回系统主界面操作步骤	10	未说明或说明不正确扣10分		
5	填写报告	正确填写报告	20	每缺少1步扣2分		
合计			100			

Jc0001441043 通过一体化电量与线损管理系统调看配电网线路线损达标率。（100分）

考核知识点：一体化电量与线损管理系统操作

难易度：易

技能等级评价专业技能考核操作工作任务书

一、任务名称

通过一体化电量与线损管理系统调看配电网线路线损达标率。

二、适用工种

配电运营指挥员中级工。

三、具体任务

通过一体化电量与线损管理系统调看配电网线路线损达标率，并按要求填写报告。

四、工作规范及要求

（1）熟悉一体化电量与线损管理系统，明确操作范围。

（2）正确使用一体化电量与线损管理系统。

（3）明确配电网线路线损达标率内容。

（4）会调阅相关数据。

五、考核及时间要求

（1）本考核操作时间为5分钟，包括报告整理时间，时间到停止考评。

（2）按照给定项目安排操作顺序。

（3）若有补充说明请注明。

技能等级评价专业技能考核操作评分标准

<table>
<tr><td>工种</td><td colspan="5">配电运营指挥员</td><td>评价等级</td><td colspan="3">中级工</td></tr>
<tr><td>项目模块</td><td colspan="5">基础能力—供电服务运营管控</td><td>编号</td><td colspan="3">Jc0001441043</td></tr>
<tr><td>单位</td><td colspan="3"></td><td>准考证号</td><td></td><td>姓名</td><td colspan="3"></td></tr>
<tr><td>考试时限</td><td colspan="2">5 分钟</td><td>题型</td><td colspan="2">单项操作</td><td>题分</td><td colspan="3">100 分</td></tr>
<tr><td>成绩</td><td></td><td>考评员</td><td></td><td>考评组长</td><td></td><td>日期</td><td colspan="3"></td></tr>
<tr><td>试题正文</td><td colspan="9">通过一体化电量与线损管理系统调看配电网线路线损达标率</td></tr>
<tr><td>需要说明的问题和要求</td><td colspan="9">（1）要求熟悉一体化电量与线损管理系统，掌握调看配电网线路线损达标率情况。
（2）正确进行调看操作。
（3）操作结束后，应举手示意，待考评员同意后方可离开考场。
（4）若考生误操作或处置不当，则该考核计 0 分</td></tr>
</table>

序号	项目名称	质量要求	满分	扣分标准	扣分原因	得分
1	登录系统	说明登录一体化电量与线损管理系统步骤	20	未说明或说明不正确扣 20 分		
2	通过一体化电量与线损管理系统调看配电网线路线损达标率	写出调看线损达标率步骤	30	未说明或说明不正确扣 30 分		
3	调看内容	调看线损达标率	20	未说明或说明不正确扣 20 分		
4	返回系统主界面	说明返回系统主界面操作步骤	10	未说明或说明不正确扣 10 分		
5	填写报告	正确填写报告	20	每缺少 1 步扣 2 分		
	合计		100			

Jc0001441044　通过一体化电量与线损管理系统调看配电网线路负损情况。（100 分）

考核知识点：一体化电量与线损管理系统操作

难易度：易

技能等级评价专业技能考核操作工作任务书

一、任务名称

通过一体化电量与线损管理系统调看配电网线路负损情况。

二、适用工种

配电运营指挥员中级工。

三、具体任务

通过一体化电量与线损管理系统调看配电网线路负损情况，并按要求填写报告。

四、工作规范及要求

（1）熟悉一体化电量与线损管理系统，明确操作范围。

（2）正确使用一体化电量与线损管理系统。

（3）明确配电网线损负损情况。

（4）会调阅相关数据。

五、考核及时间要求

（1）本考核操作时间为 5 分钟，包括报告整理时间，时间到停止考评。

（2）按照给定项目安排操作顺序。

（3）若有补充说明请注明。

技能等级评价专业技能考核操作评分标准

工种	配电运营指挥员					评价等级	中级工
项目模块	基础能力—供电服务运营管控				编号	Jc0001441044	
单位			准考证号			姓名	
考试时限	5 分钟		题型	单项操作		题分	100 分
成绩		考评员		考评组长		日期	
试题正文	通过一体化电量与线损管理系统调看配电网线路负损情况						
需要说明的问题和要求	（1）要求熟悉一体化电量与线损管理系统，掌握调看配电网线路负损情况。 （2）正确进行调看操作。 （3）操作结束后，应举手示意，待考评员同意后方可离开考场。 （4）若考生误操作或处置不当，则该考核计 0 分						

序号	项目名称	质量要求	满分	扣分标准	扣分原因	得分
1	登录系统	说明登录一体化电量与线损管理系统步骤	20	未说明或说明不正确扣 20 分		
2	通过一体化电量与线损管理系统调看配电网线路负损情况	写出调看配电网负损线路步骤	30	未说明或说明不正确扣 30 分		
3	调看内容	调看配电网负损线路	20	未说明或说明不正确扣 20 分		
4	返回系统主界面	说明返回系统主界面操作步骤	10	未说明或说明不正确扣 10 分		
5	填写报告	正确填写报告	20	每缺少 1 步扣 2 分		
合计			100			

Jc0001441045　通过一体化电量与线损管理系统调看配电网线路高损情况。（100 分）

考核知识点：一体化电量与线损管理系统操作

难易度：易

技能等级评价专业技能考核操作工作任务书

一、任务名称

通过一体化电量与线损管理系统调看配电网线路高损情况。

二、适用工种

配电运营指挥员中级工。

三、具体任务

通过一体化电量与线损管理系统调看配电网线路高损情况，并按要求填写报告。

四、工作规范及要求

（1）熟悉一体化电量与线损管理系统，明确操作范围。

（2）正确使用一体化电量与线损管理系统。

（3）明确配电网线路高损情况。

（4）会调阅相关数据。

五、考核及时间要求

（1）本考核操作时间为 5 分钟，包括报告整理时间，时间到停止考评。

（2）按照给定项目安排操作顺序。

（3）若有补充说明请注明。

技能等级评价专业技能考核操作评分标准

工种	配电运营指挥员				评价等级	中级工
项目模块	基础能力—供电服务运营管控			编号	Jc0001441045	
单位			准考证号		姓名	
考试时限	5分钟	题型	单项操作		题分	100分
成绩	考评员		考评组长		日期	
试题正文	通过一体化电量与线损管理系统调看配电网线路高损情况					
需要说明的问题和要求	（1）要求熟悉一体化电量与线损管理系统，掌握调看配电网线路高损情况。 （2）正确进行调看操作。 （3）操作结束后，应举手示意，待考评员同意后方可离开考场。 （4）若考生误操作或处置不当，则该考核计0分					

序号	项目名称	质量要求	满分	扣分标准	扣分原因	得分
1	登录系统	说明登录一体化电量与线损管理系统步骤	20	未说明或说明不正确扣20分		
2	通过一体化电量与线损管理系统调看配电网线路高损情况	写出调看配电网高损线路步骤	30	未说明或说明不正确扣30分		
3	调看内容	调看配电网高损线路	20	未说明或说明不正确扣20分		
4	返回系统主界面	说明返回系统主界面操作步骤	10	未说明或说明不正确扣10分		
5	填写报告	正确填写报告	20	每缺少1步扣2分		
合计			100			

Jc0001441046　通过一体化电量与线损管理系统调看配电网线路日线损白名单情况。（100分）

考核知识点：一体化电量与线损管理系统操作

难易度：易

技能等级评价专业技能考核操作工作任务书

一、任务名称

通过一体化电量与线损管理系统调看配电网线路日线损白名单情况。

二、适用工种

配电运营指挥员中级工。

三、具体任务

通过一体化电量与线损管理系统调看配电网线路日线损白名单情况，并按要求填写报告。

四、工作规范及要求

（1）熟悉一体化电量与线损管理系统，明确操作范围。

（2）正确使用一体化电量与线损管理系统。

（3）明确配电网线路日线损白名单情况。

（4）会调阅相关数据。

五、考核及时间要求

（1）本考核操作时间为5分钟，包括报告整理时间，时间到停止考评。

（2）按照给定项目安排操作顺序。

（3）若有补充说明请注明。

技能等级评价专业技能考核操作评分标准

工种	配电运营指挥员					评价等级	中级工
项目模块	基础能力—供电服务运营管控				编号	Jc0001441046	
单位			准考证号			姓名	
考试时限	5分钟		题型	单项操作		题分	100分
成绩		考评员		考评组长		日期	
试题正文	通过一体化电量与线损管理系统调看配电网线路日线损白名单情况						
需要说明的问题和要求	（1）要求熟悉一体化电量与线损管理系统，掌握调看配电网线路日线损白名单情况。 （2）正确进行调看操作。 （3）操作结束后，应举手示意，待考评员同意后方可离开考场。 （4）若考生误操作或处置不当，则该考核计0分						

序号	项目名称	质量要求	满分	扣分标准	扣分原因	得分
1	登录系统	说明登录一体化电量与线损管理系统步骤	20	未说明或说明不正确扣20分		
2	通过一体化电量与线损管理系统调看配电网线路日线损白名单情况	写出调看配电网线路日线损白名单步骤	30	未说明或说明不正确扣30分		
3	调看内容	调看配电网线路日线损白名单	20	未说明或说明不正确扣20分		
4	返回系统主界面	说明返回系统主界面操作步骤	10	未说明或说明不正确扣10分		
5	填写报告	正确填写报告	20	每缺少1步扣2分		
合计			100			

第三部分
高级工

第五章 配电运营指挥员高级工技能笔答

Jb0001332001 配电网集中监控缺陷管理主要内容是什么？（8分）

考核知识点：配电网集中监控缺陷管理主要内容

难易度：中

标准答案：

（1）应加强对监控范围内设备的缺陷管理，通过监控系统告警信息分析判断，及时发现设备缺陷并发起缺陷管理流程。

（2）应定期对监控运行中发现的缺陷情况进行跟踪、统计、分析和督办，对于严重影响设备监控的缺陷有权将该缺陷等级提高，并督促检修单位加快消缺进度。

（3）对于集中监控发现的缺陷，除开展缺陷消缺进度跟踪外，还应定期将缺陷消缺情况进行通报，定期组织缺陷分析会议。

（4）应根据设备集中监控运行业务需求和信息规范化管理的要求，加强对频发、无效监控信息的优化管理，及时总结监控运行经验，采取筛选、归并、延时等措施，提高监控信息质量。

Jb0001332002 10kV开关站自动化开关的调度状态有哪些？如何定义？（5分）

考核知识点：10kV开关站自动化开关的调度状态

难易度：中

标准答案：

结合配电网设备特点，为确保配电网自动化区域检修的安全，特对10kV开关站自动化开关的六种调度状态定义如下：

（1）运行：一次设备断路器“合”位，断路器三遥功能投运状态。

（2）热备用：一次设备断路器“分”位，断路器三遥功能投运状态。

（3）运行非自动：一次设备断路器“合”位，断路器遥控功能退出状态。

（4）热备用非自动：一次设备断路器“分”位，断路器遥控功能退出状态。

（5）冷备用：一次设备断路器“分”位，隔离开关“分”位，断路器遥控功能退出状态。

（6）检修：一次设备断路器“分”位，接地开关“合”位，断路器遥控功能退出状态。

Jb0002332003 简述断路器偷跳的定义、原因以及处理措施。（5分）

考核知识点：断路器偷跳的定义、原因以及处理措施

难易度：中

标准答案：

若系统无短路或直接接地现象，继电保护及自动装置未动作，而断路器自动跳闸的现象称作断路器偷跳。

引起断路器偷跳的主要原因有：人员误碰误操作、机械外力振动、二次回路绝缘不良直流两点接地等。

处理时，明确系统无短路故障存在，若是由人员误碰误操作、机械外力振动引起自动脱扣等原因引起的偷跳，排除断路器故障原因后，应立即送电。对其他电气或机械故障，无法立即恢复送电的，

则应将偷跳断路器停电检修处理。

Jb0002331004　配电网线路过负荷运行有何影响？（5分）

考核知识点：配电网线路过负荷运行的影响

难易度：易

标准答案：

配电网线路过负荷运行，有下述不利影响：

（1）超过过电流保护允许电流，有可能保护误动。

（2）电流互感器一次最大负荷不得超过1.2倍额定电流，否则会使电流互感器铁芯和绕组过热，绝缘老化，甚至烧坏电流互感器。

（3）造成线路烧断、接头发热、弧垂过大。

Jb0002331005　配电网线路过负荷应采取什么措施？（5分）

考核知识点：配电网线路过负荷采取的措施

难易度：易

标准答案：

线路过负荷，调控员可采取以下措施限制负荷：

（1）改变系统运行方式，减少超载线路潮流。

（2）调整有关电厂出力。

（3）在线路受端进行限电或拉电。

Jb0001331006　10kV线路重、过载的标准是什么？（5分）

考核知识点：10kV线路重、过载的标准

难易度：易

标准答案：

10kV线路负载率为额定负载率的70%～100%（不包括100%）为重载，10kV线路负载率超过额定负载率的为过载。

Jb0001331007　配电网调控管理的任务是什么？（5分）

考核知识点：配电网调控管理的任务

难易度：易

标准答案：

配电网调控管理的任务是组织、指挥、指导、协调配电网的运行、监控、操作和事故处理，保证实现下列基本要求：

（1）按照电力系统的客观规律和有关规定，保证配电网安全、稳定、可靠、经济运行。

（2）调整电能质量指标，使其符合国家规定的标准。

（3）遵循资源优化配置原则，充分发挥配电网内设备供电能力，最大限度地满足社会和人民生活用电需要。

（4）按照“公开、公平、公正”的原则，依据有关合同或协议，维护发电、供电、用电等各方的合法权益。

Jb0002333008　对自动重合闸有什么基本要求？（8分）

考核知识点：自动重合闸的基本要求

难易度：难

标准答案：

对自动重合闸的基本要求如下：

（1）自动重合闸动作应迅速。

（2）由运行人员手动或通过遥控装置将断路器断开时，自动重合闸装置不应动作。

（3）手动合闸于故障线路时，继电保护跳开后，自动重合闸装置不应动作。

（4）对于双侧电源，应考虑合闸时两侧电源间的同步问题。

（5）动作的次数应符合预先的规定，不允许任意多次重合。如一次重合闸就只能重合一次；当重合于永久性故障而断路器再次跳闸后，就不应再重合。

（6）动作后应能自动复归，为下一次动作做好准备。

（7）重合闸时间应能整定，并有可能在重合闸以前或重合闸以后加速继电保护的动作，以便更好地与继电保护相配合，加速故障的切除。

（8）当断路器处于不正常状态时（如操动机构中使用的气压、液压异常等），应将自动重合闸装置闭锁。

Jb0002331009　干式电力变压器在什么情况下应立即停运？（5分）

考核知识点：干式电力变压器的停运

难易度：易

标准答案：

（1）响声明显异常增大。

（2）存在局部放电响声。

（3）发生异常过热。

（4）冒烟或着火。

（5）当发生危及安全的故障而有关保护装置拒动。

（6）当附近的设备着火、爆炸或发生其他情况，对干式电力变压器构成严重威胁。

Jb0001331010　供电系统用户供电可靠性主要指标有哪些？（5分）

考核知识点：供电系统用户供电可靠性主要指标

难易度：易

标准答案：

（1）用户平均停电时间。

（2）供电可靠率。

（3）用户平均停电次数。

（4）用户平均故障停电次数。

（5）用户平均预安排停电次数。

（6）系统停电等效小时数。

Jb0001331011　供电系统用户供电可靠性主要指标中的RS－1、RS－2和RS－3各代表什么？（5分）

考核知识点：供电系统用户供电可靠性主要指标

难易度：易

标准答案：

（1）RS－1 为在统计期间内，对用户有效供电时间总小时数与统计期间小时数的比值，即计及全部停电时间的供电可靠性。

（2）RS－2 为不计受外部影响停电时间的供电可靠性。

（3）RS－3 为不计系统电源不足限电时间的供电可靠性。

Jb0001331012　环网柜安装完毕后，主要验收哪些项目？（5 分）

考核知识点：环网柜验收项目

难易度：易

标准答案：

（1）环网柜安装好后，各部螺栓应紧固，校正、测量水平度并满足要求。

（2）与环网柜连接的电缆终端头应固定，与环网柜连接应紧固，且不应使环网柜连接端子受力。

（3）电缆进出环网柜后，孔洞应两端封堵良好。电缆弯曲半径应满足要求。

（4）相位正确。

（5）各部接地连接良好。

（6）各回路开关分、合闸灵活可靠，指示正确。

（7）设备名称编号正确齐全。

（8）环网柜各柜门开闭良好。

Jb0002331013　什么情况下线路断路器跳闸不得试送？（5 分）

考核知识点：线路断路器跳闸的处理

难易度：易

标准答案：

（1）全电缆线路。

（2）调度通知线路有带电检修工作时。

（3）断路器切断故障次数达到规定时。

（4）低频减载保护、系统稳定装置、联切装置及远动装置动作后跳闸的断路器。

Jb0002331014　污闪的危害有哪些？（5 分）

考核知识点：污闪的危害

难易度：易

标准答案：

污闪往往造成大面积停电，停电时间长，损失大，给工农业生产和人民生活带来严重影响。运行经验表明，电网面临的两大威胁分别是系统稳定破坏和发生大面积污闪。解决系统稳定问题，并不能防止大面积污闪发生。电网失去稳定往往是偶发因素引起的连锁反应所致，污闪是偶发因素之一。大面积污闪会使局部电网解列甚至崩溃，造成电网的大面积停电。

Jb0001331015　在供电系统可靠性统计中，停电性质分类有哪些？（5 分）

考核知识点：供电系统可靠性统计中的停电性质分类

难易度：易

标准答案：

（1）按停电性质分为故障停电和预安排停电两类。

（2）故障停电分为内部故障停电和外部故障停电两类。

（3）预安排停电分为计划停电、临时停电和限电三类。

（4）计划停电分为检修停电、施工停电和用户申请停电三类。

（5）临时停电分为临时检修停电、临时施工停电和用户临时申请停电三类。

（6）限电分为系统电源不足限电和供电网限电两类。

Jb0001331016　自动重合闸有什么作用？（5分）

考核知识点：自动重合闸的作用

难易度：易

标准答案：

自动重合闸的作用主要归纳如下：

（1）对瞬时性故障，可迅速恢复供电，提高供电可靠性。

（2）对两侧电源线路，可提高系统并列运行的稳定性，从而提高线路的输送容量。

（3）可以纠正由于断路器或继电保护误动作引起的误跳闸。

（4）加快事故后电力系统电压恢复速度。

（5）节省建设配电线路投资，缓建或不建第二回路。

（6）弥补配电线路耐雷水平降低的影响。

Jb0001331017　简述10kV配电网继电保护配置总原则。（5分）

考核知识点：10kV配电网继电保护配置总原则

难易度：易

标准答案：

（1）系统侧变电站10kV出线断路器配置三段或两段式电流保护：瞬时电流速断保护、限时电流速断保护（时限0.3s）、过电流保护。

（2）配电网线路主干线首级断路器配置两段式电流保护：限时电流速断保护（时限0.2s）、过电流保护。

（3）配电网线路主干线分段（联络）断路器配置一段式电流保护：（限时）电流速断保护（时限0.1s或0s）。

（4）供电至用户的分支断路器、电缆分支箱出线断路器配置两段式电流保护：电流速断保护（时限0s）、过电流保护。

Jb0002331018　电力电缆有哪几种常用敷设方式？（5分）

考核知识点：电力电缆常用敷设方式

难易度：易

标准答案：

（1）直埋敷设。

（2）排管敷设。

（3）隧道敷设。

（4）电缆沟敷设。

（5）架空及桥梁构架敷设。

（6）水下敷设。

Jb0002331019　电缆线路为何不设置重合闸？（5分）

考核知识点：电缆线路重合闸设置

难易度：易

标准答案：

（1）由于电缆一般敷设于地下，不会发生鸟害、异物搭挂等瞬时故障，故不设重合闸。

（2）电缆故障一般属于永久性故障，所以不设重合闸。

（3）电缆为电容性设备，停电后电荷不会马上释放，设置重合闸将可能导致电缆过电压，造成故障。

Jb0004331020　简述如何创新技能培训工作。（5分）

考核知识点：技能培训工作的创新

难易度：易

标准答案：

（1）开展职业生涯规划，健全激励约束机制，加强班组培训资源建设。

（2）严格按照职业能力培训规范要求，规范岗前培训，提高职工岗位任职能力。

（3）拓展班组培训途径和载体，推广应用“班组大讲堂”、交叉轮岗、“师带徒”、网络教学等手段，促进员工互学互助、共同成长。

（4）定期开展技能竞赛、业务比拼，鼓励开展岗位创新、科技应用。

Jb0004331021　班组技能建设的关键是什么？（5分）

考核知识点：班组技能建设

难易度：易

标准答案：

（1）完善员工现场、岗位、交流、脱产等培训机构。

（2）加强班组内训师队伍建设。

（3）以职业能力培训规范为标准。

（4）充分利用现场和远程培训资源。

（5）建立学习培训激励约束制度。开展技能比武和岗位能力评价，提高员工学习的积极性。

Jb0004331022　什么是电力应用文？简述其特点。（5分）

考核知识点：电力应用文定义及其特点

难易度：易

标准答案：

电力应用文是指电力行业职工和管理者在工作和生活中办理公私事务所使用的具有实用价值和某种固定或惯用格式的一大类文体的总称。

特点：内容的实用性、功用的时效性、格式的规范性、使用的专业性。

Jb0004331023　团队协作的重要性有哪些？怎样做到团队协作？（5分）

考核知识点：团队协作的重要性

难易度：易

标准答案：

（1）团队协作有利于提高企业的整体效能；团队协作有助于企业目标的实现；团队协作是企业创新的巨大动力。

（2）建立和谐关系，创设良好的人际氛围；个体积极参与集体活动，增强团结协作精神。营造你追我赶、力争上游的工作氛围；充分信任同事；充分发挥企业的主导作用。

Jb0004331024　沟通在协调中的作用有哪些？（5分）

考核知识点：沟通在协调中的作用

难易度：易

标准答案：

（1）沟通可以提高人的思想觉悟，培养人们良好的道德品质，为实现协调创造基本前提。

（2）沟通可以实现对管理目标、管理政策及管理方式方法上的共识，为协调创造直接前提。

（3）沟通可以克服阻力，实现协调。

（4）沟通是管理组织与外部环境相互联系，实现内外协调的前提之一。

Jb0002332025　常用配电网不停电作业项目分为几类？（5分）

考核知识点：常用配电网不停电作业项目分类

难易度：中

标准答案：

常用配电网不停电作业项目按照作业难易程度，可分为四类。

（1）第一类为简单绝缘杆作业法项目，包括普通消缺及装拆附件、带电更换避雷器等。

（2）第二类为简单绝缘手套作业法项目，包括带电断接引流线、更换直线杆绝缘子及横担、更换柱上开关或隔离开关等。

（3）第三类为复杂绝缘杆作业法和复杂绝缘手套作业法项目。复杂绝缘杆作业法项目包括更换直线杆绝缘子及横担、带电断接空载电缆线路与架空线路连接引线等；复杂绝缘手套作业法项目包括带负荷更换柱上开关或隔离开关、直线杆改耐张杆等。

（4）第四类为综合不停电作业项目，包括不停电更换柱上变压器、旁路作业检修架空线路、从环网箱（架空线路）等设备临时取电给环网箱（移动箱式变压器）供电等。

Jb0002331026　倒闸操作票的填写有哪些要求？（5分）

考核知识点：倒闸操作票的填写要求

难易度：易

标准答案：

（1）操作票应用黑色或蓝色的钢（水）笔或圆珠笔逐项填写。

（2）操作票票面上的时间、地点、线路名称、杆号（位置）、设备双重名称、动词等关键字不得涂改。

（3）若有个别错、漏字需要修改、补充时，应使用规范的符号，字迹应清楚。

（4）用计算机生成或打印的操作票应使用统一的票面格式。

Jb0003331027　电力安全事故调查应坚持的原则是什么？调查事故原因时要坚持的“四不放过”具体是指哪些内容？（5分）

考核知识点：电力安全事故调查应坚持的原则

难易度：易

标准答案：

（1）安全事故调查应坚持实事求是、尊重科学的原则，及时、准确地查清事故经过、原因和损失，查明事故性质，认定事故责任，总结事故教训，提出整改措施，并对事故责任者提出处理意见。

（2）事故原因调查时要坚持的“四不放过”的具体内容是指：做到事故原因未查清不放过、责任人员未处理不放过、整改措施未落实不放过、有关人员未受到教育不放过。

Jb0001332028　电压管理的主要内容是什么？（5分）

考核知识点：电压管理主要内容

难易度：中

标准答案：

（1）配电运行人员应掌握配电网络中高压线路和低压台区的电压质量情况，运行部门要采取技术措施，为高供电电压质量而努力。

（2）供电公司供用户受电端（产权分界点）的电压变动幅度应不超过受电设备（器具）额定电压的下列指标范围。20kV及以下三相供电电压允许偏差为标称电压的±7%，220V单相供电电压允许偏差为标称电压的+7%、−10%。

（3）配电线路的电压损失，高压不应超过5%，低压不应超过4%。

（4）低压网络每个台区的首、末端每年至少测量电压一次。

（5）有下列情况之一者，应测量电压：

1）投入较大负荷；

2）用户侧电压不正常；

3）三相电压不平衡，烧坏用电设备（器具）；

4）更换或新装变压器；

5）调整变压器分接头。

Jb0002332029　变压器直流电阻三相不平衡系数偏大的常见原因有哪些？（5分）

考核知识点：变压器直流电阻三相不平衡系数偏大的常见原因

难易度：中

标准答案：

变压器三相直流电阻不平衡系数偏大，一般有以下几种原因：

（1）分接开关接触不良。这主要是由于分接开关内部不清洁、电镀层脱落、弹簧压力不够等原因造成。

（2）变压器套管的导电杆与引线接触不良、螺钉松动等。

（3）焊接不良。由于引线和绕组焊接处接触不良造成电阻偏大；多股并绕绕组，其中有几股线没有焊接上或脱焊，此时电阻可能偏大。

（4）三角形接线一相断线。

（5）变压器绕组局部匝间、层间、段间短路或断线。

Jb0001331030　智能配电主要涉及哪些技术领域？（5分）

考核知识点：智能配电主要涉及的技术领域

难易度：易

标准答案：

（1）配电网规划。

（2）配电设备智能化。

（3）配电自动化。

（4）分布式发电/储能与微电网的接入与协调控制。

Jb0001332031　营业窗口实时监控过程中发现的哪些服务异常为一般事项？（5分）

考核知识点：营业窗口实时监控过程中的一般事项

难易度：中

标准答案：

（1）工作人员使用手机（计算机）接打电话、看新闻、看电影、听音乐、玩游戏等。

（2）在客户排队等候时，工作人员随意走动、串岗聊天妨碍他人工作或做与工作无关的事。

（3）离岗或有特殊情况必须暂时停办业务未摆放“暂停服务”标示牌或未将柜台上方 LED 显示屏切换为“暂停服务”字样。

（4）工作人员在营业厅内从事与工作无关的事情，如吃零食、吸烟、睡觉、化妆等。

（5）工作人员存在坐姿随意、趴在工作台上、抖动腿和跷二郎腿等行为举止不规范问题。

（6）工作人员未穿着统一配发的工装，或着装不规范（敞怀、挽袖、卷裤、漏扣、掉扣等），未规范佩戴工号牌，赤脚或穿拖鞋，女性随意披散头发、佩戴夸张饰物等。

（7）营业厅内环境卫生脏乱，上墙图板及服务资料、信息化设备配置违反“四项规范”要求。

（8）视频监控存在状态异常、盲区、全部为远景、画面质量低、与营业工作无关等情况。

（9）其他一般违纪情况。

Jb0001331032　坚持以客户为中心提升优质服务水平的重点任务是什么？（5分）

考核知识点：坚持以客户为中心提升优质服务水平的重点任务

难易度：易

标准答案：

（1）大力实施八大服务工程，努力夯实服务民生之本。

（2）服务电力市场化发展，有效释放改革红利。

（3）深化“互联网+营销服务”，拓展服务新模式。

（4）开拓能源服务新业态，满足客户多元化用能需求。

（5）有效解决服务短板，持续提升客户体验。

（6）构建供电服务新体系，为提升服务水平注入活力。

Jb0001331033　配电网大接地电流系统和小接地电流系统如何定义？（5分）

考核知识点：配电网大接地电流系统和小接地电流系统的定义

难易度：易

标准答案：

中性点直接接地系统（包括中性点经小电阻接地系统），发生单相接地故障时，接地短路电流很大，这种系统称为大接地电流系统。中性点不接地系统（包括中性点经消弧线圈接地系统），发生单相接地故障时，由于不构成短路回路，接地故障电流往往比负荷电流小得多，这种系统称为小接地电流系统。

Jb0001331034　什么是电网运行的 $N-1$ 原则？（5分）

考核知识点：电网运行的 $N-1$ 原则

难易度：易

标准答案：

电网运行的 $N-1$ 原则是指正常运行方式下的电力系统中任一元件（如线路、发电机、变压器等）无故障或因故障断开，电力系统应能保持稳定运行和正常供电，其他元件不过负荷，电压和频率均在允许范围内。

Jb0001331035 配电网检修计划制定原则是什么？（5分）

考核知识点：配电网检修计划制定原则

难易度：易

标准答案：

（1）配电网检修计划一经全网平衡后，原则上不再变动。当电网运行状况发生变化导致电网受到安全约束时，配调应对相关配电网设备的检修计划进行必要的调整，并及时通知相关单位。改期安排的检修工作，由相应单位提出申请。

（2）配电网设备的年度检修计划是检修工作的基础，配电网设备的月度检修计划应严格按照年度电气设备的检修项目进行编制，检修时间可根据电网实际情况及工程进度等进行调整，原则上不再增加年度计划以外的检修。配电网设备的周检修计划应严格按照对用户不停电原则进行上报编制，提高配电网带电作业率指标。配电网设备的检修计划内容包括设备名称、检修工期、检修内容、检修要求、检修范围、停电范围等。

（3）已有计划的检修工作应按照相关规定，在履行相应的申请、审批手续后，根据配调当值调控员的指令，在批复的时间内完成。

Jb0001331036 配电网检修计划的变更和取消有哪些规定？（5分）

考核知识点：配电网检修计划的变更和取消的规定

难易度：易

标准答案：

（1）配电设备检修计划发布后，在设备检修前已明确无法按计划执行的检修工作，计划申报单位应在检修工作开始时间前完成计划变更和取消的书面审批手续，提交配调，并由配调审核后上报地调，未提交书面申请的，配调不予受理。

（2）配调原则上不受理配电设备检修计划的时间变更，调整时间的工作直接取消，重新申报。

（3）因重大事件或大型工程影响，确需调整检修计划的，提交配调，并由配调审核后上报地调，由地调组织相关部门人员召开平衡会确定。调整后的检修计划，经主管生产领导批准后予以发布。

Jb0001331037 配电网新设备投运前必须具备哪些条件，否则配调有权拒绝设备加入配电网运行，并向地调汇报？（5分）

考核知识点：配电网新设备投运前必须具备的条件

难易度：易

标准答案：

（1）设备验收工作已结束，现场改接、投运过程中与配调下发的设备命名通知一致，质量符合安全运行要求，有关运行单位已向配调提出配电网新设备投运申请并经批准。

（2）所需资料已齐全，并报送配调。

（3）继电保护和安全自动装置已按给定的定值整定，具备投运条件，所需的其他安全措施已落实。

（4）调度通信、自动化设备安装调试完毕，具备将所需信息传至配电自动化系统的条件。

（5）完成配电网电子图正确导入配电自动化系统。

（6）配电网运维单位已与配调进行设备“遥信、遥测、遥控”信息核对。

（7）设备具备启动带电条件。

（8）投产设备已调试合格，现场设备命名、编号标志齐全。

Jb0001331038 什么是分布式电源并网点、接入点、公共连接点？（5分）

考核知识点：分布式电源并网点、接入点、公共连接点的定义

难易度：易

标准答案：

（1）分布式电源的并网点：对于有升压站的分布式电源，并网点为分布式电源升压站高压侧母线或节点；对于无升压站的分布式电源，并网点为分布式电源的输出汇总点。

（2）分布式电源的接入点：指电源接入电网的连接处，该电网既可能是公共电网，也可能是用户电网。

（3）分布式电源的公共连接点：指用户系统（发电或用电）接入公用电网的连接处。

Jb0001331039 并列和解列操作有何基本要求？（5分）

考核知识点：并列和解列操作的基本要求

难易度：易

标准答案：

（1）两个电网进行同期并列时，应满足相序相同、频率相等、电压相等或偏差尽量小的条件。若调整困难，特别是事故时为了加速并列，允许频率差不超过0.5Hz。

（2）电网解列时，应先将解列点有功功率调整至零，电流调至最小，使解列后的两个电网频率、电压均在允许的范围内。

Jb0002331040 为保证配电线路继电保护的选择性，上、下级电网继电保护之间逐级配合应满足什么要求？（5分）

考核知识点：配电线路继电保护的选择性保证

难易度：易

标准答案：

上、下级配电线路（包括主网、配电网之间）继电保护之间的整定，应遵循逐级配合的原则，满足选择性的要求，即当下一级线路或元件故障时，故障线路或元件的继电保护整定值必须在灵敏度和动作时间上均与上一级线路或元件的继电保护整定值相互配合，以保证配电线路发生故障时有选择性地切除故障。

Jb0002331041 哪些情况下不得进行遥控操作？（5分）

考核知识点：遥控操作

难易度：易

标准答案：

（1）设备未通过遥控验收。

（2）设备存在缺陷或异常不允许进行遥控操作时，如控制回路故障、断路器或操动机构压力闭锁、操动机构电源异常或故障、操作断路器的监控信息与实际不符等。

（3）设备正在进行检修时（遥控验收除外）。

（4）自动化系统或通信系统异常影响设备遥控操作时。
（5）有操作人员巡视或有人工作时。

Jb0001331042　配电网有哪些特点？（5分）

考核知识点： 配电网的特点

难易度： 易

标准答案：

（1）供电线路长，分布面积广。
（2）发展速度快，用户对供电质量要求高。
（3）对经济发展较好地区配电网设计标准要求高，供电可靠性要求较高。
（4）负荷季节性强。
（5）调度灵活性、运行供电连续性和经济性。
（6）随着配电网自动化水平的提高，对供电管理水平的要求越来越高。
（7）对于有分布式电源接入的配电网，其网络结构也随之发生变化。

Jb0001331043　配电网的电压调节方式主要有哪些？（5分）

考核知识点： 配电网的电压调节方式

难易度： 易

标准答案：

（1）通过配置无功补偿装置进行电压调节。
（2）选用有载或无载调压变压器，通过改变分接头进行电压调节。
（3）通过线路调压器进行电压调节。

Jb0001331044　什么是分布式电源？（5分）

考核知识点： 分布式电源的定义

难易度： 易

标准答案：

分布式电源是指位于用户附近，所发电能就地利用，以10kV及以下电压等级接入电网，且单个并网点总装机容量不超过6MW的发电项目，包括太阳能、天然气、生物质能、风能、地热能、海洋能、资源综合利用发电等类型。

Jb0001331045　分布式电源接入电网有哪些接线方式？（5分）

考核知识点： 分布式电源接入电网的接线方式

难易度： 易

标准答案：

专线接入：指分布式电源接入点处设置分布式电源专用的开关设备（间隔），如分布式电源直接接入变电站、开关站、配电室母线或环网柜等方式。

T接：指分布式电源接入点处未设置专用的开关设备（间隔），如分布式电源直接接入架空或电缆线路方式。

Jb0001331046　什么是继电保护的“远后备”及“近后备”？（5分）

考核知识点： 继电保护的“远后备”及“近后备”

难易度： 易

标准答案：

“远后备”是指当元件故障而其保护装置或断路器拒动时，由各电源侧的相邻元件保护装置动作将故障切开。

“近后备”则用双重化配置方式加强元件本身的保护，使之在区内故障时，保护无拒绝动作的可能。同时装设断路器失灵保护，以便当断路器拒绝跳闸时启动它来切开同一变电站母线的高压断路器，或遥切对侧断路器。

Jb0002331047　什么是重合闸后加速？（5分）

考核知识点： 重合闸后加速的定义

难易度： 易

标准答案：

当被保护线路发生故障时，保护装置有选择地将故障线路切除，同时重合闸动作，重合一次，若重合于永久性故障时，保护装置立即不带时限、无选择地动作以再次断开断路器，这种保护装置叫做重合闸后加速，一般多加一块中间继电器即可实现。

Jb0001331048　哪些行为可视为违反配电网调度纪律，配电网调控中心可组织开展调查，并依据有关法律、法规和规定进行处理？（5分）

考核知识点： 违反配电网调度纪律的行为

难易度： 易

标准答案：

（1）不执行配调调度指令和保证配电网安全的措施。

（2）不按照配调下达的检修计划执行。

（3）不如实反映执行调度指令情况。

（4）不如实反映配电网运行情况。

（5）存在瞒报、谎报、误报、拖延汇报等情况。

（6）违反调度纪律的其他情况。

Jb0003331049　事故调查中“四不放过”是指什么？作业中“三不伤害”是指什么？

考核知识点：“四不放过”和“三不伤害”的定义

难易度： 易

标准答案：

（1）“四不放过”：事故原因不清楚不放过，事故责任者和应受教育者没有受到教育不放过，没有采取防范措施不放过，事故责任者没有受到处罚不放过。

（2）“三不伤害”：不伤害自己，不伤害他人，不被他人伤害。

Jb0001331050　在10kV架空线路中，保护定值配置有哪些具体要求？（5分）

考核知识点： 10kV架空线路中，保护定值配置的要求

难易度： 易

标准答案：

（1）主干线首级开关配置为断路器，配置限时电流速断和过电流保护，重合闸根据实际情况投退。

（2）架空线路跌落式熔断器全部用来接入报装容量在1000kVA以下的用户或总容量在1000kVA以下的分支线路。熔断器熔丝规格按照报装容量的70%来计算。

（3）架空线路柱上断路器保护定值一般设为600～800A，保护时限设为0s（部分保护装置最小值为0.3s）。原则上只接入报装容量在1000kVA及以上的用户或总容量在1000kVA及以上的分支线路。

Jb0001331051　配电网线路三段式过电流保护各段保护范围是什么？（5分）

考核知识点：配电网线路三段式过电流保护各段保护范围

难易度：易

标准答案：

速断保护：其保护范围不能超出被保护线路末端。

限时速断保护：其保护范围不仅包括线路的全长，而且深入相邻线路的速断保护区，但不能保护相邻线路的全部。

过电流保护：其保护范围不仅包括线路的全部，还可作为相邻线路的后备保护。

Jb0001331052　什么是阶段式电流保护？（5分）

考核知识点：阶段式电流保护的定义

难易度：易

标准答案：

为了迅速、可靠地切除备保护线路的故障，将瞬时电流速断保护、限时电流速断保护及过电流保护三种电流保护组合在一起构成的一整套保护。一般是构成三段式电流保护，瞬时电流速断保护为第Ⅰ段，限时电流速断保护为第Ⅱ段，过电流保护为第Ⅲ段，Ⅰ、Ⅱ段共同构成主保护，第Ⅲ段作为后备保护。阶段式电流保护不一定都用三段，也可以只用两段（即瞬时或限时电流速断保护第Ⅰ段、过电流保护第Ⅱ段，构成两段式电流保护）。

Jb0001331053　配电网设备检修计划分为哪几类？（5分）

考核知识点：配电网设备检修计划分类

难易度：易

标准答案：

检修计划主要分为年度综合检修计划、月度检修计划、周检修计划和临时检修计划。

年度综合检修计划应根据状态检修年度计划和省公司批复的配电网大修计划，结合反措、基建、市政、技改工程等停电时间的要求编制。月度检修计划应根据年度综合检修计划编制。周检修计划应根据月度检修计划和设备消缺工作要求编制。临时检修计划应根据设备缺陷隐患排查工作要求编制。

Jb0001331054　什么是电力系统安全自动装置？（5分）

考核知识点：电力系统安全自动装置的定义

难易度：易

标准答案：

电力系统安全自动装置是指防止电力系统失去稳定和避免电力系统发生大面积停电的自动保护装置，如自动重合闸、备用电源和备用设备自动投入、自动联切负荷、自动低频（低压）减负荷、事故减出力、事故切机、电气制动、水轮发电机自动启动和调相改发电、抽水蓄能机组由抽水改发电、自动解列及自动快速调节励磁等。

Jb0001331055　箱式变电站主要由哪几部分组成？（5分）

考核知识点：箱式变电站组成部分

难易度： 易

标准答案：

箱式变电站由高压配电装置、电力变压器、低压配电装置等组成。三部分设备安装于一个金属箱体内，各占一个空间，相互隔离。

Jb0001331056　开关站的作用是什么？（5分）

考核知识点： 开关站的作用

难易度： 易

标准答案：

（1）为解决高压变电站中压出线间隔不足、出线通道受限制的矛盾。

（2）减少相同路径的电缆条数。

（3）加强电网联络，提高供电可靠性。

Jb0001331057　过电压是怎样形成的？它有哪些危害？（5分）

考核知识点： 过电压的形成及危害

难易度： 易

标准答案：

（1）一般来说，过电压的产生都是由于电力系统的能量发生瞬间突变所引起的。

（2）如果是由外部直击雷或雷电感应突然加到系统里所引起的，叫作大气过电压或叫作外部过电压。

（3）如果是在系统运行中，由于操作故障或其他原因所引起的系统内部电磁能量的振荡、积聚和传播从而产生的电压，叫作内部过电压。

（4）不论是大气过电压还是内部过电压，都是很危险的，均可能使输、配电线路及电气设备的绝缘弱点发生击穿或闪络，从而破坏电气系统的正常运行。

Jb0001331058　FTU的技术核心主要有哪些？（5分）

考核知识点： FTU的技术核心

难易度： 易

标准答案：

（1）快速故障定位、事故隔离和恢复供电。

（2）网络通信。

（3）配电网单相接地选线与定位。

（4）开关状态在线监视。

Jb0001331059　电力电缆有哪几种常用敷设方式？（5分）

考核知识点： 电力电缆常用敷设方式

难易度： 易

标准答案：

（1）直埋敷设。

（2）排管敷设。

（3）隧道敷设。

（4）电缆沟敷设。

（5）架空及桥梁构架敷设。

（6）水下敷设。

Jb0002331060　如何核对继电保护定值单？（5分）

考核知识点：继电保护定值单的核对

难易度：易

标准答案：

（1）值班调度员、现场运行值班人员核对新定制单与对应的旧定制单编号一致。

（2）值班调度员下令启用新定制单，作废旧定制单。

（3）现场运行值班人员操作完毕回令后，值班调度员将新定制单分别归档，将旧定制单盖“作废”章。

Jb0001331061　配电带电作业应符合哪些管理要求？（5分）

考核知识点：配电带电作业应符合的管理要求

难易度：易

标准答案：

（1）配电带电作业人员均应经过专项培训，取得相应带电作业资质。所开展的作业项目以经专业管理部门鉴定合格，并由本单位分管领导（总工）批准的项目为准。

（2）带电作业处理紧急缺陷或事故抢修，若超出本单位已开展的带电作业同类项目范围，应根据现场实际情况制订并落实可靠的安全措施，经本单位分管领导批准后方可进行。

（3）现场作业前应经现场勘查，并经评估后，确定是否具备作业的必要性和安全性。

（4）作业现场应严格配备足够的人员，各人员的资质应满足本项作业的要求。

（5）每次作业应对应一份规范的现场标准化作业指导书。

Jb0001331062　当有关领导发布配电网调控业务相关指示时，应注意有哪些具体要求？（5分）

考核知识点：配电网调控业务相关指示发布的具体要求

难易度：易

标准答案：

各级调控机构的值班调控员在值班期间是电网运行、操作及事故处理的指挥人员，应按照调度管辖范围行使调度权，对调度管辖范围内的运行值班人员发布调度指令，值班调控员在发令操作时，任何单位和个人不得非法干预。

上级领导发布的一切有关调控业务的指示，应通过配电网调控中心领导转达给值班调控员。各发、供电单位领导人向其运行人员发布的指令或指示，如涉及值班调控员的权限时，必须经值班调控员许可后才能执行，但在现场事故处理规程内已有规定者除外。

Jb0001331063　配电网调控操作过程中对配电网图形有何要求？（5分）

考核知识点：配电网调控操作过程中对配电网图形的要求

难易度：易

标准答案：

（1）在配电网调控操作过程中，值班调控员应根据现场汇报信息，及时对配电网接线图中断路器（隔离开关）置位及挂、摘牌等信息进行核对检查，确保设备状态与现场实际保持一致。

（2）复役操作前，值班调控员应根据设备停役申请、新设备投运申请执行情况，完成配电网接线图调度审核更新。

Jb0001331064 配电线路投运的步骤有哪些？（5分）

考核知识点：配电线路投运的步骤

难易度：易

标准答案：

（1）配电线路投运时应选择合适的充电端全电压充电 3 次，充电侧保护可靠投入。

（2）充电正常后须进行核相操作，验证一、二次设备接线正确。

（3）线路带负荷后应通知地调测试投运线路保护及所在母线保护正确。

Jb0001331065 什么情况下应办理新设备投入运行申请手续？（5分）

考核知识点：新设备投入运行申请手续

难易度：易

标准答案：

以下情况应办理新设备投入运行申请手续，并报调控机构：

（1）新接入系统运行设备（包括新建、改建、扩建）。

（2）改变系统主接线或变更高压设备安装地点。

（3）新装高压电力客户或原有高压电力客户增容、扩建或改变电源。

（4）已经退役的设备重新恢复运行。

Jb0001331066 简要描述小接地电流系统接地处理流程。（5分）

考核知识点：小接地电流系统接地处理流程

难易度：易

标准答案：

（1）电网发生接地信号，地调根据选线顺序确定接地线路后通知配调，重要及高危用户需配调与运维单位联系确认后方可选线。

（2）若为间歇性接地，断开接地线路开关后不再送电。

（3）配调根据选线结果，通知运维单位查线，运维单位根据查线结果判定是否需要停电处理；如需要停电处理，运维单位向配调申请线路停电处理。

（4）线路具备送电条件后，配调下令恢复送电，并将处置过程填入调度运行日志。

Jb0001331067 配电网转供线路的选择有什么要求？（5分）

考核知识点：配电网转供线路的选择的要求

难易度：易

标准答案：

配电网线路由其他线路转供，如存在多种转供路径，应优先采用转供线路好、合环潮流小、便于运行操作、供电可靠性高的方式，方式调整时应注意继电保护的适应性。

Jb0001331068 合环和解环操作有何基本要求？（5分）

考核知识点：合环和解环操作的基本要求

难易度：易

标准答案：

合环操作时，必须保证合环点两侧相位相同，操作前应考虑合环点两侧的相角差和电压差，无电压相角差，电压差一般允许在20%以内，确保合环后各环节潮流的变化不超过继电保护、电网稳定和设备容量等方面的限额。对于比较复杂环网的合环操作应事先进行计算或试验。

解环操作时，应先检查解环点的有功、无功潮流，确保解环后电网各部分电压在规定的范围内，各环节的潮流变化不超过继电保护、电网稳定和设备容量等方面的限额。

Jb0001331069　小接地电流系统发生单相接地故障时应如何处理？（5分）

考核知识点：小接地电流系统发生单相接地故障的处理

难易度：易

标准答案：

（1）当中性点不接地系统发生单相接地故障时，值班调控员应根据接地情况（接地母线、接地相、接地信息、电压水平等异常情况）及时处理。

（2）应加快找到故障点，并设法排除、隔离。

（3）永久性单相接地允许继续运行，但一般不超过2h。

Jb0001331070　断路器操作有哪些注意事项？（5分）

考核知识点：断路器操作的注意事项

难易度：易

标准答案：

断路器操作有以下注意事项：

（1）断路器合闸前应检查继电保护已按规定投入，断路器合闸后，应检查电流、有功、无功表计指示及指示灯是否正常。

（2）当发现油断路器缺油、液压机构压力下降超过规定、空气断路器的压缩空气压力不足，以及SF_6断路器气体压力下降超过规定时，现场应将该断路器改非自动，禁止用该断路器切断负荷电流，并尽快处理。

（3）断路器操作时，若远控失灵，应根据现场规定进行近控操作。

Jb0001331071　在配电自动化系统中，若故障点已明确，调控员应如何处理？（5分）

考核知识点：配电自动化系统中故障点已明确调控员的处理

难易度：易

标准答案：

在配电自动化系统中，若故障点已明确，调控员可不待线路巡线，立即通过遥控操作隔离故障点，并恢复非故障段试送供电，优先考虑可以遥控转供的电源，并遥控操作。

Jb0001331072　倒闸操作应尽可能避免在哪些情况下进行？（5分）

考核知识点：倒闸操作的进行

难易度：易

标准答案：

（1）值班人员交接班时。

（2）电网接线极不正常时。

（3）电网高峰负荷时。

（4）雷雨、大风等恶劣气候时。

（5）联络线输送功率超过稳定限额时。

（6）电网发生事故时。
（7）其他有特殊要求时等。

Jb0001331073　值班调控员遥控操作前，应做好哪些准备？（5分）
考核知识点：值班调控员遥控操作前的准备
难易度：易
标准答案：
（1）核对当时的运行方式。
（2）考虑操作过程中的危险点预控措施。
（3）对操作有疑问时，应及时向正值调控员（调控值班长）提出。
（4）宜通知相关运维站（班）值班人员。

Jb0002331074　哪些情况下应停用线路重合闸装置？（5分）
考核知识点：值班调控员遥控操作前的准备
难易度：易
标准答案：
（1）线路带电作业有要求时。
（2）可能造成非同期合闸时。
（3）不能满足重合闸要求的检测条件时。
（4）断路器遮断容量不允许重合时。
（5）超过断路器跳合闸次数时。
（6）重合闸装置不能正常工作时。
（7）其他应停用线路重合闸装置的情况。

Jb0001331075　什么是馈线自动化？其配置要求有哪些？（5分）
考核知识点：馈线自动化的定义及其配置要求
难易度：易
标准答案：
馈线自动化（FA）是指利用自动化装置或系统，监视配电网的运行状态，及时发现配电网故障，进行故障定位、隔离和恢复对非故障区域的供电。
馈线自动化有下列配置要求：
（1）馈线自动化实现故障处理可采用集中型和就地型模式。
（2）应根据供电可靠性需求，结合配电网网架结构、一次设备现状、通信基础条件等情况，合理设计馈线自动化实现方案，并具备人工优化故障处理方案等辅助功能。

Jb0002331076　配电网设备异动后，调度如何进行复核？（5分）
考核知识点：配电网设备异动后调度复核
难易度：易
标准答案：
（1）核对涉及资料及图纸，复核调度异动后接线图是否正确、设备参数是否正确。
（2）核对新设备投运报告，复核调度异动后新设备是否已投运。
（3）核对旧设备退役申请，复核调度异动后旧设备是否已退运。

（4）核对设备命名文件，复核调度异动后设备命名是否正确。

Jb0001331077　配电网运维单位的停送电联系人在接受指令时有什么要求？（5分）

考核知识点：配电网运维单位的停送电联系人接受指令的要求

难易度：易

标准答案：

配电网运维单位的停送电联系人在接受指令后必须正确地复诵并执行，并及时汇报执行情况。如果受令人认为所接受的指令不正确，应及时提出意见，如发令人确认继续执行该调度指令，应按调度指令执行。如果执行该调度指令确实将危及人身、设备或系统安全时，受令人可以拒绝执行，同时将拒绝执行的理由及建议上报给发令人，并向本单位主管领导汇报。

Jb0002331078　配调值班调控员在倒闸操作前，应充分考虑哪些内容？（5分）

考核知识点：配调值班调控员在倒闸操作前应考虑的内容

难易度：易

标准答案：

（1）停送电日期、时间、工作内容、工作地点及停送电范围是否正确。

（2）停送电时是否做好防止反送电的措施。

（3）对运行方式、继电保护、重要用户的供电可靠性、通信、配电自动化等方面的影响。

（4）应做好操作中可能出现的异常情况的事故预想及对策，防止出现带地线合闸及带负荷拉合隔离开关等误操作。

（5）拟投运配电网设备相序、相位是否正确。

（6）配电网线路是否过载。

Jb0002331079　运行中配电变压器温升过高是由哪些原因引起的？（5分）

考核知识点：运行中配电变压器温升过高的原因

难易度：易

标准答案：

（1）分接开关接触不良。

（2）线圈匝间短路。

（3）铁芯硅钢片间短路。

Jb0002331080　为什么要进行无功补偿？（5分）

考核知识点：无功补偿的原因

难易度：易

标准答案：

（1）无功电源和有功电源一样，是保证系统电能质量和安全供电必不可少的条件。

（2）无功电源不足将使系统电压下降，影响用电设备，严重时会造成电压崩溃，使系统瓦解，造成大面积停电。

（3）电容性无功电源不足造成功率因数下降，使电气设备的容量不能得到充分发挥。

（4）进行适当的无功补偿，对提高功率因数、提高设备使用率、降低线损、提高经济效益有着重大的意义，也是系统安全经济运行的重要保障之一。

Jb0001331081 配电网电压与无功平衡有哪些基本要求？（5分）

考核知识点：配电网电压与无功平衡的基本要求

难易度：易

标准答案：

（1）系统的运行电压，按照分层分区、就地平衡的无功电压管理基本原则并应考虑电气设备安全运行和电网安全稳定运行的要求。应通过AVC等控制手段，确保电压和功率因数在允许范围内。

（2）应尽量减少配电网不同电压等级间的无功功率流动，应尽量避免向主网倒送无功功率。

Jb0002331082 配电网线路转供方式下保护应如何调整？（5分）

考核知识点：配电网线路转供方式下保护的调整

难易度：易

标准答案：

拉手线路通过线路联络断路器转供负荷时，应考虑相关线路保护定值调整。外来电源通过变电站母线转供其他出线时，应考虑电源侧保护定值调整，被转供的线路重合闸停用、联络线断路器进线保护及重合闸停用。

Jb0001331083 线路启动原则是什么？（5分）

考核知识点：线路启动原则

难易度：易

标准答案：

线路启动按以下原则执行：

（1）用老断路器对新线路冲击三次（老线改造可只冲击一次），冲击侧应有可靠的两级保护。

（2）冲击正常后必须做核相试验，新线路两侧（联络线时）的保护及母线差动保护需做带负荷试验。

Jb0001331084 线路停送电操作的顺序是什么？（5分）

考核知识点：线路停送电操作的顺序

难易度：易

标准答案：

（1）停电拉闸操作应按照断路器（开关）、负荷侧隔离开关（刀闸）、电源侧隔离开关（刀闸）的顺序依次进行。

（2）送电合闸操作应按电源侧隔离开关（刀闸）、负荷侧隔离开关（刀闸）、断路器（开关）的顺序依次进行，禁止带负荷拉合隔离开关（刀闸）。

Jb0001331085 变压器并列运行的条件有哪些？（5分）

考核知识点：变压器并列运行的条件

难易度：易

标准答案：

变压器并列运行时需满足联结组别相同、电压比相同、短路电压（指铭牌值）相等。对电压比和短路电压不同的变压器通过计算，在任一台变压器都不会过负荷情况下，可以并列运行。

Jb0001331086　操作指令模式分哪几种？并分别简述其特点。（5分）

考核知识点：操作指令模式分类及其特点

难易度：易

标准答案：

值班调控员发布操作指令的形式有综合操作指令、单项或逐项操作指令。

（1）综合操作指令是指值班调控员仅对一个单位下达的而不需要其他单位协同进行的综合操作指令，具体操作项目、顺序由现场运维人员按现场运规典票拟写操作任务书。

（2）单项操作指令是指值班调控员发布的仅对一个单位下达的单一操作指令。

（3）逐项操作指令是指值班调控员按操作顺序逐项下达，受令单位按指令的顺序逐项执行的操作指令。

Jb0001331087　如何判断遥控操作是否成功？（5分）

考核知识点：遥控操作成功的判断

难易度：易

标准答案：

在进行遥控操作后，应通过监控系统检查设备的状态指示、遥测、遥信信号的变化。应有两个及以上的指示同时发生对应变化，才能确认该设备已操作到位。若调控员对遥控操作结果有疑问，应查明情况，必要时应通知现场运维人员核对设备状态。

Jb0001331088　可由调控员进行遥控操作的操作项目包括哪些？（5分）

考核知识点：可由调控员进行遥控操作的操作项目

难易度：易

标准答案：

（1）拉合开关的单一操作。

（2）调节有载调压变压器分接开关。

（3）远方投切电容器、电抗器。

（4）远方投切具备遥控条件的继电保护及安全自动装置软压板。

（5）紧急情况下，根据调度指令进行开关遥控操作。

Jb0001331089　各类操作指令模式各有何特点？（5分）

考核知识点：各类操作指令模式的特点

难易度：易

标准答案：

（1）综合操作指令是指值班调控员仅对一个单位下达的而不需要其他单位协同进行的综合操作指令，具体操作项目、顺序由现场运维人员按现场运规典票拟写操作任务书。

（2）单项操作指令是指值班调控员发布的仅对一个单位下达的单一操作指令。

（3）逐项操作指令是指值班调控员按操作任务顺序逐项下达，受令单位按指令的顺序逐项执行的操作指令。

Jb0001331090　解列操作有何基本要求？（5分）

考核知识点：解列操作的基本要求

难易度：易

标准答案：

电网解列时，应先将解列点有功功率调整至零，电流调至最小，使解列后的两个电网频率、电压均在允许的范围内。

Jb0001331091　什么是准同期并列？（5分）

考核知识点：准同期并列的定义

难易度：易

标准答案：

准同期并列是将未投入系统的发电机加上励磁，并调节其电压和频率，在满足并列条件（即电压、频率、相位相同）时，将发电机投入系统。如果在理想情况下，使发电机的出口开关合闸，则在发电机定子回路中的环流将为零，这样不会产生电流和电磁力矩的冲击，这是准同期并列的最大优点。

Jb0001331092　电缆运行有何规定？（5分）

考核知识点：电缆运行的规定

难易度：易

标准答案：

电缆线路原则上不允许过负荷，即使在事故处理中出现过负荷，调控员应尽快将电流恢复至允许值以下。当电缆过负荷时，如调控员已无法转移负荷，则应迅速通知营销部门控制负荷。电缆线路停用（或备用）超过一周时，投运前应进行充电一次；超过一周不满一个月时，投运前应测量绝缘电阻是否合格；超过一个月时，须经试验合格方能投运。

Jb0003331093　在电气设备上工作，保证安全的组织措施有哪些？（5分）

考核知识点：保证安全的组织措施

难易度：易

标准答案：

（1）现场勘查制度。

（2）工作票制度。

（3）工作许可制度。

（4）工作监护制度。

（5）工作间断、转移和终结制度。

Jb0001331094　什么是线路检修状态？（5分）

考核知识点：线路检修状态

难易度：易

标准答案：

（1）该线路的断路器及其两侧隔离开关均断开，断路器与两侧隔离开关的控制电源熔断器或空气断路器均断开，在线路侧装设接地线或合上接地开关，并在断路器和线路侧隔离开关操作把手上悬挂“禁止合闸，线路有人工作！”标示牌。

（2）如线路侧装有电压互感器时，应将其隔离开关断开，并取下低压侧熔断器（断开低压侧空气开关）。

（3）线路侧并接高压电抗器时，应将其隔离开关断开。

Jb0002331095 配电网线路合环操作应具备哪些条件？（5分）

考核知识点：配电网线路合环操作应具备的条件

难易度：易

标准答案：

（1）解、合环操作必须使用开关。

（2）合环开关两侧线路的线序、相位相同。

（3）继电保护和安全自动装置应适应合环运行方式。

（4）合环调负荷应经核算，合环回路中有关设备应能承载合环操作产生的潮流变化，设备允许载流量满足需求。

（5）调整合环点两侧变电站母线电压差0.2kV以内。

Jb0001331096 用户设备加入配电网运行，需要提交哪些资料？（5分）

考核知识点：用户设备加入配电网运行需要提交的资料

难易度：易

标准答案：

（1）用户设备电源点。

（2）用户设备装机容量。

（3）保护装置定值单。

（4）用户设备经验收合格、具备送电条件的证明。

（5）用户设备预计接入配电网运行的日期。

Jb0001331097 隔离开关允许进行哪些操作？（5分）

考核知识点：隔离开关允许进行的操作

难易度：易

标准答案：

（1）在电网无接地时拉、合电压互感器。

（2）在无雷击时拉、合避雷器。

（3）拉、合电容电流不超过5A的空载线路。

（4）拉、合35kV及以下母线的充电电流。

（5）拉、合闭路开关的旁路电流。

（6）在没有接地故障时，拉、合变压器中性点接地开关。

Jb0001332098 线路操作有哪些注意事项？（5分）

考核知识点：线路操作的注意事项

难易度：中

标准答案：

线路操作时有下列注意事项：

（1）对于线路改检修的操作，值班调控员只有在各侧均改为冷备用后，才可将各侧改为线路检修。对于不能确定冷备用状态的10（20）kV线路，应确认线路断路器（隔离开关）实际位置后再操作。

（2）新建或改建线路第一次送电时，尽可能以额定电压对线路进行冲击合闸，并经核相正确后方可投入电网运行。

（3）对于备用线路一般应保持在充电运行状态，即电源侧断路器运行，负荷侧断路器热备用（负荷侧无断路器只有隔离开关时，隔离开关应拉开）对馈电线路停电操作时。

（4）有消弧线圈运行的配电网，当进行线路停役或复役操作时，应同时考虑消弧线圈分接头的调整操作（消弧线圈置“自动”位置除外）。

（5）线路送电时，应避免由发电厂侧先送电，充电断路器必须具备完整的继电保护（应有手动加速功能），并具有足够的灵敏度，同时必须考虑充电功率可能引起的电压波动或线路末端电压升高。

Jb0001331099 线路保护时限特性有哪些？（5分）

考核知识点：线路保护时限特性

难易度：易

标准答案：

保护一般为三段式：

（1）第Ⅰ段的保护范围一般为被保护线路全长的80%～90%，动作时间为保护装置的固有动作时间。

（2）第Ⅱ段的保护范围需与下一线路的保护定值相配合，一般为被保护线路的全长及下一线路全长的30%～40%，其动作时限要与下一线路距离保护第Ⅰ段的动作时限相配合，一般为0.5s左右。

（3）第Ⅲ段为后备保护，其保护范围较长，包括本线路和下一线路的全长乃至更远，其动作时限按阶梯原则整定。

Jb0002331100 引起配电网线路故障的常见原因有哪些？（5分）

考核知识点：引起配电网线路故障的常见原因

难易度：易

标准答案：

（1）设备运行老化或本身质量、施工工艺不良。

（2）人为因素的外力破坏。

（3）雷雨、台风等恶劣天气。

（4）鸟类筑巢、灰尘和雨雾引起的闪络。

（5）高温、高负荷造成的设备损坏。

Jb0002331101 遥控操作中发生监控系统异常或遥控失灵时应如何处理？（5分）

考核知识点：遥控操作中发生监控系统异常或遥控失灵的处理

难易度：易

标准答案：

配电网调控员在遥控操作中监控系统发生异常或遥控失灵时应停止操作，通知运维人员至现场检查，涉及配电自动化系统的缺陷由调控员及时通知自动化值班人员协调处理，对遥控失灵的情况，配电网调控员在确认现场设备无异常后可下令现场运维人员就地操作。

Jb0001331102 潮流计算中，根据节点给定量种类的不同，可将系统节点分为哪几类？（5分）

考核知识点：潮流计算中系统节点的分类

难易度：易

标准答案：

（1）PQ节点：给定节点注入的有功功率P和注入无功功率Q。

（2）PV 节点：给定节点注入有功功率 P 和节点电压有效值 U，待求量是节点的注入无功功率 Q 和电压的相位 θ。

（3）平衡节点：在潮流计算中，必须设置一个平衡点，其电压有效值为给定值，电压相位 $\theta=0$，即系统中其他各节点的电压相位都以它为参考，而其注入的有功功率和无功功率都是待求量。

Jb0001331103　什么叫操作过电压？主要包括哪几种？（5 分）

考核知识点：操作过电压的定义及分类

难易度：易

标准答案：

操作过电压是由于电网内部断路器操作或故障跳闸引起的过电压。

主要包括：

（1）切除空载线路引起的过电压。

（2）空载线路合闸时引起的过电压。

（3）切除空载变压器引起的过电压。

（4）间隙性电弧接地引起的过电压。

（5）解合环路引起的过电压。

Jb0001331104　影响电力系统电压的因素是什么？（5 分）

考核知识点：影响电力系统电压的因素

难易度：易

标准答案：

（1）系统的潮流分布。

（2）由于生产、生活、气象等因素引起的负荷变化。

（3）无功补偿容量的变化。

（4）系统运行方式的改变引起的功率分布和网络阻抗变化。

Jb0001331105　什么是电网的备用容量？（5 分）

考核知识点：电网的备用容量的定义

难易度：易

标准答案：

（1）电网的备用容量指电网为在设备检修、事故、调频等情况下仍能保证电力供应而设的备用容量。

（2）电网中电源容量大于发电负荷的部分称为电网电源备用容量。

（3）应留有用电负荷备用，要求日计划安排任何时刻发电机组必须都有一定下调容量。

（4）一般把电源备用称为正备用，而把用电负荷备用称为负备用。

Jb0001331106　值班调控员在进行系统设备操作时，应注意哪些事项？（5 分）

考核知识点：值班调控员在进行系统设备操作的注意事项

难易度：易

标准答案：

（1）充分考虑系统运行方式、潮流、电压、短路容量、主变压器中性点接地方式、继电保护及安全自动装置、一次相位的正确性、雷季运行方式等方面的影响。

（2）明确操作目的，核对实际运行情况，发令人应经同值人员审核，必要时做好事故预想或指出需要注意的事项。

（3）在对调度管辖的设备发布操作指令时，如对其他调度管辖的系统有影响时，应在发布操作指令前通知有关调控机构值班人员。

（4）原则上新建、扩建、改建设备的投运，或检修后可能引起相序或相位错误的设备送电时，应核对相序、相位是否正确。

（5）操作后应及时更改自动化系统中相关设备的状态。

Jb0002331107　配电线路常见故障有哪些？（5分）

考核知识点：配电线路常见故障

难易度：易

标准答案：

（1）按故障类别划分，有单相接地故障、相间短路故障、三相短路故障等。

（2）按故障形态划分，有短路故障、断线故障。

（3）按故障性质划分，可分为瞬时故障和永久故障。

Jb0002331108　配电网线路一般出现哪些情况需要立即停电？（5分）

考核知识点：配电网线路需要立即停电的情况

难易度：易

标准答案：

（1）线路发生倒杆倾斜、断线、安全距离不够等严重威胁人身安全的缺陷。

（2）配合抢险救灾或突发事件处理需要紧急停电的。

（3）线路有紧急缺陷随时可能发展成故障跳闸的。

（4）高危重要用户设备需要紧急停电的。

Jb0002331109　配电线路断路器正常运行发生分合闸闭锁时应采取哪些措施？（5分）

考核知识点：配电线路断路器正常运行发生分合闸闭锁时应采取的措施

难易度：易

标准答案：

（1）闭锁合闸的断路器尚未闭锁分闸时，可视情况下令拉开此断路器，否则将该断路器的重合闸停用。

（2）闭锁分闸的断路器，断开其控制电源，采取旁路断路器代供方式隔离或采用母联断路器串供。

（3）采取旁路断路器代供方式隔离，在旁路断路器代闭锁断路器时，环路中断路器应改为非自动状态。

Jb0002331110　配电网线路故障后，配电网调控员通知巡线时有哪些规定？（5分）

考核知识点：配电网线路故障配电网调控员通知巡线的规定

难易度：易

标准答案：

（1）配电网调控员应将故障跳闸时间、继电保护动作情况告诉巡线单位，并尽可能根据故障录波器的测量数据提供故障范围，以供巡线单位参考。负责巡线抢修的单位，应将用户反映的事故现象及巡线处理情况及时报告值班调控员。

（2）配电网调控员发布巡线指令时应说明线路状态，如线路是否带电、是否已经做好停电检修的安全措施、是否可以不经联系立即开始工作。

Jb0001331111　配电网设备缺陷分为哪几类？简述各类缺陷的定义及处理周期。（5分）

考核知识点：配电网设备缺陷的分类、各类缺陷的定义及处理周期

难易度：易

标准答案：

配电网设备缺陷分为三类，即一般缺陷、严重缺陷、危急缺陷。

一般缺陷：设备本身及周围环境出现不正常情况，一般不影响设备的安全运行的缺陷。

严重缺陷：设备处于异常状态，可能发展为事故，但设备仍可在一定时间内继续运行，须加强监视的缺陷。

危急缺陷：严重威胁设备的安全运行，如不及时处理，随时可能导致事故的发生，必须尽快消除或采取必要的安全技术措施进行处理的缺陷。

处理周期：危急缺陷消除时间不得超过24h，严重缺陷应在1个月内消除，一般缺陷可结合检修计划尽早消除，但应处于可控状态。

Jb0002331112　小接地电流系统中，若母线电压互感器高压熔断器一相熔断，有什么现象？（5分）

考核知识点：小接地电流系统中，若母线电压互感器高压熔断器一相熔断的现象

难易度：易

标准答案：

（1）TA断线告警。

（2）“××母线接地”光字牌亮。

（3）母线电压一相电压降低，其他两相电压相等。

Jb0001331113　造成“线路保护装置告警”信号发出的原因有哪些？（5分）

考核知识点：造成“线路保护装置告警”信号发出的原因

难易度：易

标准答案：

（1）保护装置插件或部分功能异常。

（2）通道异常。

（3）装置数据卡死。

（4）现场设备通信出错。

（5）电压或电流采集回路断线。

Jb0002331114　发生故障时，有关单位运维人员应迅速汇报配电网调控员的信息有哪些？（5分）

考核知识点：发生故障时有关单位运维人员应迅速汇报配电网调控员的信息

难易度：易

标准答案：

（1）故障发生的时间、现象，设备的名称和编号，断路器动作情况。

（2）继电保护及安全自动装置动作情况。
（3）配电设备负荷损失及失电情况。
（4）现场天气情况、人员和设备的损伤等情况。

Jb0002331115　配电变压器事故过负荷时，应采取哪些措施消除过负荷？（5分）

考核知识点：配电变压器事故过负荷时应采取消除过负荷的措施

难易度：易

标准答案：

（1）受端加出力。
（2）投入备用变压器。
（3）改变系统运行方式。
（4）受端转移负荷或限电。

Jb0003331116　事故预想应包含哪些内容？（5分）

考核知识点：事故预想应包含的内容

难易度：易

标准答案：

（1）预想内容：简述预想发生的配电网事故。
（2）事故前运行方式：事故发生时的配电网及双电源用户运行情况。
（3）故障设置：事故的故障类型、保护动作、断路器跳闸及FA启动情况。
（4）潮流计算情况：事故发生后线路及双电源用户的运行状况。
（5）事故处理步骤：事故处理思路及步骤、关键环节以及事故后隐患点。
（6）意见和建议：事故发生前后对配电网运行方式的意见和建议。

Jb0003331117　事故处理的一般原则有哪些？（5分）

考核知识点：事故处理的一般原则

难易度：易

标准答案：

（1）尽快限制事故发展，消除事故的根源，解除对人身和设备安全的威胁。
（2）根据系统条件尽可能保持设备继续运行，用一切可能的方法保持完好设备继续运行，以保证对客户（尤其是重要客户）正常供电。
（3）尽快对已停电的客户恢复送电，对重要客户应优先恢复供电。
（4）调整系统运行方式，使其恢复正常。

Jb0002331118　简要描述线路跳闸处理流程。（5分）

考核知识点：线路跳闸处理流程

难易度：易

标准答案：

（1）线路跳闸，查看监控信息，核实跳闸设备情况。
（2）值班调控员按规程规定进行事故处置。

（3）值班调控员电话通知设备运维单位，设备运维单位将检查结果汇报调控员。
（4）若线路需要停电处理，值班调控员下达停电指令后，设备维护单位进行消缺。
（5）消缺终结后，经主管部室验收合格，值班调控员恢复送电并做好记录。

Jb0002331119　如何判别小接地电流系统“断线”故障？（5分）
考核知识点：小接地电流系统“断线”故障的判别
难易度：易
标准答案：
小接地电流系统经常发生一些故障，使接地装置发出信号，当出现“断线”故障时的判别依据如下：
（1）单相断线：一相电压升高，不超过 $1.5U_{ph}$，两相电压降低且相等，不低于 $0.866U_{ph}$；故障相判别：电压升高相为断线相。
（2）两相断线：一相电压降低，但不到零，两相电压升高且相等，不超过线电压；故障相判别：电压降低相为非断线相。

Jb0002331120　当线路发现缺陷后需带电消缺时调度员应注意哪些事项？（5分）
考核知识点：当线路发现缺陷后需带电消缺时调度员的注意事项
难易度：易
标准答案：
（1）注意天气条件是否允许进行带电作业。
（2）有线路重合闸的线路带电作业时应退出重合闸。
（3）带电作业的线路发生跳闸事故后，不得强送电，应和作业人员取得联系后根据情况决定是否强送电，必要时降低线路潮流。
（4）应待工作人员到达工作现场后再停用线路重合闸，以缩短线路重合闸停用时间。

Jb0003331121　电源质量对电气安全的影响主要表现在哪些方面？（5分）
考核知识点：电源质量对电气安全的影响的表现方面
难易度：易
标准答案：
（1）供电中断引起设备损坏或人身伤亡。
（2）电压偏移过大对电气设备的损害。
（3）波形畸变、三相电压不平衡等对电气设备的损害等方面。

Jb0002331122　设备遇有哪些情况时，不允许进行监控远方操作？（5分）
考核知识点：监控远方操作不允许进行的情况
难易度：易
标准答案：
（1）设备未通过遥控验收。
（2）设备存在缺陷或异常不允许进行遥控操作时。
（3）设备正在进行就地操作时。
（4）监控系统异常影响设备遥控操作时。

第六章　配电运营指挥员高级工技能操作

Jc0001351001　通过供电服务指挥系统调看公用配电变压器重载情况并派单。(100 分)

考核知识点：供电服务指挥系统操作

难易度：易

技能等级评价专业技能考核操作工作任务书

一、任务名称

通过供电服务指挥系统调看公用配电变压器重载情况并派单。

二、适用工种

配电运营指挥员高级工。

三、具体任务

通过供电服务指挥系统调看公用配电变压器重载情况，按要求正确派发工单。

四、工作规范及要求

(1) 熟悉供电服务指挥系统，明确操作范围。

(2) 正确使用供电服务指挥系统。

(3) 明确公用配电变压器重载情况。

(4) 会调阅相关数据。

五、考核及时间要求

(1) 本考核操作时间为 5 分钟，包括报告整理时间，时间到停止考评。

(2) 按照给定项目安排操作顺序。

(3) 若有补充说明请注明。

技能等级评价专业技能考核操作评分标准

工种	配电运营指挥员					评价等级	高级工
项目模块	基础能力—供电服务运营管控				编号	Jc0001351001	
单位			准考证号			姓名	
考试时限	5 分钟		题型	多项操作		题分	100 分
成绩		考评员		考评组长		日期	
试题正文	通过供电服务指挥系统调看公用配电变压器重载情况并派单						
需要说明的问题和要求	(1) 要求熟悉供电服务指挥系统，掌握公用配电变压器重载情况。 (2) 正确进行调看操作。 (3) 操作结束后，应举手示意，待考评员同意后方可离开考场。 (4) 若考生误操作或处置不当，则该考核计 0 分						

序号	项目名称	质量要求	满分	扣分标准	扣分原因	得分
1	登录系统	说明登录供电服务指挥系统步骤	20	未说明或说明不正确扣 20 分		
2	通过供电服务指挥系统调看公用配电变压器重载情况	写出调看公用配电变压器重载步骤	20	未说明或说明不正确扣 20 分		
3	调看内容	选出重载的公用配电变压器，填写工单并派发	30	未说明或说明不正确扣 10 分，未填写或派发不正确扣 20 分		

续表

序号	项目名称	质量要求	满分	扣分标准	扣分原因	得分
4	返回系统主界面	说明返回系统主界面操作步骤	10	未说明或说明不正确扣 10 分		
5	填写报告	正确填写报告	20	每缺少 1 步扣 2 分		
合计			100			

Jc0001351002　通过供电服务指挥系统调看公用配电变压器过载情况并派单。（100 分）

考核知识点：供电服务指挥系统操作

难易度：易

技能等级评价专业技能考核操作工作任务书

一、任务名称

通过供电服务指挥系统调看公用配电变压器过载情况并派单。

二、适用工种

配电运营指挥员高级工。

三、具体任务

通过供电服务指挥系统调看公用配电变压器过载情况，按要求正确派发工单。

四、工作规范及要求

（1）熟悉供电服务指挥系统，明确操作范围。

（2）正确使用供电服务指挥系统。

（3）明确公用配电变压器过载情况。

（4）会调阅相关数据。

五、考核及时间要求

（1）本考核操作时间为 5 分钟，包括报告整理时间，时间到停止考评。

（2）按照给定项目安排操作顺序。

（3）若有补充说明请注明。

技能等级评价专业技能考核操作评分标准

工种	配电运营指挥员				评价等级	高级工
项目模块	基础能力—供电服务运营管控			编号	Jc0001351002	
单位		准考证号			姓名	
考试时限	5 分钟	题型	多项操作		题分	100 分
成绩		考评员		考评组长	日期	
试题正文	通过供电服务指挥系统调看公用配电变压器过载情况并派单					
需要说明的问题和要求	（1）要求熟悉供电服务指挥系统，掌握公用配电变压器过载情况。 （2）正确进行调看操作。 （3）操作结束后，应举手示意，待考评员同意后方可离开考场。 （4）若考生误操作或处置不当，则该考核计 0 分					

序号	项目名称	质量要求	满分	扣分标准	扣分原因	得分
1	登录系统	说明登录供电服务指挥系统步骤	20	未说明或说明不正确扣 20 分		
2	通过供电服务指挥系统调看公用配电变压器过载情况	写出调看公用配电变压器过载步骤	20	未说明或说明不正确扣 20 分		
3	调看内容	选出过载的公用配电变压器，填写并派发工单	30	未说明或说明不正确扣 10 分，未填写或派发不正确扣 20 分		

续表

序号	项目名称	质量要求	满分	扣分标准	扣分原因	得分
4	返回系统主界面	说明返回系统主界面操作步骤	10	未说明或说明不正确扣 10 分		
5	填写报告	正确填写报告	20	每缺少 1 步扣 2 分		
合计			100			

Jc0001351003 通过供电服务指挥系统调看公用配电变压器低电压情况并派单。(100 分)

考核知识点：供电服务指挥系统操作

难易度：易

技能等级评价专业技能考核操作工作任务书

一、任务名称

通过供电服务指挥系统调看公用配电变压器低电压情况并派单。

二、适用工种

配电运营指挥员高级工。

三、具体任务

通过供电服务指挥系统调看公用配电变压器低电压情况，按要求正确派发工单。

四、工作规范及要求

（1）熟悉供电服务指挥系统，明确操作范围。

（2）正确使用供电服务指挥系统。

（3）明确公用配电变压器低电压情况。

（4）会调阅相关数据。

五、考核及时间要求

（1）本考核操作时间为 5 分钟，包括报告整理时间，时间到停止考评。

（2）按照给定项目安排操作顺序。

（3）若有补充说明请注明。

技能等级评价专业技能考核操作评分标准

工种	配电运营指挥员				评价等级	高级工
项目模块	基础能力—供电服务运营管控			编号	Jc0001351003	
单位		准考证号			姓名	
考试时限	5 分钟	题型	多项操作		题分	100 分
成绩		考评员		考评组长	日期	
试题正文	通过供电服务指挥系统调看公用配电变压器低电压情况并派单					
需要说明的问题和要求	（1）要求熟悉供电服务指挥系统，掌握公用配电变压器低电压情况。 （2）正确进行调看操作。 （3）操作结束后，应举手示意，待考评员同意后方可离开考场。 （4）若考生误操作或处置不当，则该考核计 0 分					

序号	项目名称	质量要求	满分	扣分标准	扣分原因	得分
1	登录系统	说明登录供电服务指挥系统步骤	20	未说明或说明不正确扣 20 分		
2	通过供电服务指挥系统调看公用配电变压器低电压情况	写出调看公用配电变压器低电压步骤	20	未说明或说明不正确扣 20 分		
3	调看内容	选出低电压公用配电变压器，填写并派发工单	30	未说明或说明不正确扣 10 分，未填写或派单不正确扣 20 分		
4	返回系统主界面	说明返回系统主界面操作步骤	10	未说明或说明不正确扣 10 分		
5	填写报告	正确填写报告	20	每缺少 1 步扣 2 分		
合计			100			

Jc0001351004　通过供电服务指挥系统调看公用配电变压器三相不平衡情况并派单。(100 分)

考核知识点：供电服务指挥系统操作

难易度：易

技能等级评价专业技能考核操作工作任务书

一、任务名称

通过供电服务指挥系统调看公用配电变压器三相不平衡情况并派单。

二、适用工种

配电运营指挥员高级工。

三、具体任务

通过供电服务指挥系统调看公用配电变压器三相不平衡情况，按要求正确派发工单。

四、工作规范及要求

(1) 熟悉供电服务指挥系统，明确操作范围。

(2) 正确使用供电服务指挥系统。

(3) 明确公用配电变压器三相不平衡情况。

(4) 会调阅相关数据。

五、考核及时间要求

(1) 本考核操作时间为 5 分钟，包括报告整理时间，时间到停止考评。

(2) 按照给定项目安排操作顺序。

(3) 若有补充说明请注明。

技能等级评价专业技能考核操作评分标准

<table>
<tr><td>工种</td><td colspan="5">配电运营指挥员</td><td>评价等级</td><td>高级工</td></tr>
<tr><td>项目模块</td><td colspan="3">基础能力—供电服务运营管控</td><td colspan="2">编号</td><td colspan="2">Jc0001351004</td></tr>
<tr><td>单位</td><td colspan="2"></td><td>准考证号</td><td colspan="2"></td><td>姓名</td><td></td></tr>
<tr><td>考试时限</td><td colspan="2">5 分钟</td><td>题型</td><td colspan="2">多项操作</td><td>题分</td><td>100 分</td></tr>
<tr><td>成绩</td><td></td><td>考评员</td><td></td><td>考评组长</td><td></td><td>日期</td><td></td></tr>
<tr><td>试题正文</td><td colspan="7">通过供电服务指挥系统调看公用配电变压器三相不平衡情况并派单</td></tr>
<tr><td>需要说明的问题和要求</td><td colspan="7">(1) 要求熟悉供电服务指挥系统，掌握公用配电变压器三相不平衡情况并派单。
(2) 正确进行调看操作。
(3) 操作结束后，应举手示意，待考评员同意后方可离开考场。
(4) 若考生误操作或处置不当，则该考核计 0 分</td></tr>
</table>

序号	项目名称	质量要求	满分	扣分标准	扣分原因	得分
1	登录系统	说明登录供电服务指挥系统步骤	20	未说明或说明不正确扣 20 分		
2	通过供电服务指挥系统调看公用配电变压器三相不平衡情况	写出调看公用配电变压器三相不平衡步骤	20	未说明或说明不正确扣 20 分		
3	调看内容	选出三相不平衡公用配电变压器，填写并派发工单	30	未说明或说明不正确扣 10 分，未填写或派发不正确扣 20 分		
4	返回系统主界面	说明返回系统主界面操作步骤	10	未说明或说明不正确扣 10 分		
5	填写报告	正确填写报告	20	每缺少 1 步扣 2 分		
合计			100			

Jc0001351005　通过供电服务指挥系统调看公用配电变压器过电压情况并派单。(100 分)

考核知识点：供电服务指挥系统操作

难易度：易

技能等级评价专业技能考核操作工作任务书

一、任务名称

通过供电服务指挥系统调看公用配电变压器过电压情况并派单。

二、适用工种

配电运营指挥员高级工。

三、具体任务

通过供电服务指挥系统调看公用配电变压器过电压情况，按要求正确派发工单。

四、工作规范及要求

（1）熟悉供电服务指挥系统，明确操作范围。

（2）正确使用供电服务指挥系统。

（3）明确公用配电变压器过电压情况。

（4）会调阅相关数据。

五、考核及时间要求

（1）本考核操作时间为5分钟，包括报告整理时间，时间到停止考评。

（2）按照给定项目安排操作顺序。

（3）若有补充说明请注明。

技能等级评价专业技能考核操作评分标准

工种	配电运营指挥员					评价等级	高级工
项目模块	基础能力—供电服务运营管控				编号	Jc0001351005	
单位			准考证号			姓名	
考试时限	5分钟		题型	多项操作		题分	100分
成绩		考评员		考评组长		日期	
试题正文	通过供电服务指挥系统调看公用配电变压器过电压情况并派单						
需要说明的问题和要求	（1）要求熟悉供电服务指挥系统，掌握公用配电变压器过电压情况。 （2）正确进行调看操作。 （3）操作结束后，应举手示意，待考评员同意后方可离开考场。 （4）若考生误操作或处置不当，则该考核计0分						

序号	项目名称	质量要求	满分	扣分标准	扣分原因	得分
1	登录系统	说明登录供电服务指挥系统步骤	20	未说明或说明不正确扣20分		
2	通过供电服务指挥系统调看公用配电变压器过电压情况	写出调看公用配电变压器过电压步骤	20	未说明或说明不正确扣20分		
3	调看内容	选出过电压公用配电变压器，填写并派发工单	30	未说明或说明不正确扣10分，未填写或派发不正确扣20分		
4	返回系统主界面	说明返回系统主界面操作步骤	10	未说明或说明不正确扣10分		
5	填写报告	正确填写报告	20	每缺少1步扣2分		
合计			100			

Jc0001351006　通过供电服务指挥系统调看公用配电变压器电压异常情况并派单。（100分）

考核知识点：供电服务指挥系统操作

难易度：易

技能等级评价专业技能考核操作工作任务书

一、任务名称

通过供电服务指挥系统调看公用配电变压器电压异常情况并派单。

二、适用工种

配电运营指挥员高级工。

三、具体任务

通过供电服务指挥系统调看公用配电变压器电压异常情况，按要求正确派发工单。

四、工作规范及要求

（1）熟悉供电服务指挥系统，明确操作范围。

（2）正确使用供电服务指挥系统。

（3）明确公用配电变压器电压异常情况。

（4）会调阅相关数据。

五、考核及时间要求

（1）本考核操作时间为5分钟，包括报告整理时间，时间到停止考评。

（2）按照给定项目安排操作顺序。

（3）若有补充说明请注明。

技能等级评价专业技能考核操作评分标准

<table>
<tr><td>工种</td><td colspan="8">配电运营指挥员</td><td>评价等级</td><td>高级工</td></tr>
<tr><td>项目模块</td><td colspan="7">基础能力—供电服务运营管控</td><td>编号</td><td colspan="2">Jc0001351006</td></tr>
<tr><td>单位</td><td colspan="3"></td><td colspan="2">准考证号</td><td colspan="3"></td><td>姓名</td><td></td></tr>
<tr><td>考试时限</td><td colspan="2">5分钟</td><td colspan="2">题型</td><td colspan="4">多项操作</td><td>题分</td><td>100分</td></tr>
<tr><td>成绩</td><td></td><td>考评员</td><td colspan="2"></td><td colspan="2">考评组长</td><td colspan="2"></td><td>日期</td><td></td></tr>
<tr><td>试题正文</td><td colspan="10">通过供电服务指挥系统调看公用配电变压器电压异常情况并派单</td></tr>
<tr><td>需要说明的问题和要求</td><td colspan="10">（1）要求熟悉供电服务指挥系统，掌握公用配电变压器电压异常情况。
（2）正确进行调看操作。
（3）操作结束后，应举手示意，待考评员同意后方可离开考场。
（4）若考生误操作或处置不当，则该考核计0分</td></tr>
</table>

序号	项目名称	质量要求	满分	扣分标准	扣分原因	得分
1	登录系统	说明登录供电服务指挥系统步骤	20	未说明或说明不正确扣20分		
2	通过供电服务指挥系统调看公用配电变压器电压异常情况	写出调看公用配电变压器电压异常步骤	20	未说明或说明不正确扣20分		
3	调看内容	选出电压异常公用配电变压器，填写并派发工单	30	未说明或说明不正确扣10分，未填写或填写不正确扣20分		
4	返回系统主界面	说明返回系统主界面操作步骤	10	未说明或说明不正确扣10分		
5	填写报告	正确填写报告	20	每缺少1步扣2分		
合计			100			

Jc0001351007　通过供电服务指挥系统调看公用配电变压器功率异常情况并派单。（100分）

考核知识点：供电服务指挥系统操作

难易度：易

技能等级评价专业技能考核操作工作任务书

一、任务名称

通过供电服务指挥系统调看公用配电变压器功率异常情况并派单。

二、适用工种

配电运营指挥员高级工。

三、具体任务

通过供电服务指挥系统调看公用配电变压器功率异常情况，按要求正确派发工单。

四、工作规范及要求

（1）熟悉供电服务指挥系统，明确操作范围。

（2）正确使用供电服务指挥系统。

（3）明确公用配电变压器功率异常情况。

（4）会调阅相关数据。

五、考核及时间要求

（1）本考核操作时间为5分钟，包括报告整理时间，时间到停止考评。

（2）按照给定项目安排操作顺序。

（3）若有补充说明请注明。

技能等级评价专业技能考核操作评分标准

工种	配电运营指挥员					评价等级	高级工
项目模块	基础能力—供电服务运营管控				编号	Jc0001351007	
单位			准考证号			姓名	
考试时限	5分钟		题型	多项操作		题分	100分
成绩		考评员		考评组长		日期	
试题正文	通过供电服务指挥系统调看公用配电变压器功率异常情况并派单						
需要说明的问题和要求	（1）要求熟悉供电服务指挥系统，掌握公用配电变压器功率异常情况。 （2）正确进行调看操作。 （3）操作结束后，应举手示意，待考评员同意后方可离开考场。 （4）若考生误操作或处置不当，则该考核计0分						

序号	项目名称	质量要求	满分	扣分标准	扣分原因	得分
1	登录系统	说明登录供电服务指挥系统步骤	20	未说明或说明不正确扣20分		
2	通过供电服务指挥系统调看公用配电变压器功率异常情况	写出调看公用配电变压器功率异常步骤	20	未说明或说明不正确扣20分		
3	调看内容	选出功率异常公用配电变压器，填写并派发工单	30	未说明或说明不正确扣10分，未填写或派单不正确扣20分		
4	返回系统主界面	说明返回系统主界面操作步骤	10	未说明或说明不正确扣10分		
5	填写报告	正确填写报告	20	每缺少1步扣2分		
合计			100			

Jc0001351008　通过供电服务指挥系统调看公用配电变压器停运情况并派单。（100分）

考核知识点：供电服务指挥系统操作

难易度：易

技能等级评价专业技能考核操作工作任务书

一、任务名称

通过供电服务指挥系统调看公用配电变压器停运情况并派单。

二、适用工种

配电运营指挥员高级工。

三、具体任务

通过供电服务指挥系统调看公用配电变压器停运情况，按要求正确派发工单。

四、工作规范及要求

（1）熟悉供电服务指挥系统，明确操作范围。

（2）正确使用供电服务指挥系统。

（3）明确公用配电变压器停运情况。

（4）会调阅相关数据。

五、考核及时间要求

（1）本考核操作时间为5分钟，包括报告整理时间，时间到停止考评。

（2）按照给定项目安排操作顺序。

（3）若有补充说明请注明。

技能等级评价专业技能考核操作评分标准

工种	配电运营指挥员				评价等级	高级工
项目模块	基础能力—供电服务运营管控			编号	Jc0001351008	
单位		准考证号			姓名	
考试时限	5分钟	题型	多项操作		题分	100分
成绩		考评员		考评组长	日期	
试题正文	通过供电服务指挥系统调看公用配电变压器停运情况并派单					
需要说明的问题和要求	（1）要求熟悉供电服务指挥系统，掌握公用配电变压器停运情况。 （2）正确进行调看操作。 （3）操作结束后，应举手示意，待考评员同意后方可离开考场。 （4）若考生误操作或处置不当，则该考核计0分					

序号	项目名称	质量要求	满分	扣分标准	扣分原因	得分
1	登录系统	说明登录供电服务指挥系统步骤	20	未说明或说明不正确扣20分		
2	通过供电服务指挥系统调看公用配电变压器停运情况	写出调看公用配电变压器停运步骤	20	未说明或说明不正确扣20分		
3	调看内容	选出停运公用配电变压器，填写并派发工单	30	未说明或说明不正确扣10分，未填写或派发不正确扣20分		
4	返回系统主界面	说明返回系统主界面操作步骤	10	未说明或说明不正确扣10分		
5	填写报告	正确填写报告	20	每缺少1步扣2分		
合计			100			

Jc0001351009　通过供电服务指挥系统调看馈线停运情况并派单。（100分）

考核知识点：供电服务指挥系统操作

难易度：易

技能等级评价专业技能考核操作工作任务书

一、任务名称

通过供电服务指挥系统调看馈线停运情况并派单。

二、适用工种

配电运营指挥员高级工。

三、具体任务

通过供电服务指挥系统调看馈线停运情况，按要求正确派发工单。

四、工作规范及要求

（1）熟悉供电服务指挥系统，明确操作范围。

（2）正确使用供电服务指挥系统。

（3）明确馈线停运情况。

（4）会调阅相关数据。

五、考核及时间要求

（1）本考核操作时间为5分钟，包括报告整理时间，时间到停止考评。

（2）按照给定项目安排操作顺序。

（3）若有补充说明请注明。

技能等级评价专业技能考核操作评分标准

工种	配电运营指挥员					评价等级	高级工
项目模块	基础能力—供电服务运营管控				编号	Jc0001351009	
单位			准考证号			姓名	
考试时限	5分钟		题型	多项操作		题分	100分
成绩		考评员		考评组长		日期	
试题正文	通过供电服务指挥系统调看馈线停运情况并派单						
需要说明的问题和要求	（1）要求熟悉供电服务指挥系统，掌握馈线停运情况。 （2）正确进行调看操作。 （3）操作结束后，应举手示意，待考评员同意后方可离开考场。 （4）若考生误操作或处置不当，则该考核计0分						

序号	项目名称	质量要求	满分	扣分标准	扣分原因	得分
1	登录系统	说明登录供电服务指挥系统步骤	20	未说明或说明不正确扣20分		
2	通过供电服务指挥系统调看馈线停运情况	写出调看馈线停运步骤	20	未说明或说明不正确扣20分		
3	调看内容	选出停运馈线，填写并派发工单	30	未说明或说明不正确扣10分，未填写或派发不正确扣20分		
4	返回系统主界面	说明返回系统主界面操作步骤	10	未说明或说明不正确扣10分		
5	填写报告	正确填写报告	20	每缺少1步扣2分		
合计			100			

Jc0001351010 通过供电服务指挥系统调看公用配电变压器设备画像并派单。（100分）

考核知识点：供电服务指挥系统操作

难易度：易

技能等级评价专业技能考核操作工作任务书

一、任务名称

通过供电服务指挥系统调看公用配电变压器设备画像并派单。

二、适用工种

配电运营指挥员高级工。

三、具体任务

通过供电服务指挥系统调看公用配电变压器设备画像，按要求正确派发工单。

四、工作规范及要求

（1）熟悉供电服务指挥系统，明确操作范围。

（2）正确使用供电服务指挥系统。

（3）明确公用配电变压器设备画像情况。

（4）会调阅相关数据。

五、考核及时间要求

（1）本考核操作时间为5分钟，包括报告整理时间，时间到停止考评。

（2）按照给定项目安排操作顺序。

（3）若有补充说明请注明。

技能等级评价专业技能考核操作评分标准

工种	配电运营指挥员				评价等级	高级工
项目模块	基础能力—供电服务运营管控			编号	Jc0001351010	
单位		准考证号			姓名	
考试时限	5分钟	题型	多项操作		题分	100分
成绩		考评员		考评组长	日期	
试题正文	通过供电服务指挥系统调看公用配电变压器设备画像并派单					
需要说明的问题和要求	（1）要求熟悉供电服务指挥系统，掌握公用配电变压器设备画像。 （2）正确进行调看操作。 （3）操作结束后，应举手示意，待考评员同意后方可离开考场。 （4）若考生误操作或处置不当，则该考核计0分					

序号	项目名称	质量要求	满分	扣分标准	扣分原因	得分
1	登录系统	说明登录供电服务指挥系统步骤	20	未说明或说明不正确扣20分		
2	通过供电服务指挥系统调看公用配电变压器设备画像	写出调看公用配电变压器设备画像步骤	20	未说明或说明不正确扣20分		
3	调看内容	选出公用配电变压器设备画像，填写并派发工单	30	未说明或说明不正确扣10分，未填写或派发不正确扣20分		
4	返回系统主界面	说明返回系统主界面操作步骤	10	未说明或说明不正确扣10分		
5	填写报告	正确填写报告	20	每缺少1步扣2分		
	合计		100			

Jc0001351011 通过供电服务指挥系统调看线损情况并派单。(100分)

考核知识点：供电服务指挥系统操作

难易度：易

技能等级评价专业技能考核操作工作任务书

一、任务名称

通过供电服务指挥系统调看线损情况并派单。

二、适用工种

配电运营指挥员高级工。

三、具体任务

通过供电服务指挥系统调看线损情况，按要求正确派发工单。

四、工作规范及要求

（1）熟悉供电服务指挥系统，明确操作范围。

（2）正确使用供电服务指挥系统。

（3）明确线损情况。

（4）会调阅相关数据。

五、考核及时间要求

（1）本考核操作时间为5分钟，包括报告整理时间，时间到停止考评。

（2）按照给定项目安排操作顺序。

（3）若有补充说明请注明。

技能等级评价专业技能考核操作评分标准

工种	配电运营指挥员				评价等级	高级工
项目模块	基础能力—供电服务运营管控			编号	Jc0001351011	
单位		准考证号			姓名	
考试时限	5分钟	题型	多项操作		题分	100分
成绩		考评员		考评组长	日期	
试题正文	通过供电服务指挥系统调看线损情况并派单					
需要说明的问题和要求	（1）要求熟悉供电服务指挥系统，掌握线损情况。 （2）正确进行调看操作。 （3）操作结束后，应举手示意，待考评员同意后方可离开考场。 （4）若考生误操作或处置不当，则该考核计0分					

序号	项目名称	质量要求	满分	扣分标准	扣分原因	得分
1	登录系统	说明登录供电服务指挥系统步骤	20	未说明或说明不正确扣20分		
2	通过供电服务指挥系统调看线损情况	写出调看线损情况步骤	20	未说明或说明不正确扣20分		
3	调看内容	选出线损情况，填写并派发工单	30	未说明或说明不正确扣10分，未填写或派发不正确扣20分		
4	返回系统主界面	说明返回系统主界面操作步骤	10	未说明或说明不正确扣10分		
5	填写报告	正确填写报告	20	每缺少1步扣2分		
合计			100			

Jc0001351012　通过供电服务指挥系统调看智能巡检任务情况并派单。（100分）

考核知识点：供电服务指挥系统操作

难易度：易

技能等级评价专业技能考核操作工作任务书

一、任务名称

通过供电服务指挥系统调看智能巡检任务情况并派单。

二、适用工种

配电运营指挥员高级工。

三、具体任务

通过供电服务指挥系统调看智能巡检任务，按要求正确派发工单。

四、工作规范及要求

（1）熟悉供电服务指挥系统，明确操作范围。

（2）正确使用供电服务指挥系统。

（3）明确智能巡检任务情况。

（4）会调阅相关数据。

五、考核及时间要求

（1）本考核操作时间为5分钟，包括报告整理时间，时间到停止考评。

（2）按照给定项目安排操作顺序。

（3）若有补充说明请注明。

技能等级评价专业技能考核操作评分标准

<table>
<tr><td>工种</td><td colspan="6">配电运营指挥员</td><td>评价等级</td><td colspan="2">高级工</td></tr>
<tr><td>项目模块</td><td colspan="5">基础能力—供电服务运营管控</td><td>编号</td><td colspan="3">Jc0001351012</td></tr>
<tr><td>单位</td><td colspan="3"></td><td>准考证号</td><td colspan="2"></td><td>姓名</td><td colspan="2"></td></tr>
<tr><td>考试时限</td><td colspan="2">5分钟</td><td>题型</td><td colspan="3">多项操作</td><td>题分</td><td colspan="2">100分</td></tr>
<tr><td>成绩</td><td></td><td>考评员</td><td></td><td>考评组长</td><td colspan="2"></td><td>日期</td><td colspan="2"></td></tr>
<tr><td>试题正文</td><td colspan="9">通过供电服务指挥系统调看智能巡检任务情况并派单</td></tr>
<tr><td>需要说明的问题和要求</td><td colspan="9">（1）要求熟悉供电服务指挥系统，掌握智能巡检任务情况。
（2）正确进行调看操作。
（3）操作结束后，应举手示意，待考评员同意后方可离开考场。
（4）若考生误操作或处置不当，则该考核计0分</td></tr>
<tr><td>序号</td><td>项目名称</td><td colspan="2">质量要求</td><td>满分</td><td colspan="3">扣分标准</td><td>扣分原因</td><td>得分</td></tr>
<tr><td>1</td><td>登录系统</td><td colspan="2">说明登录供电服务指挥系统步骤</td><td>20</td><td colspan="3">未说明或说明不正确扣20分</td><td></td><td></td></tr>
<tr><td>2</td><td>通过供电服务指挥系统调看智能巡检任务情况</td><td colspan="2">写出调看智能巡检任务步骤</td><td>20</td><td colspan="3">未说明或说明不正确扣20分</td><td></td><td></td></tr>
<tr><td>3</td><td>调看内容</td><td colspan="2">选出智能巡检任务情况，填写并派发工单</td><td>30</td><td colspan="3">未说明或说明不正确扣10分，未填写或派发不正确扣20分</td><td></td><td></td></tr>
<tr><td>4</td><td>返回系统主界面</td><td colspan="2">说明返回系统主界面操作步骤</td><td>10</td><td colspan="3">未说明或说明不正确扣10分</td><td></td><td></td></tr>
<tr><td>5</td><td>填写报告</td><td colspan="2">正确填写报告</td><td>20</td><td colspan="3">每缺少1步扣2分</td><td></td><td></td></tr>
<tr><td colspan="2">合计</td><td colspan="2"></td><td>100</td><td colspan="3"></td><td></td><td></td></tr>
</table>

Jc0001351013　通过供电服务指挥系统调看缺陷情况并派单。（100分）

考核知识点：供电服务指挥系统操作

难易度：易

技能等级评价专业技能考核操作工作任务书

一、任务名称

通过供电服务指挥系统调看缺陷情况并派单。

二、适用工种

配电运营指挥员高级工。

三、具体任务

通过供电服务指挥系统调看缺陷任务，按要求正确派发工单。

四、工作规范及要求

（1）熟悉供电服务指挥系统，明确操作范围。
（2）正确使用供电服务指挥系统。
（3）明确缺陷情况。
（4）会调阅相关数据。

五、考核及时间要求

（1）本考核操作时间为5分钟，包括报告整理时间，时间到停止考评。
（2）按照给定项目安排操作顺序。
（3）若有补充说明请注明。

技能等级评价专业技能考核操作评分标准

<table>
<tr><td>工种</td><td colspan="5">配电运营指挥员</td><td>评价等级</td><td colspan="2">高级工</td></tr>
<tr><td>项目模块</td><td colspan="4">基础能力—供电服务运营管控</td><td>编号</td><td colspan="3">Jc0001351013</td></tr>
<tr><td>单位</td><td colspan="3"></td><td>准考证号</td><td></td><td>姓名</td><td colspan="2"></td></tr>
<tr><td>考试时限</td><td colspan="2">5分钟</td><td>题型</td><td colspan="2">多项操作</td><td>题分</td><td colspan="2">100分</td></tr>
<tr><td>成绩</td><td></td><td>考评员</td><td></td><td>考评组长</td><td></td><td>日期</td><td colspan="2"></td></tr>
<tr><td>试题正文</td><td colspan="8">通过供电服务指挥系统调看缺陷情况并派单</td></tr>
<tr><td>需要说明的问题和要求</td><td colspan="8">（1）要求熟悉供电服务指挥系统，掌握缺陷情况。
（2）正确进行调看操作。
（3）操作结束后，应举手示意，待考评员同意后方可离开考场。
（4）若考生误操作或处置不当，则该考核计0分</td></tr>
<tr><td>序号</td><td>项目名称</td><td colspan="2">质量要求</td><td>满分</td><td colspan="2">扣分标准</td><td>扣分原因</td><td>得分</td></tr>
<tr><td>1</td><td>登录系统</td><td colspan="2">说明登录供电服务指挥系统步骤</td><td>20</td><td colspan="2">未说明或说明不正确扣20分</td><td></td><td></td></tr>
<tr><td>2</td><td>通过供电服务指挥系统调看缺陷情况</td><td colspan="2">写出调看缺陷步骤</td><td>20</td><td colspan="2">未说明或说明不正确扣20分</td><td></td><td></td></tr>
<tr><td>3</td><td>调看内容</td><td colspan="2">选出缺陷情况，填写并派发工单</td><td>30</td><td colspan="2">未说明或说明不正确扣10分，未填写或派发不正确扣20分</td><td></td><td></td></tr>
<tr><td>4</td><td>返回系统主界面</td><td colspan="2">说明返回系统主界面操作步骤</td><td>10</td><td colspan="2">未说明或说明不正确扣10分</td><td></td><td></td></tr>
<tr><td>5</td><td>填写报告</td><td colspan="2">正确填写报告</td><td>20</td><td colspan="2">每缺少1步扣2分</td><td></td><td></td></tr>
<tr><td colspan="2">合计</td><td colspan="2"></td><td>100</td><td colspan="2"></td><td></td><td></td></tr>
</table>

Jc0001351014　通过供电服务指挥系统调看业扩工单情况并派单。（100分）

考核知识点：供电服务指挥系统操作

难易度：易

技能等级评价专业技能考核操作工作任务书

一、任务名称

通过供电服务指挥系统调看业扩工单情况并派单。

二、适用工种

配电运营指挥员高级工。

三、具体任务

通过供电服务指挥系统调看业扩工单，按要求正确派发工单。

四、工作规范及要求

（1）熟悉供电服务指挥系统，明确操作范围。

（2）正确使用供电服务指挥系统。

（3）明确业扩工单情况。

（4）会调阅相关数据。

五、考核及时间要求

（1）本考核操作时间为 5 分钟，包括报告整理时间，时间到停止考评。

（2）按照给定项目安排操作顺序。

（3）若有补充说明请注明。

技能等级评价专业技能考核操作评分标准

<table>
<tr><td>工种</td><td colspan="5">配电运营指挥员</td><td>评价等级</td><td>高级工</td></tr>
<tr><td>项目模块</td><td colspan="4">基础能力—供电服务运营管控</td><td>编号</td><td colspan="2">Jc0001351014</td></tr>
<tr><td>单位</td><td colspan="2"></td><td>准考证号</td><td colspan="2"></td><td>姓名</td><td></td></tr>
<tr><td>考试时限</td><td>5 分钟</td><td>题型</td><td colspan="3">多项操作</td><td>题分</td><td>100 分</td></tr>
<tr><td>成绩</td><td></td><td>考评员</td><td></td><td>考评组长</td><td></td><td>日期</td><td></td></tr>
<tr><td>试题正文</td><td colspan="7">通过供电服务指挥系统调看业扩工单情况并派单</td></tr>
<tr><td>需要说明的问题和要求</td><td colspan="7">（1）要求熟悉供电服务指挥系统，掌握业扩工单情况。
（2）正确进行调看操作。
（3）操作结束后，应举手示意，待考评员同意后方可离开考场。
（4）若考生误操作或处置不当，则该考核计 0 分</td></tr>
</table>

序号	项目名称	质量要求	满分	扣分标准	扣分原因	得分
1	登录系统	说明登录供电服务指挥系统步骤	20	未说明或说明不正确扣 20 分		
2	通过供电服务指挥系统调看业扩工单情况	写出调看业扩工单步骤	20	未说明或说明不正确扣 20 分		
3	调看内容	选出业扩工单，填写并派发工单	30	未说明或说明不正确扣 10 分，未填写或派发不正确扣 20 分		
4	返回系统主界面	说明返回系统主界面操作步骤	10	未说明或说明不正确扣 10 分		
5	填写报告	正确填写报告	20	每缺少 1 步扣 2 分		
合计			100			

Jc0001351015　通过供电服务指挥系统调看业扩指标情况并派单。（100 分）

考核知识点：供电服务指挥系统操作

难易度：易

技能等级评价专业技能考核操作工作任务书

一、任务名称

通过供电服务指挥系统调看业扩指标情况并派单。

二、适用工种

配电运营指挥员高级工。

三、具体任务

通过供电服务指挥系统调看业扩指标，按要求正确派发工单。

四、工作规范及要求

（1）熟悉供电服务指挥系统，明确操作范围。

（2）正确使用供电服务指挥系统。

（3）明确业扩指标情况。

（4）会调阅相关数据。

五、考核及时间要求

（1）本考核操作时间为 5 分钟，包括报告整理时间，时间到停止考评。

（2）按照给定项目安排操作顺序。

（3）若有补充说明请注明。

技能等级评价专业技能考核操作评分标准

工种	配电运营指挥员					评价等级	高级工	
项目模块	基础能力—供电服务运营管控				编号	Jc0001351015		
单位			准考证号			姓名		
考试时限	5 分钟		题型	多项操作		题分	100 分	
成绩		考评员		考评组长		日期		
试题正文	通过供电服务指挥系统调看业扩指标情况并派单							
需要说明的问题和要求	（1）要求熟悉供电服务指挥系统，掌握业扩指标情况。 （2）正确进行调看操作。 （3）操作结束后，应举手示意，待考评员同意后方可离开考场。 （4）若考生误操作或处置不当，则该考核计 0 分							
序号	项目名称	质量要求	满分	扣分标准	扣分原因	得分		
1	登录系统	说明登录供电服务指挥系统步骤	20	未说明或说明不正确扣 20 分				
2	通过供电服务指挥系统调看业扩指标情况	写出调看业扩指标步骤	20	未说明或说明不正确扣 20 分				
3	调看内容	调看业扩指标，填写并派发工单	30	未说明或说明不正确扣 10 分，未填写或派单不正确扣 20 分				
4	返回系统主界面	说明返回系统主界面操作步骤	10	未说明或说明不正确扣 10 分				
5	填写报告	正确填写报告	20	每缺少 1 步扣 2 分				
合计			100					

Jc0001351016　通过供电服务指挥系统维护 95598 知识库知识点。（100 分）

考核知识点：供电服务指挥系统操作

难易度：易

技能等级评价专业技能考核操作工作任务书

一、任务名称

通过供电服务指挥系统维护95598知识库知识点。

二、适用工种

配电运营指挥员高级工。

三、具体任务

通过供电服务指挥系统调看95598知识库，按要求正确维护知识点。

四、工作规范及要求

（1）熟悉供电服务指挥系统，明确操作范围。

（2）正确使用供电服务指挥系统。

（3）明确95598知识库情况。

（4）会调阅相关数据。

五、考核及时间要求

（1）本考核操作时间为5分钟，包括报告整理时间，时间到停止考评。

（2）按照给定项目安排操作顺序。

（3）若有补充说明请注明。

技能等级评价专业技能考核操作评分标准

工种	配电运营指挥员					评价等级	高级工
项目模块	基础能力—供电服务运营管控				编号	Jc0001351016	
单位			准考证号			姓名	
考试时限	5分钟	题型	单项操作			题分	100分
成绩		考评员		考评组长		日期	
试题正文	通过供电服务指挥系统维护95598知识库知识点						
需要说明的问题和要求	（1）要求熟悉供电服务指挥系统，掌握95598知识库的维护。 （2）正确进行调看操作。 （3）操作结束后，应举手示意，待考评员同意后方可离开考场。 （4）若考生误操作或处置不当，则该考核计0分						

序号	项目名称	质量要求	满分	扣分标准	扣分原因	得分
1	登录系统	说明登录供电服务指挥系统步骤	20	未说明或说明不正确扣20分		
2	通过供电服务指挥系统调看95598知识库	写出维护95598知识库步骤	20	未说明或说明不正确扣20分		
3	调看内容	调看95598知识库，维护知识点	30	未说明或说明不正确扣10分，未维护或维护不正确扣20分		
4	返回系统主界面	说明返回系统主界面操作步骤	10	未说明或说明不正确扣10分		
5	填写报告	正确填写报告	20	每缺少1步扣2分		
合计			100			

Jc0001351017　通过供电服务指挥系统完成重要事项报备。（100分）

考核知识点：供电服务指挥系统操作

难易度：易

技能等级评价专业技能考核操作工作任务书

一、任务名称

通过供电服务指挥系统完成重要事项报备。

二、适用工种

配电运营指挥员高级工。

三、具体任务

通过供电服务指挥系统调看重要事项报备，按要求正确进行重要事项报备。

四、工作规范及要求

（1）熟悉供电服务指挥系统，明确操作范围。

（2）正确使用供电服务指挥系统。

（3）明确重要事项报备。

（4）会调阅相关数据。

五、考核及时间要求

（1）本考核操作时间为5分钟，包括报告整理时间，时间到停止考评。

（2）按照给定项目安排操作顺序。

（3）若有补充说明请注明。

技能等级评价专业技能考核操作评分标准

工种	配电运营指挥员					评价等级	高级工
项目模块	基础能力—供电服务运营管控				编号	Jc0001351017	
单位		准考证号				姓名	
考试时限	5分钟		题型	多项操作		题分	100分
成绩		考评员		考评组长		日期	
试题正文	通过供电服务指挥系统完成重要事项报备						
需要说明的问题和要求	（1）要求熟悉供电服务指挥系统，掌握重要事项报备的使用。 （2）正确进行调看操作。 （3）操作结束后，应举手示意，待考评员同意后方可离开考场。 （4）若考生误操作或处置不当，则该考核计0分						

序号	项目名称	质量要求	满分	扣分标准	扣分原因	得分
1	登录系统	说明登录供电服务指挥系统步骤	20	未说明或说明不正确扣20分		
2	通过供电服务指挥系统调看重要事项报备	写出重要事项报备步骤	20	未说明或说明不正确扣20分		
3	调看内容	调看重要事项报备，进行重要事项报备	30	未说明或说明不正确扣10分，未完成或报备不正确扣20分		
4	返回系统主界面	说明返回系统主界面操作步骤	10	未说明或说明不正确扣10分		
5	填写报告	正确填写报告	20	每缺少1步扣2分		
合计			100			

Jc0001351018 通过供电服务指挥系统调看营业厅视频并派单。（100分）

考核知识点：供电服务指挥系统操作

难易度：易

技能等级评价专业技能考核操作工作任务书

一、任务名称

通过供电服务指挥系统调看营业厅视频并派单。

二、适用工种

配电运营指挥员高级工。

三、具体任务

通过供电服务指挥系统调看营业厅视频，并按要求正确派发工单。

四、工作规范及要求

（1）熟悉供电服务指挥系统，明确操作范围。

（2）正确使用供电服务指挥系统。

（3）明确营业厅视频内容。

（4）会调阅相关数据。

五、考核及时间要求

（1）本考核操作时间为5分钟，包括报告整理时间，时间到停止考评。

（2）按照给定项目安排操作顺序。

（3）若有补充说明请注明。

技能等级评价专业技能考核操作评分标准

工种	配电运营指挥员					评价等级	高级工
项目模块	基础能力—供电服务运营管控				编号	Jc0001351018	
单位			准考证号			姓名	
考试时限	5分钟		题型	多项操作		题分	100分
成绩		考评员		考评组长		日期	
试题正文	通过供电服务指挥系统调看营业厅视频并派单						
需要说明的问题和要求	（1）要求熟悉供电服务指挥系统，掌握营业厅调看的使用。 （2）正确进行调看操作。 （3）操作结束后，应举手示意，待考评员同意后方可离开考场。 （4）若考生误操作或处置不当，则该考核计0分						

序号	项目名称	质量要求	满分	扣分标准	扣分原因	得分
1	登录系统	说明登录供电服务指挥系统步骤	20	未说明或说明不正确扣20分		
2	通过供电服务指挥系统调看营业厅视频	写出调看营业厅视频步骤	20	未说明或说明不正确扣20分		
3	调看内容	调看营业厅视频，填写并派发工单	30	未说明或说明不正确扣10分，未填写或派单不正确扣20分		
4	返回系统主界面	说明返回系统主界面操作步骤	10	未说明或说明不正确扣10分		
5	填写报告	正确填写报告	20	每缺少1步扣2分		
合计			100			

Jc0001351019　通过供电服务指挥系统调看客户用电履约情况并派单。（100分）

考核知识点：供电服务指挥系统操作

难易度：易

技能等级评价专业技能考核操作工作任务书

一、任务名称

通过供电服务指挥系统调看客户用电履约情况并派单。

二、适用工种

配电运营指挥员高级工。

三、具体任务

通过供电服务指挥系统调看客户用电履约情况，并按要求正确派发工单。

四、工作规范及要求

（1）熟悉供电服务指挥系统，明确操作范围。

（2）正确使用供电服务指挥系统。

（3）明确客户用电履约内容。

（4）会调阅相关数据。

五、考核及时间要求

（1）本考核操作时间为5分钟，包括报告整理时间，时间到停止考评。

（2）按照给定项目安排操作顺序。

（3）若有补充说明请注明。

技能等级评价专业技能考核操作评分标准

工种	配电运营指挥员					评价等级	高级工
项目模块	基础能力—供电服务运营管控				编号	Jc0001351019	
单位			准考证号			姓名	
考试时限	5分钟	题型		多项操作		题分	100分
成绩		考评员		考评组长		日期	
试题正文	通过供电服务指挥系统调看客户用电履约情况并派单						
需要说明的问题和要求	（1）要求熟悉供电服务指挥系统，掌握调看客户用电履约的使用。 （2）正确进行调看操作。 （3）操作结束后，应举手示意，待考评员同意后方可离开考场。 （4）若考生误操作或处置不当，则该考核计0分						

序号	项目名称	质量要求	满分	扣分标准	扣分原因	得分
1	登录系统	说明登录供电服务指挥系统步骤	20	未说明或说明不正确扣20分		
2	通过供电服务指挥系统调看客户用电履约情况	写出调看客户用电履约步骤	20	未说明或说明不正确扣20分		
3	调看内容	调看客户用电履约，填写并派发工单	30	未说明或说明不正确扣10分，未填写或派单不正确扣20分		
4	返回系统主界面	说明返回系统主界面操作步骤	10	未说明或说明不正确扣10分		
5	填写报告	正确填写报告	20	每缺少1步扣2分		
合计			100			

Jc0001351020　通过PMS调看公用配电变压器重载情况并派单。（100分）

考核知识点： PMS操作

难易度： 易

技能等级评价专业技能考核操作工作任务书

一、任务名称

通过 PMS 调看公用配电变压器重载情况并派单。

二、适用工种

配电运营指挥员高级工。

三、具体任务

通过 PMS 调看公用配电变压器重载情况，并按要求正确派发工单。

四、工作规范及要求

（1）熟悉 PMS，明确操作范围。

（2）正确使用 PMS。

（3）明确公用配电变压器重载内容。

（4）会调阅相关数据。

五、考核及时间要求

（1）本考核操作时间为 5 分钟，包括报告整理时间，时间到停止考评。

（2）按照给定项目安排操作顺序。

（3）若有补充说明请注明。

技能等级评价专业技能考核操作评分标准

<table>
<tr><td>工种</td><td colspan="5">配电运营指挥员</td><td>评价等级</td><td>高级工</td></tr>
<tr><td>项目模块</td><td colspan="4">基础能力—供电服务运营管控</td><td>编号</td><td colspan="2">Jc0001351020</td></tr>
<tr><td>单位</td><td colspan="2"></td><td>准考证号</td><td colspan="2"></td><td>姓名</td><td></td></tr>
<tr><td>考试时限</td><td colspan="2">5 分钟</td><td>题型</td><td colspan="2">多项操作</td><td>题分</td><td>100 分</td></tr>
<tr><td>成绩</td><td></td><td>考评员</td><td></td><td>考评组长</td><td></td><td>日期</td><td></td></tr>
<tr><td>试题正文</td><td colspan="7">通过 PMS 调看公用配电变压器重载情况并派单</td></tr>
<tr><td>需要说明的问题和要求</td><td colspan="7">（1）要求熟悉 PMS，掌握调看公用配电变压器重载的使用。
（2）正确进行调看操作。
（3）操作结束后，应举手示意，待考评员同意后方可离开考场。
（4）若考生误操作或处置不当，则该考核计 0 分</td></tr>
</table>

序号	项目名称	质量要求	满分	扣分标准	扣分原因	得分
1	登录系统	说明登录 PMS 步骤	20	未说明或说明不正确扣 20 分		
2	通过 PMS 调看公用配电变压器重载情况	写出调看公用配电变压器重载步骤	20	未说明或说明不正确扣 20 分		
3	调看内容	调看重载公用配电变压器，填写并派发工单	30	未说明或说明不正确扣 10 分，未填写或派单不正确扣 20 分		
4	返回系统主界面	说明返回系统主界面操作步骤	10	未说明或说明不正确扣 10 分		
5	填写报告	正确填写报告	20	每缺少 1 步扣 2 分		
合计			100			

Jc0001351021　通过 PMS 调看公用配电变压器过载情况并派单。(100 分)

考核知识点： PMS 操作

难易度： 易

技能等级评价专业技能考核操作工作任务书

一、任务名称

通过 PMS 调看公用配电变压器过载情况并派单。

二、适用工种

配电运营指挥员高级工。

三、具体任务

通过 PMS 调看公用配电变压器过载情况，并按要求正确派发工单。

四、工作规范及要求

（1）熟悉 PMS，明确操作范围。

（2）正确使用 PMS。

（3）明确公用配电变压器过载内容。

（4）会调阅相关数据。

五、考核及时间要求

（1）本考核操作时间为 5 分钟，包括报告整理时间，时间到停止考评。

（2）按照给定项目安排操作顺序。

（3）若有补充说明请注明。

技能等级评价专业技能考核操作评分标准

工种	配电运营指挥员					评价等级	高级工
项目模块	基础能力—供电服务运营管控				编号	Jc0001351021	
单位			准考证号			姓名	
考试时限	5 分钟		题型	多项操作		题分	100 分
成绩		考评员		考评组长		日期	
试题正文	通过 PMS 调看公用配电变压器过载情况并派单						
需要说明的问题和要求	（1）要求熟悉 PMS，掌握调看公用配电变压器过载的使用。 （2）正确进行调看操作。 （3）操作结束后，应举手示意，待考评员同意后方可离开考场。 （4）若考生误操作或处置不当，则该考核计 0 分						

序号	项目名称	质量要求	满分	扣分标准	扣分原因	得分
1	登录系统	说明登录 PMS 步骤	20	未说明或说明不正确扣 20 分		
2	通过 PMS 调看公用配电变压器过载情况	写出调看公用配电变压器过载步骤	20	未说明或说明不正确扣 20 分		
3	调看内容	调看过载公用配电变压器，填写并派发工单	30	未说明或说明不正确扣 10 分，未填写或派发不正确扣 20 分		
4	返回系统主界面	说明返回系统主界面操作步骤	10	未说明或说明不正确扣 10 分		
5	填写报告	正确填写报告	20	每缺少 1 步扣 2 分		
合计			100			

Jc0001351022　通过 PMS 调看公用配电变压器低电压情况并派单。（100 分）

考核知识点：PMS 操作

难易度：易

技能等级评价专业技能考核操作工作任务书

一、任务名称

通过 PMS 调看公用配电变压器低电压情况并派单。

二、适用工种

配电运营指挥员高级工。

三、具体任务

通过 PMS 调看公用配电变压器低电压情况，并按要求正确派发工单。

四、工作规范及要求

（1）熟悉 PMS，明确操作范围。

（2）正确使用 PMS。

（3）明确公用配电变压器低电压内容。

（4）会调阅相关数据。

五、考核及时间要求

（1）本考核操作时间为 5 分钟，包括报告整理时间，时间到停止考评。

（2）按照给定项目安排操作顺序。

（3）若有补充说明请注明。

技能等级评价专业技能考核操作评分标准

工种	配电运营指挥员					评价等级	高级工	
项目模块	基础能力—供电服务运营管控				编号	Jc0001351022		
单位			准考证号			姓名		
考试时限	5 分钟		题型	多项操作		题分	100 分	
成绩		考评员		考评组长		日期		
试题正文	通过 PMS 调看公用配电变压器低电压情况并派单							
需要说明的问题和要求	（1）要求熟悉 PMS，掌握调看公用配电变压器低电压的使用。 （2）正确进行调看操作。 （3）操作结束后，应举手示意，待考评员同意后方可离开考场。 （4）若考生误操作或处置不当，则该考核计 0 分							

序号	项目名称	质量要求	满分	扣分标准	扣分原因	得分
1	登录系统	说明登录 PMS 步骤	20	未说明或说明不正确扣 20 分		
2	通过 PMS 调看公用配电变压器低电压情况	写出调看公用配电变压器低电压步骤	20	未说明或说明不正确扣 20 分		
3	调看内容	调看低电压公用配电变压器，填写并派发工单	30	未说明或说明不正确扣 10 分，未填写或派发不正确扣 20 分		
4	返回系统主界面	说明返回系统主界面操作步骤	10	未说明或说明不正确扣 10 分		
5	填写报告	正确填写报告	20	每缺少 1 步扣 2 分		
合计			100			

Jc0001351023　通过 PMS 调看公用配电变压器三相不平衡情况并派单。（100 分）

考核知识点： PMS 操作

难易度： 易

技能等级评价专业技能考核操作工作任务书

一、任务名称

通过 PMS 调看公用配电变压器三相不平衡情况并派单。

二、适用工种

配电运营指挥员高级工。

三、具体任务

通过 PMS 调看公用配电变压器三相不平衡情况，并按要求正确派发工单。

四、工作规范及要求

（1）熟悉 PMS，明确操作范围。

（2）正确使用 PMS。

（3）明确公用配电变压器三相不平衡内容。

（4）会调阅相关数据。

五、考核及时间要求

（1）本考核操作时间为 5 分钟，包括报告整理时间，时间到停止考评。

（2）按照给定项目安排操作顺序。

（3）若有补充说明请注明。

技能等级评价专业技能考核操作评分标准

工种	配电运营指挥员				评价等级	高级工	
项目模块	基础能力—供电服务运营管控			编号	Jc0001351023		
单位			准考证号		姓名		
考试时限	5 分钟	题型	多项操作		题分	100 分	
成绩		考评员		考评组长		日期	
试题正文	通过 PMS 调看公用配电变压器三相不平衡情况并派单						
需要说明的问题和要求	（1）要求熟悉 PMS，掌握调看公用配电变压器三相不平衡的使用。 （2）正确进行调看操作。 （3）操作结束后，应举手示意，待考评员同意后方可离开考场。 （4）若考生误操作或处置不当，则该考核计 0 分						
序号	项目名称	质量要求	满分	扣分标准	扣分原因	得分	
1	登录系统	说明登录 PMS 步骤	20	未说明或说明不正确扣 20 分			
2	通过 PMS 调看公用配电变压器三相不平衡情况	写出调看公用配电变压器三相不平衡步骤	20	未说明或说明不正确扣 20 分			
3	调看内容	调看三相不平衡公用配电变压器，填写并派发工单	30	未说明或说明不正确扣 10 分，未填写或派发不正确扣 20 分			
4	返回系统主界面	说明返回系统主界面操作步骤	10	未说明或说明不正确扣 10 分			
5	填写报告	正确填写报告	20	每缺少 1 步扣 2 分			
合计			100				

Jc0001351024　通过 PMS 调看公用配电变压器过电压情况并派单。（100 分）

考核知识点： PMS 操作

难易度： 易

技能等级评价专业技能考核操作工作任务书

一、任务名称

通过 PMS 调看公用配电变压器过电压情况并派单。

二、适用工种

配电运营指挥员高级工。

三、具体任务

通过 PMS 调看公用配电变压器过电压情况，并按要求正确派发工单。

四、工作规范及要求

（1）熟悉 PMS，明确操作范围。

（2）正确使用 PMS。

（3）明确公用配电变压器过电压内容。

（4）会调阅相关数据。

五、考核及时间要求

（1）本考核操作时间为 5 分钟，包括报告整理时间，时间到停止考评。

（2）按照给定项目安排操作顺序。

（3）若有补充说明请注明。

技能等级评价专业技能考核操作评分标准

工种	配电运营指挥员					评价等级	高级工
项目模块	基础能力—供电服务运营管控				编号	Jc0001351024	
单位		准考证号				姓名	
考试时限	5 分钟	题型	多项操作			题分	100 分
成绩		考评员		考评组长		日期	
试题正文	通过 PMS 调看公用配电变压器过电压情况并派单						
需要说明的问题和要求	（1）要求熟悉 PMS，掌握调看公用配电变压器过电压的使用。 （2）正确进行调看操作。 （3）操作结束后，应举手示意，待考评员同意后方可离开考场。 （4）若考生误操作或处置不当，则该考核计 0 分						

序号	项目名称	质量要求	满分	扣分标准	扣分原因	得分
1	登录系统	说明登录 PMS 步骤	20	未说明或说明不正确扣 20 分		
2	通过 PMS 调看公用配电变压器过电压情况	写出调看公用配电变压器过电压步骤	20	未说明或说明不正确扣 20 分		
3	调看内容	调看过电压公用配电变压器，填写并派发工单	30	未说明或说明不正确扣 10 分，未填写或派发不正确扣 20 分		
4	返回系统主界面	说明返回系统主界面操作步骤	10	未说明或说明不正确扣 10 分		
5	填写报告	正确填写报告	20	每缺少 1 步扣 2 分		
合计			100			

Jc0001351025　通过 PMS 调看公用配电变压器异常电压情况并派单。（100 分）

考核知识点： PMS 操作

难易度： 易

技能等级评价专业技能考核操作工作任务书

一、任务名称

通过 PMS 调看公用配电变压器异常电压情况并派单。

二、适用工种

配电运营指挥员高级工。

三、具体任务

通过 PMS 调看公用配电变压器异常电压情况，并按要求正确派发工单。

四、工作规范及要求

（1）熟悉 PMS，明确操作范围。

（2）正确使用 PMS。

（3）明确公用配电变压器异常电压内容。

（4）会调阅相关数据。

五、考核及时间要求

（1）本考核操作时间为 5 分钟，包括报告整理时间，时间到停止考评。

（2）按照给定项目安排操作顺序。

（3）若有补充说明请注明。

技能等级评价专业技能考核操作评分标准

<table>
<tr><td>工种</td><td colspan="6">配电运营指挥员</td><td>评价等级</td><td>高级工</td></tr>
<tr><td>项目模块</td><td colspan="5">基础能力—供电服务运营管控</td><td>编号</td><td colspan="2">Jc0001351025</td></tr>
<tr><td>单位</td><td colspan="3"></td><td>准考证号</td><td colspan="2"></td><td>姓名</td><td></td></tr>
<tr><td>考试时限</td><td colspan="2">5 分钟</td><td>题型</td><td colspan="3">多项操作</td><td>题分</td><td>100 分</td></tr>
<tr><td>成绩</td><td></td><td>考评员</td><td></td><td>考评组长</td><td colspan="2"></td><td>日期</td><td></td></tr>
<tr><td>试题正文</td><td colspan="8">通过 PMS 调看公用配电变压器异常电压情况并派单</td></tr>
<tr><td>需要说明的问题和要求</td><td colspan="8">（1）要求熟悉 PMS，掌握调看公用配电变压器异常电压的使用。
（2）正确进行调看操作。
（3）操作结束后，应举手示意，待考评员同意后方可离开考场。
（4）若考生误操作或处置不当，则该考核计 0 分</td></tr>
</table>

序号	项目名称	质量要求	满分	扣分标准	扣分原因	得分
1	登录系统	说明登录 PMS 步骤	20	未说明或说明不正确扣 20 分		
2	通过 PMS 调看公用配电变压器异常电压情况	写出调看公用配电变压器异常电压步骤	20	未说明或说明不正确扣 20 分		
3	调看内容	调看异常电压公用配电变压器，填写并派发工单	30	未说明或说明不正确扣 10 分，未说明或说明不正确扣 20 分		
4	返回系统主界面	说明返回系统主界面操作步骤	10	未说明或说明不正确扣 10 分		
5	填写报告	正确填写报告	20	每缺少 1 步扣 2 分		
合计			100			

电网企业专业技能考核题库

配电运营指挥员

第四部分

技 师

第七章 配电运营指挥员技师技能笔答

Jb0001231001 配电网调度计划执行情况指标主要包括哪些？（5 分）

考核知识点：配电网调度计划执行情况指标

难易度：易

标准答案：

（1）年（月、周）停电计划完成率。

（2）月（周）停电计划执行率。

（3）月（周）临时停电检修率。

（4）停电工作票按时完成率。

Jb0001231002 简述污闪的危害。（5 分）

考核知识点：污闪的危害

难易度：易

标准答案：

污闪往往造成大面积停电，停电时间长，损失大，给工农业生产和人民生活带来严重影响。运行经验表明，系统稳定破坏和发生大面积污闪是电网面临的两大威胁。解决系统稳定问题，并不能防止大面积污闪发生。电网失去稳定往往是偶发因素引起的连锁反应所致，污闪是偶发因素之一。大面积污闪会使局部电网解列甚至崩溃，造成电网的大面积停电。

Jb0004231003 班组技能建设的关键是什么？（5 分）

考核知识点：班组技能建设

难易度：易

标准答案：

（1）完善员工现场、岗位、交流、脱产等培训机构。

（2）加强班组内训师队伍建设。

（3）以职业能力培训规范为标准。

（4）充分利用现场和远程培训资源。

（5）建立学习培训激励约束制度。开展技能比武和岗位能力评价，提高员工学习的积极性。

Jb0004231004 团队协作的重要性有哪些？怎样做到团队协作？（5 分）

考核知识点：团队协作的重要性

难易度：易

标准答案：

（1）团队协作有利于提高企业的整体效能；团队协作有助于企业目标的实现；团队协作是企业创新的巨大动力。

（2）建立和谐关系，创设良好的人际氛围；个体积极参与集体活动，增强团结协作精神。营造你追我赶、力争上游的工作氛围；充分信任同事；充分发挥企业的主导作用。

Jb0004231005　简述沟通在协调中的作用。（5分）

考核知识点：沟通在协调中的作用

难易度：易

标准答案：

（1）沟通可以提高人的思想觉悟，培养人们良好的道德品质，为实现协调创造基本前提。

（2）沟通可以实现对管理目标、管理政策及管理方式方法上的共识，为协调创造直接前提。

（3）沟通可以克服阻力，实现协调。

（4）沟通是管理组织与外部环境相互联系、实现内外协调的前提之一。

Jb0003231006　电网事故即时报告的上报形式和具体要求有哪些？（5分）

考核知识点：电网事故即时报告的上报形式和具体要求

难易度：易

标准答案：

即时报告可以电话、电传、电子邮件、短信等形式上报。五级以上的即时报告事故均应在24h以内以书面形式上报，即时报告后事故出现新情况的，应当及时补报，其简况至少应包括以下内容：

（1）事故发生的时间、地点、单位。

（2）事故发生的简要经过、伤亡人数、直接经济损失的初步估计。

（3）电网停电影响、设备损坏、应用系统故障和网络故障的初步情况。

（4）事故发生原因的初步判断。

Jb0003231007　《国家电网有限公司安全事故调查规程》中所指的安全事故体系包含哪几类事故？分为哪些级别？和国家相关法规中所定义的事故对应关系是什么？（5分）

考核知识点：安全事故体系

难易度：易

标准答案：

（1）《国家电网有限公司安全事故调查规程》安全事故体系由人身、电网、设备和信息系统四类事故组成，分为一至八级事件。

（2）其中一至四级事件对应国家相关法规定义的特别重大事故、重大事故、较大事故和一般事故。

Jb0003231008　人身事故包括哪些等级？（5分）

考核知识点：人身事故等级

难易度：易

标准答案：

（1）特别重大人身事故（一级人身事件）。

（2）重大人身事故（二级人身事件）。

（3）较大人身事故（三级人身事件）。

（4）一般人身事故（四级人身事件）。

（5）五级人身事件。

（6）六级人身事件。

（7）七级人身事件。

（8）八级人身事件。

Jb0003231009 达到什么标准的事故才算是特别重大人身事故、重大人身事故和较大人身事故？（5分）

考核知识点：事故标准

难易度：易

标准答案：

（1）特别重大人身事故（一级人身事件）：一次事故造成30人以上死亡，或者100人以上重伤者。

（2）重大人身事故（二级人身事件）：一次事故造成10人以上30人以下死亡，或者50人以上100人以下重伤者。

（3）较大人身事故（三级人身事件）：一次事故造成3人以上10人以下死亡，或者10人以上50人以下重伤者。

Jb0003231010 事故的责任归类主要包括哪几类？（5分）

考核知识点：事故的责任归类

难易度：易

标准答案：

（1）主要责任，事故发生或扩大主要由一个主体承担责任者。

（2）同等责任，事故发生或扩大由多个主体共同承担责任者。

（3）次要责任，承担事故发生或扩大次要原因的责任者，包括一定责任和连带责任。

Jb0003231011 在事故组织调查过程中，对哪些情况应当从严处理？（5分）

考核知识点：事故组织调查

难易度：易

标准答案：

在事故组织过程中，对下列情况应从严处理：

（1）违章指挥、违章作业、违反劳动纪律造成事故发生的。

（2）事故发生后迟报、漏报、瞒报、谎报或在调查中弄虚作假、隐瞒真相的。

（3）阻挠或无正当理由拒绝事故调查或提供有关情况和资料的。

Jb0003231012 10kV以上电气设备发生哪些恶性电气误操作将被定为五级设备事件？（5分）

考核知识点：五级设备事件

难易度：易

标准答案：

10kV以上电气设备发生下列恶性电气误操作，定为五级设备事件：

（1）带负荷误拉（合）隔离开关。

（2）带电挂（合）接地线（接地开关）。

（3）带接地线（接地开关）合断路器（隔离开关）。

Jb0003231013 所有事故均应分别填写哪些报告（表）？（5分）

考核知识点：事故报告

难易度：易

标准答案：

所有事故均应分别填写以下报告（表）：

（1）人身事故报告。

（2）电网事故报告。

（3）设备事故报告。

（4）信息系统事件报告。

（5）月（年）综合统计表。

Jb0002231014　简述变压器异常运行和常见故障原因。（5分）

考核知识点：变压器异常运行和常见故障

难易度：易

标准答案：

（1）变压器声音异常的原因：① 当启动大容量动力设备时，负载电流变大，使变压器声音加大；② 当变压器过负载时，发出很高且沉重的“嗡嗡”声；③ 当系统短路或接地时，通过很大的短路电流，变压器会产生很大的噪声；④ 当变压器带有晶闸管整流器或电弧炉等设备时，由于有高次谐波产生，变压器声音也会变大。

（2）绝缘套管闪络和爆炸原因：① 套管密封不严进水而使绝缘受潮损坏；② 套管的电容芯子制造不良，使内部游离放电；③ 套管积垢严重或套管上有大的裂纹和碎片。

Jb0001231015　简述剩余电流动作保护装置的作用。（5分）

考核知识点：剩余电流动作保护装置的作用

难易度：易

标准答案：

（1）低压配电系统中装设剩余电流动作保护装置是防止直接接触电击事故和间接接触电击事故的有效措施之一，也是防止电气线路或电气设备接地故障引起电气火灾和电气设备损坏事故的发生的技术措施。

（2）但安装剩余电流动作保护装置后，仍应以预防为主，并应同时采取其他各项防止电击事故和电气设备损坏事故的技术措施。

Jb0001231016　简述分布式电源的特点。（5分）

考核知识点：分布式电源的特点

难易度：易

标准答案：

（1）大多利用可再生能源发电，并采用新型发电技术，清洁环保。

（2）电源容量小，电压等级低，不直接接入输电网，而是接入配电网。

（3）深入负荷中心，与用户供电系统共同组成局域配电网，公共连接点功率可双向流动。

（4）分布式电源既可以降低输配电线路损耗，也可以作为削峰填谷的调节电源，在实行峰谷电价的情况下，既保障电力供应的可靠性，又能减少电费支出。

（5）供电可靠性高，具有一定的抗击自然灾害和人为灾害的能力。在主网发生故障时，依靠分布式电源脱离大电网形成电力“孤岛”，由分布式电源独立为用户供电，保障用户的基本需要。

Jb0001232017　简述电力电缆线路的优缺点。（10分）

考核知识点：电力电缆线路的优缺点

难易度：中

标准答案：

（1）电力电缆线路的优点：

1）不占用地上空间。地下敷设电缆不占用地上空间，一般不受地上建筑物的影响。

2）供电可靠性高。直埋电缆及沟、隧道敷设电缆，不受雷电、风害、鸟害、挂冰、人为故障等外界因素影响。

3）电击可能性小。若电缆线路发生任何故障，由于带电部分在接地屏蔽部分内，只会造成跳闸，不会伤害人畜，比较安全。

4）分布电容较大。电缆的结构相当于一个电容，无功输出非常大。

5）维护工作量少。电缆线路在地下，一般情况下只需定期进行路面观察，防止外损。

（2）电力电缆线路相较于架空线路的缺点：

1）投资费用大。同样的导线截面积，电缆的输送容量比架空线路小，但其综合投资费用为相同输送容量架空线路的几倍。

2）引出分支线路比架空线路难。电缆线路如需分支供电，则需要添加若干设备才能达到分支的目的，如分支箱或 T 形接头等。

3）故障测寻比较困难。电缆线路在地下，故障点无法看到，必须使用专用仪器进行测量。

4）缆头制作工艺要求较高。为保证电缆线路的绝缘强度和密封保护，需要由受过专门训练的技工操作。

Jb0001231018 运行中的隔离开关出现异常应该怎样处理？（5 分）

考核知识点：运行中的隔离开关异常处理

难易度：易

标准答案：

（1）对于隔离开关过热，应设法减少负荷。

（2）隔离开关发热严重时，应以适当的断路器，利用倒母线或以备用断路器倒旁路母线等方式，转移负荷，使其退出运行。

（3）如停用发热隔离开关，可能引起停电并造成损失较大时，应采取带电作业进行抢修。

（4）隔离开关绝缘子外伤严重、绝缘子掉盖、对地击穿、绝缘子爆炸、刀口熔焊等，应按现场规定采取停电或带电作业处理。

（5）其他规程规定中要求的情况。

Jb0002231019 断路器在哪些情况下，不能进行分合闸操作？（5 分）

考核知识点：断路器的分合闸操作

难易度：易

标准答案：

（1）严重漏油，油标管内已无油位。

（2）支柱绝缘子断裂、套管炸裂或绝缘子严重放电。

（3）SF_6 断路器气体压力、液压机构压力、气动机构压力等降低，低于闭锁值，弹簧机构的弹簧信号不能复归等。

（4）连接处因过热变色或烧红。

（5）断路器出现分闸闭锁。

（6）少油断路器灭弧室冒烟，内部有异常音响。

（7）真空断路器真空破坏。

Jb0001231020　简述电力系统负荷调整的目的。（5分）

考核知识点：电力系统负荷调整的目的

难易度：易

标准答案：

（1）节约国家对电力工业的基建投资。

（2）提高发电设备的热效率，减少燃料消耗，降低发电成本。

（3）充分利用水利效率，使之不发生弃水状况。

（4）增加电力系统运行的安全稳定性，提高供电质量。

（5）有利于电力设备的检修工作。

Jb0001231021　电力系统供电电压过低或过高有什么危害？（5分）

考核知识点：电力系统供电电压

难易度：易

标准答案：

当电压过低时，对照明负荷来说，白炽灯的发光效率和光通量都急剧下降，电灯发暗，荧光灯启动困难；对异步电动机来说，电磁转矩显著减小，定子、转子电流增大，电动机过热；电热设备输出热能降低，移相电容器输出无功功率降低，以及输出线路损耗增加等。

当电压过高时，白炽灯寿命将大为缩短，异步电动机、变压器铁芯损耗增加；由于磁路饱和引起电能波形变差等。

Jb0001231022　对隔离开关的基本要求是什么？（5分）

考核知识点：隔离开关的基本要求

难易度：易

标准答案：

（1）有明显的断开点，能清楚地观察其合、分状态。

（2）绝缘稳定可靠，特别是断口绝缘，应保证在各种恶劣的气候条件或电网发生过电压的情况下不能发生绝缘击穿，确保人身和设备的安全。

（3）具有足够的耐受短路电流的动、热稳定度。

（4）与断路器配合使用时，要有机械或电气闭锁，防止误操作。

（5）接地开关也应具有机械或电气闭锁，防止误操作。

Jb0001231023　什么叫电压崩溃？（5分）

考核知识点：电压崩溃

难易度：易

标准答案：

如果电力系统运行电压等于（或低于）临界电压，若扰动使负荷点的电压下降，无功电源将永远小于无功负荷，从而导致电压不断下降，最终到零（如果无功负荷增加很多，电压会迅速下降至零）。这种电压不断下降最终到零的现象称为电压崩溃，或者称为电力系统电压不稳定。

Jb0003231024　在配电线路和设备上工作，保证安全的组织措施有哪些？（5分）

考核知识点：配电线路和设备上工作，保证安全的组织措施

难易度：易

标准答案：

（1）现场勘察制度。

（2）工作票制度。

（3）工作许可制度。

（4）工作监护制度。

（5）工作间断、转移制度。

（6）工作终结制度。

Jb0003231025 若在有分布式电源接入的低压配电网上停电工作，应采取哪些措施防止反送电？（5分）

考核知识点：防止反送电的措施

难易度：易

标准答案：

可采取下列措施之一防止反送电：

（1）接地。

（2）绝缘遮蔽。

（3）在断开点加锁、悬挂标示牌。

Jb0001231026 供电服务指挥中心的建设目标是什么？（5分）

考核知识点：供电服务指挥中心的建设目标

难易度：易

标准答案：

推进营配调资源整合，提高配电网运营质量和效率；促进管控能力提升，加快建设一流现代化配电网；坚持以客户为中心，加快构建现代服务体系。

Jb0001231027 供电服务指挥系统的定位是什么？（5分）

考核知识点：供电服务指挥系统的定位

难易度：易

标准答案：

供电服务指挥系统以提升供电可靠性和客户满意度为目标，基于配电网大数据，利用大数据深度挖掘与人工智能技术，实现配电网的全景展示、透明管控、精准研判、问题诊断、智能决策、协同指挥、过程督办、绩效评估的闭环管理，服务于各专业、各层级配电专业人员。供电服务指挥平台对外是以客户为导向的供电服务统一指挥机构，对内是以可靠供电为中心的配电运营协同指挥平台，在营销、运检、调控的专业指导下，负责开展统一指挥、协调督办、过程管控、监控预警、分析评价等工作，实行 $7\times24h$ 全天候服务管控和服务响应。

Jb0001231028 简述供电服务指挥中心（配电网调控中心）的主要职责。（5分）

考核知识点：供电服务指挥中心（配电网调控中心）的主要职责

难易度：易

标准答案：

供电服务指挥中心（配电网调控中心）作为营配调职能管理部门的支撑机构，主要承担配电网调度控制运行值班、配电运营管控、客户服务指挥、服务质量监督、营配调技术支持等职责及业务。

Jb0001231029　供电服务指挥体系队伍建设的要求是什么？（5分）

考核知识点：供电服务指挥体系队伍建设的要求

难易度：易

标准答案：

抓住纳入配电网调控与新增配电自动化运维业务的契机，突出新形态、新业务下的人才队伍建设，培养专业化复合型人才，研究建立健全团队激励与考核、员工发展等机制，分类制定岗位绩效评价标准，促进人员工作效率和质量的提升。做好业务组织和人员、班组管理，落实各项业务规范和工作标准；完善指挥中心和业务班组相关的规章制度、严格管控服务过程质量，提出绩效考核建议，支撑运检、营销、调控的专业管理。

Jb0001231030　调度指令的定义是什么？（5分）

考核知识点：调度指令的定义

难易度：易

标准答案：

值班调控员必须按照规定发布各种调度指令。调度指令是指值班调控员对现场运维人员发布的必须强制执行的决定，包括值班调控员有权发布的一切正常操作、调整和事故处理的指令。

Jb0001231031　配电网设备带电检测包括哪些内容？带电检测管控的任务是什么？（5分）

考核知识点：配电网设备带电检测

难易度：易

标准答案：

配电网设备带电检测主要包括10kV（20kV）架空线路、配电变压器和柱上开关设备的红外热成像检测；10kV（20kV）环网柜、开关柜的暂态地电压和超声波局部放电检测。

配电网设备带电检测管控是指对配电线路及设备周期带电检测、特殊带电检测的计划完整性、计划执行情况等环节进行检查、督办。

Jb0001231032　配电网集中监控缺陷管理主要内容有哪些？（5分）

考核知识点：配电网集中监控缺陷管理

难易度：易

标准答案：

配电网集中监控缺陷管理主要内容有：

（1）应加强对监控范围内设备的缺陷管理，通过监控系统告警信息分析判断，及时发现设备缺陷并发起缺陷管理流程。

（2）应定期对监控运行中发现的缺陷情况进行跟踪、统计、分析和督办，对于严重影响设备监控的缺陷有权将该缺陷等级提高，并督促检修单位加快消缺进度。

（3）对于集中监控发现的缺陷，除开展消缺进度跟踪外，还应定期将消缺情况进行通报，定期组织缺陷分析会议。

（4）应根据设备集中监控运行业务需求和信息规范化管理的要求，加强对频发、无效监控信息的优化管理，及时总结监控运行经验，采取筛选、归并、延时等措施，提高监控信息质量。

Jb0001231033　什么是配电自动化严重缺陷？主要包括哪些？（5分）

考核知识点：配电自动化严重缺陷

难易度： 易

标准答案：

配电自动化严重缺陷是指对设备功能、使用寿命及系统正常运行有一定影响或可能发展成为危急缺陷，但允许其带缺陷继续运行或动态跟踪一段时间，必须限期安排进行处理的缺陷。主要包括：

（1）配电主站重要功能失效或异常。

（2）遥控拒动等异常。

（3）对调度员监控、判断有影响的重要遥测量、遥信量故障。

（4）配电主站核心设备（数据服务器、SCADA 服务器、前置服务器、GPS 天文时钟）单机停用、单网运行、单电源运行。

Jb0003233034　配电网应急预案及演练工作机制的主要内容有哪些？（8 分）

考核知识点： 配电网应急预案及演练工作机制的主要内容

难易度： 难

标准答案：

配电网应急预案及演练工作机制的主要内容包括：

（1）按照应急工作规范，成立由主要负责人组成的应急组织机构，协同参与处置因外力、恶劣气候等对电网影响较大事件，并在必要时增派人员给以支援。

（2）根据总体应急预案原则，制订调控运行突发事件处置应急工作预案及现场处置方案报安监部门备案。

（3）及时组织修订调度管辖范围内各变电站和配电站（所）全停应急预案并进行滚动修改，督促各并网电厂定期将预案上报备案，应急预案中受条件限制不能落实的措施应及时报安监部门备案。

（4）当应急指挥中心启动应急指令或调度管辖范围内配电网、自动化系统出现严重故障时，调控机构应启动应急处置预案，并按照相关规定向上级调度和应急领导小组报告。当应急结束时，应及时报告，并执行解除应急状态的指令。

（5）应建立健全备调管理相关制度、工作机制和应急预案，确保主、备调技术支持系统保持同步运行、信息一致，储备必要的备品备件并定期测试，技术资料及时更新。加强人员培训和切换演练，在主调失效的突发情况下，应采取一切可能的措施，尽快启动备调，恢复对配电网的调度指挥。

（6）每月组织开展反事故演习、技术培训，定期组织相关专业人员、厂站运行人员进行应急演练。每年结合大面积停电等突发事件演练，组织开展“无脚本”联合反事故演习，并网电厂应按要求参加演习。演习后应及时进行分析和总结，进一步强化并提高突发事件应急处置能力。

（7）根据重要活动保供电要求，制订和调整保供电期间配电网运行方式，编制相应的调度应急处置预案。保供电期间发生电力故障，在保供电领导小组的指挥下，开展应急处置。

（8）依托技术支撑手段，及时更新各类应急信息，定时编制配电网调度应急信息报告，提高应急信息报送效率。

Jb0001231035　配电网停电检修计划应如何统筹考虑？（5 分）

考核知识点： 配电网停电检修计划

难易度： 易

标准答案：

配电网停电检修计划应统筹考虑配电网中低压工程、检修、市政改迁、营销系统及客户侧工作，协调好输变配电设备以及二次设备之间的停电工作，最大限度减少重复停电。低电压等级设备停电、启动计划服从高电压等级设备停电、启动计划；下级调度管辖设备停电、启动计划服从上级调度管辖设备停电、启动计划。

Jb0001231036　配电网停电检修的配额管控是什么？（5分）

考核知识点：配电网停电检修的配额管控

难易度：易

标准答案：

配电网停电检修计划实行年度配额管控。省公司每年1月中旬下发各单位年度内每月城市、农村停电时户数限额，省公司层面对停电时户数实行季度管控，市县公司层面实行月度管控。

Jb0001231037　停电计划管控机制是什么？（5分）

考核知识点：停电计划管控机制

难易度：易

标准答案：

各单位建立基于供电可靠性、市县一体的配电网停电检修计划分级管控机制，优化停电检修计划提报、执行、监督流程，将供电可靠性贯穿到配电网停电检修计划的全过程管控。市公司供电服务指挥中心（配电网调控中心）、县公司电力调度控制分中心按照月度城市、农村停电时户数限额，统筹预安排停电检修计划，每周、月对停电检修计划进行过程监控，对计划调整情况和供电可靠性（停电时户数）完成情况进行统计分析，实行时户数动态跟踪预控。

Jb0001231038　配电自动化系统运行指标的基本要求是什么？（5分）

考核知识点：配电自动化系统运行指标的基本要求

难易度：易

标准答案：

（1）配电主站月平均运行率不小于99%。

（2）配电终端月平均在线率大于95%。

（3）遥控使用率大于90%。

（4）遥控成功率大于98%。

（5）遥信动作正确率大于95%。

Jb0001231039　对线路强送电时应考虑哪些因素？（5分）

考核知识点：线路强送电

难易度：易

标准答案：

（1）首先要考虑可能有永久性故障存在而稳定。

（2）正确选择线路强送端，一般应远离稳定的线路厂、站母线，必要时可改变接线方式后再强送电，要考虑对电网稳定的影响等因素。

（3）强送端母线上必须有中性点直接接地的变压器。

（4）强送时要注意对邻近线路暂态稳定的影响，必要时可先降低其输送电力后再进行强送电。

（5）线路跳闸或重合闸不成功的同时，伴有明显系统振荡时，不应马上强送，需检查并消除振荡后再考虑是否强送电。

Jb0001232040　哪些情况线路跳闸后，不宜强送电？（5分）

考核知识点： 线路跳闸后不宜强送电的情况

难易度： 中

标准答案：

下列情况线路跳闸后，不宜强送电：

（1）空充电线路。

（2）试运行线路。

（3）线路跳闸后，经备用电源自动投入已将负荷转移到其他线路上，不影响供电。

（4）电缆线路。

（5）有带电作业工作并申明不能强送电的线路。

（6）线路变压器组断路器跳闸，重合不成功。

（7）运行人员已发现明显故障现象。

（8）线路断路器有缺陷或遮断容量不足的线路。

（9）已掌握有严重缺陷（水淹、杆塔严重倾斜、导线严重断股等）的线路。

除上述情况外，线路跳闸，重合闸动作，重合不成功，按规程规定或请示总工程师批准可进行强送电一次，必要时经总工程师批准可多于一次。强送电不成功，有条件的可以对线路零起升压。

Jb0003231041　事故处理的一般原则有哪些？（5 分）

考核知识点： 事故处理的一般原则

难易度： 易

标准答案：

事故处理的一般原则：

（1）尽快限制事故发展，消除事故的根源，解除对人身和设备安全的威胁。

（2）根据系统条件尽可能保持设备继续运行，用一切可能的方法保持完好设备继续运行，以保证对客户（尤其是重要客户）正常供电。

（3）尽快对已停电的客户恢复送电，对重要客户应优先恢复供电。

（4）调整系统运行方式，使其恢复正常。

Jb0001231042　小接地电流系统单相接地时，对故障线路的零序电流的定义是什么？（5 分）

考核知识点： 故障线路的零序电流的定义

难易度： 易

标准答案：

产生零序电流为容性电流，大小决定于电网电压和对地电容，通过故障点的零序电流等于非故障线路对地电容电流之和，通过非故障相线路的零序电流为本线路对地电容电流。

Jb0002231043　简述隔离开关的操作范围。（5 分）

考核知识点： 隔离开关的操作范围

难易度： 易

标准答案：

（1）在无接地故障时，拉开或合上电压互感器。

（2）在无雷击时拉开或合上避雷器。

（3）拉开或合上 220kV 及以下空载母线或旁路母线。

（4）在无接地故障时，拉开或合上变压器中性点或消弧线圈。

（5）在本变电站的解合环操作（但此时必须确认断路器三相完全接通，且必须将环路中断路器改为非自动）。

（6）可以拉合充电电流在 5A 以下的空载线路。

Jb0002231044　接收的调度指令不正确应如何处理？（5 分）

考核知识点：调度指令

难易度：易

标准答案：

若认为接收的调度指令不正确，应立即向上级调度员提出意见，如上级调控员重复其调度指令，下级调控机构的调控员或厂站值班员应按调度指令要求执行；如执行该调度指令确实将威胁人员、设备或电网的安全时，下级调控机构的调度员或厂站值班员可以拒绝执行，并将拒绝执行的理由及修改建议报上级调度员。

Jb0002231045　电力系统发生事故时，各单位的运行人员在上级值班调控员的指挥下处理事故，应如何处理？（5 分）

考核知识点：调度指令处理

难易度：易

标准答案：

（1）尽速限制事故的发展，消除事故的根源并解除对人身和设备安全的威胁，防止系统稳定破坏或瓦解。

（2）用一切可能的方法保持设备继续运行，首先保证发电厂及枢纽变电站的自用电源。

（3）尽快对已停电的用户，特别是重要用户保安电源恢复供电。

（4）调整系统运行方式，使其恢复正常。

Jb0001231046　FTU 是指什么？有什么功能？现场柱上开关安装的自动化终端设备由什么单位运维和调管？（5 分）

考核知识点：FTU 的定义及功能

难易度：易

标准答案：

FTU 是指安装于中压配电网现场的各种远方监测、控制单元的总称。

FTU 具有遥控、遥测、遥信、故障检测功能，并与配电自动化主站通信，提供配电系统运行情况和各种参数及监测控制所需信息，包括开关状态、电能参数、相间故障、接地故障以及故障时的参数，并执行配电主站下发的命令，对配电设备进行调节和控制，实现故障定位、故障隔离和非故障区域快速恢复供电等功能。

现场柱上开关设备安装的自动化终端设备，由各县公司运维，由供电服务指挥中心配电网调控班进行调管。

Jb0001231047　配电网年度运行方式编制原则是什么？（5 分）

考核知识点：配电网年度运行方式编制原则

难易度：易

标准答案：

配电网年度运行方式编制应以保障电网安全、优质、经济运行为前提，充分考虑电网、客户、电源等多方因素，以计算校核结果为数据基础，对配电网上一年度运行情况进行总结，对下一年度配电网运行方式进行分析并提出措施和建议，从而保证配电网年度运行方式的科学性、合理性和前瞻性。

Jb0001232048　故障报修类型分为哪几类？具体是指什么？（10 分）

考核知识点：故障报修类型

难易度：中

标准答案：

故障报修类型分为高压故障、低压故障、电能质量故障、客户内部故障、非电力故障、计量故障和充电设施故障七类。

（1）高压故障是指电力系统中高压电气设备（电压等级在 1kV 以上者）的故障，主要包括高压线路、高压变电设备故障等。

（2）低压故障是指电力系统中低压电气设备（电压等级在 1kV 及以下者）的故障，主要包括低压线路、进户装置、低压公共设备等。

（3）电能质量故障是指由于供电电压、频率等方面问题导致用电设备故障或无法正常工作，主要包括供电电压、频率存在偏差或波动、谐波等。

（4）客户内部故障指产权分界点客户侧的电力设施故障。

（5）非电力故障是指供电企业产权的供电设施损坏但暂时不影响运行、非供电企业产权的电力设备设施发生故障、非电力设施发生故障等情况，主要包括客户误报、非供电企业电力设施故障、通信设施故障等。

（6）计量故障是指计量设备、用电采集设备故障，主要包括高压计量设备、低压计量设备、用电信息采集设备故障等。

（7）充电设施故障是指充电设施无法正常使用或存在安全隐患等情况，主要包括充电桩故障、设备损坏等。

Jb0001232049　服务质量监督的主要内容和工作要求是什么？（5 分）

考核知识点：服务质量监督的主要内容和工作要求

难易度：中

标准答案：

服务质量监督可分为两部分：一是加强服务过程管控，建立专业协同，闭环管控机制，强化供电服务过程中规范执行、协同处理、服务质量、数据质量、典型差错和信息安全等过程指标的监测、监督、预警，编制分析报告，反馈专业部门，督促专业整改，不断规范服务行为，提高客户满意度。开展营业厅视频监控和预警，提高实时服务风险防范水平。加强业扩服务时限达标率、95598 工单处理及时率、客户服务满意率、停电信息发布及时率、停电信息分析到户率、停电计划执行准确率、抢修到达现场及时率等供电服务关键指标走势分析，及时预警和督办，提升服务过程管控水平。二是加强客户服务支撑。加强中心在现代服务体系中连接“强前端”与“大后台”的枢纽作用，建立“国家电网公司客服中心—供电服务指挥中心”停电信息管理模式，负责推送生产类停电分析到户和营销类停电信息，支撑国家电网公司客服中心业务受理。全面推广结构化停电信息点对点推送到户工作，对内及时掌握沟通停电信息，对外充分利用“网上国网”App、短信或微信公众号等方式，提升停电信息发布效率及公信力。全面推进欠费停、复电状态监控，确保客户及时复电，提升用电满意度。依托物联网和移动 App 等智能化手段，拓展线上多方互动渠道，加强办电过程、用电诉求和停电抢修等服务过程信息主动通知，强化服务过程管控，提升客户服务体验。

Jb0001232050　95598“最终答复”适用于哪些情况？（5分）

考核知识点：95598“最终答复”适用情况

难易度：中

标准答案：

（1）因触电、电力施工、电力设施安全隐患等引发的伤残或死亡事件，供电企业确已按相关规定答复处理，但客户诉求仍超出国家有关规定的。

（2）因醉酒、精神异常、限制民事行为能力的人提出无理要求，供电企业确已按相关规定答复处理，但客户诉求仍超出国家有关规定的。

（3）因青苗赔偿（含占地赔偿、线下树苗砍伐）、停电损失、家电赔偿、建筑物（构筑物）损坏引发经济纠纷，或充电过程中引发的车辆及财务赔偿，供电企业确已按相关规定处理，但客户诉求仍超出国家有关规定的。

（4）因供电企业电力设施（如杆塔、线路、变压器、计量装置、分支箱、充电桩等）的安装位置、安全距离、噪声、计量装置校验结果和电磁辐射引发纠纷，非供电公司产权设备引发纠纷，供电企业确已按相关规定答复处理，但客户诉求仍超出国家或行业有关规定的。

Jb0001232051　供电可靠性主要指标有哪些？（5分）

考核知识点：供电可靠性主要指标

难易度：中

标准答案：

（1）系统平均停电时间：供电系统用户在统计期间内的平均停电小时数，记作 SAIDI-1（h/户）。

（2）平均供电可靠率：在统计期间内，对用户有效供电时间小时数与统计期间小时数的比值，记作 ASAI-1（%）。

（3）系统平均停电频率：供电系统用户在统计期间内的平均停电次数，记作 SAIFI-1（次/户）。

（4）系统平均短时停电频率：供电系统用户在统计期间内的平均短时停电次数，记作 MAIFI（次/户）。

（5）平均系统等效停电时间：在统计期间内，因系统对用户停电的影响折（等效）成全系统（全部用户）停电的等效小时数，记作 ASIDI（h）。

（6）平均系统等效停电频率：在统计期间内，因系统对用户停电的影响折（等效）成全系统（全部用户）停电的等效次数，记作 ASIFI（次）。

Jb0004231052　为什么要加强班组创新？如何实现班组创新？（5分）

考核知识点：班组创新

难易度：易

标准答案：

（1）创新是企业发展的永恒动力。在班组中广泛开展职工技术创新活动，既能拥有最广泛的群众基础，又能调动好、发挥好、保护好一线职工的创造热情，更好地促进职工广泛深入地参与公司改革发展，实现职工与公司共同发展。

（2）以“五小”、QC、技术攻关等群众性技术创新活动为载体，广泛开展班组技术创新活动。完善职工技术创新成果评价、奖励、保护、应用等闭环管理，营造鼓励创新的良好氛围，激发班组创新活力。突出劳模示范引领作用，坚持“全员全面、实际实用、共建共享、创新创优、成长成才”的思路，实现创新创效。

Jb0003232053 班组安全管理有哪些内容？（5分）

考核知识点：班组安全管理

难易度：中

标准答案：

（1）班组认真贯彻“安全第一、预防为主”的方针，按照公司颁发的安全生产工作规定的要求，全面落实安全责任制。

（2）根据安监部门规定，组织职工参加每年一次电力安全工作规程培训和心肺复苏培训，考试合格后方可上岗工作。特种作业人员必须经过专门培训，考试合格后，持证上岗。

（3）班组要坚持每天召开班前会，班前会上布置生产任务的同时要交代安全工作。

（4）生产性班组每周组织一次安全日活动，非生产性班组每月组织一次安全日活动，每次活动不得少于2h，并做好记录。

（5）运行、检修、基建班组，要结合季节特点和发生事故的规律每年必须进行季节性安全生产大检查，其他班组要根据情况进行定期和不定期的安全检查，查思想、查规程、查工器具、查隐患、查薄弱环节。

（6）生产班组严格执行“两票（工作票、操作票）三制（交接班制度、巡回检查制度、设备定期试验轮换制度）”和设备缺陷管理等保证电力生产安全的基本制度，做到严肃、认真、准确、及时，达到标准化、规范化的要求。

（7）安全工器具的管理、检查试验和使用等，应符合规程规定和有关要求，禁止使用不合格工器具。压力容器要定期检查、试验，符合要求。

（8）班组要协助领导和有关部门组织事故调查，对事故坚持“四不放过”原则。

Jb0004231054 电力应用文的学习和运用有什么意义？简述公文处理的原则。（5分）

考核知识点：电力应用文

难易度：易

标准答案：

（1）培养协作能力，提高业务素质；开发智力资源，造就创造型人才；促进理论与实践相结合，学以致用。

（2）公文处理应坚持实事求是、精简、高效的原则，做到及时、准确、安全；公文处理必须严格执行国家保密法律、法规和其他有关规定，确保国家秘密的安全。

Jb0004231055 如何提高沟通协调能力？（5分）

考核知识点：沟通协调能力的提高

难易度：易

标准答案：

（1）积极沟通。重视且乐于沟通，愿意与人建立联系。

（2）换位思考。能够打破自我心中的思维模式，尝试从对方的角度和立场考虑问题，体察对方感受，促进互相理解。

（3）及时反馈。重视信息的分享，用心倾听各方的意见，并根据实际情况及时做出调整和回应。

（4）机制保证。能够有意识地在组织中搭建沟通平台，通过机制建设确保沟通渠道的顺畅。

Jb0002232056 简述10kV高压跌开式熔断器常见故障。（5分）

考核知识点：10kV高压跌开式熔断器常见的故障

难易度：中

标准答案：

（1）前抱箍螺栓与跌开式熔断器横担的连接点。跌开式熔断器运行时间过长时，螺栓很容易锈死，当需要更换时，很难拆下，往往要用钢锯把螺栓锯断。这种做法将导致通电时间较长，易造成用户投诉。

（2）支柱。由于运行时间长，瓷质老化，如果检修人员在进行拉合熔管操作时用力过猛，则会将支柱颈部推（拉）断，造成损坏。

（3）上动触点或拉合刀片。检修人员在线路带负荷拉合熔断器熔管时，产生的电弧对于RW3-10G型户外跌开式熔断器而言，容易把上动触点烧坏；对于 RW10-10F/100A 型熔断器而言，其拉合刀片较易被电弧灼伤损坏。

（4）熔管。在线路长期过负荷或经常出现故障时，由于熔管熔丝配置不合理，高于线路额定电流的情况下熔丝不易熔断，易造成熔管发热，导致熔管烧毁。此外，由于熔管两端铜帽的止定螺钉松动，其中一端的铜帽下滑，致使铜帽两端间距缩小，鸭嘴罩与上动触点接触不牢，被风吹时使熔管脱落。

（5）灭弧罩。RE10-10F/100A 型熔断器是带有灭弧室的一种常用的线路控制设备。在紧急情况下需要断开线路电源时，强烈的电弧可在灭弧室内熄灭，不至于因拉弧而造成弧光短路或接地等事故。但是，如果频繁地操作或刀片长期接触不良，灭弧罩就较易烧毁。

Jb0001231057　监控特殊巡视包括哪些内容？（5分）

考核知识点：监控特殊巡视的内容

难易度：易

标准答案：

（1）设备有严重、危机缺陷或设备重载、过载运行时。

（2）在特殊运行方式下或特殊恶劣天气时。

（3）重点时期及有重要保电任务时。

Jb0001231058　调度员在哪些情况下，不得交接班？（5分）

考核知识点：调度交接班

难易度：易

标准答案：

（1）交接班人员未到齐。

（2）事故处理及倒闸操作未告一段落时。

（3）记录、报表填写不完全或交代不清楚时。

（4）交接班时发生事故，应立即中止交接班，并由交班调控员进行事故处理。接班调控员可按交班调控员的要求协助处理事故。

（5）不到交接班时间。

Jb0001231059　配电自动化系统危急缺陷有哪些？（5分）

考核知识点：配电自动化系统危急缺陷

难易度：易

标准答案：

配电自动化系统危急缺陷有以下几点：

（1）配电主站故障停用或主要监控功能失效。

（2）调度台全部监控工作站故障停用。
（3）配电主站专用 UPS 故障。
（4）配电通信系统主站侧设备故障，引起大面积开关站通信中断。
（5）配电通信系统变电站侧通信节点故障，引起系统区片中断。

Jb0001231060　配电网中架空线路的“环网式”接线形式有何特点？典型结构有哪些？（5 分）
考核知识点：配电网中架空线路的“环网式”接线形式的特点及典型结构
难易度：易
标准答案：
架空线路“环网式”接线形式的特点：结构清晰，运行较为灵活，可靠性较高，具有一定的负荷转移功能。正常运行时，每条线路最大负荷一般为该线路允许载流量的 1/2，线路投资将比单电源“放射式”接线有所增加。主要适用于电网建设阶段架空线路网络接线模式，具有一定的供电可靠性。

Jb0001231061　配电网中电缆线路的“环网式”接线形式有何特点？典型结构有哪些？（5 分）
考核知识点：配电网中电缆线路的“环网式”接线形式的特点及典型结构
难易度：易
标准答案：
电缆线路“环网式”接线形式的特点：结构清晰，接线方式灵活，适应性强，供电可靠性较高，便于配电网分区分片，形成明确的供电分区，并且能满足双电源用户的供电需求。主要适用于城市核心区、繁华地区，负荷密度发展到相对较高水平且存在较多双电源客户的区域。

Jb0001231062　什么是配电环网单元？有何用途？（5 分）
考核知识点：配电环网单元定义及用途
难易度：易
标准答案：
环网单元也称环网柜或开闭器，用于中压电缆线路分段、联络及分接负荷。设备选用气体绝缘环网柜（共箱式）和固体绝缘环网柜。适用于电缆走廊紧张区域公用配电站和小容量 10kV 供电客户的前置环网，以减少多回路放射电缆，节约路径资源和电缆工程投资。适宜地势狭小、选址困难区域。

Jb0001231063　什么是开关站？有何用途？（5 分）
考核知识点：开关站的定义及用途
难易度：易
标准答案：
开关站又称开闭所，是城市配电网的重要组成部分。它的主要作用是加强配电网的联络控制，提高配电网供电的灵活性和可靠性，是电缆线路的联络和支线节点，同时还具备变电站母线的延伸作用。在不改变电压等级的情况下，对电能进行二次分配，为周围的用户提供供电电源。

Jb0001231064　什么是电缆分支箱？有何用途？（5 分）
考核知识点：电缆分支箱的定义和用途
难易度：易
标准答案：
电缆分支箱是配电线路中电缆与电缆，电缆与其他电气设备连接的中间部分，其连接组合方式简单方便、灵活，具有全绝缘、全封闭、防腐蚀、免维护、安全可靠性等性能，广泛用于商业中心、工业园区、城市住宅小区。

随着配电网电缆化进程的发展，当容量不大的独立负荷分布较集中时，可使用电缆分支箱进行电缆多分支的连接。

Jb0001231065　什么是配电室？有何用途？（5分）

考核知识点：配电室的定义和用途

难易度：易

标准答案：

配电室主要为低压用户配送电能，设有中压进线（可有少量出线）、配电变压器和低压配电装置，带有低压负荷的户内配电场所。配电室是最后一级变压场所，通常将电网电压从10kV（20kV）降低到400V，为局部供应电力。

Jb0001232066　配电网开关站的电气主接线方式有哪几种？其优缺点及适用范围分别是什么？（5分）

考核知识点：配电网开关站的电气主接线方式

难易度：中

标准答案：

开关站的电气主接线方式可分为单母线接线、单母线分段联络接线和单母线分段不联络接线三种。

（1）单母线接线的优点是接线简单清晰、规模小、投资少；缺点是不够灵活可靠，母线或进线开关故障或检修时，均可能造成整个开关站停电。一般适用于线路分段、环网，或为单电源用户设置的开关站。

（2）单母线分段联络接线的优点是任一路电源检修或故障时，都不会对用户停电，运行方式灵活，供电可靠性高，在一个开关站内可为重要用户提供双电源；缺点是母线联络需占用两个间隔的位置，增加了开关站的投资，在转移负荷时，系统运行方式变得相对复杂一些。一般适用于为重要用户提供双电源、供电可靠性要求较高的开关站。

（3）单母线分段不联络接线的优点是供电可靠性较高，在一个开关站内可为重要用户提供双电源；缺点是系统运行方式的灵活性不够。一般适用于为重要用户提供双电源、供电可靠性要求较高的开关站。

Jb0001231067　中性点接地方式有几种？什么叫大、小接地电流系统？（5分）

考核知识点：中性点接地方式

难易度：易

标准答案：

我国电力系统中性点接地方式主要有两种，即中性点直接接地方式（包括中性点经小电阻接地方式）和中性点不接地方式（包括中性点经消弧线圈接地方式）。

中性点直接接地系统（包括中性点经小电阻接地系统），发生单相接地故障时，接地短路电流很大，这种系统称为大接地电流系统。中性点不接地系统（包括中性点经消弧线圈接地系统），发生单相接地故障时，由于不构成短路回路，接地故障电流往往比负荷电流小得多，故称其为小接地电流系统。

Jb0001231068 为什么要核相？哪些情况下要核相？（5分）

考核知识点： 核相

难易度： 易

标准答案：

（1）若相位或相序不同的交流电源并列或合环，将会产生较大的电流，从而造成发电机或电气设备损坏，因此需要核相。

（2）新设备或检修后相位可能变动的设备，投入运行时，应校验相序相同后才能同期并列。校核相位相同后，才能进行合环操作。

Jb0001231069 什么是分布式光伏发电？（5分）

考核知识点： 分布式光伏发电

难易度： 易

标准答案：

分布式光伏发电，是指采用光伏组件，将太阳能直接转换为电能的分布式发电系统。它是一种新型的、具有广阔发展前景的发电和能源综合利用方式，它倡导就近发电、就近并网、就近转换、就近使用的原则，不仅能够有效提高同等规模光伏电站的发电量，同时还有效地解决了电力在升压及长距离输送中的损耗问题。

Jb0001231070 对接入分布式电源的10kV配电网运行维护有哪些要求？（5分）

考核知识点： 接入分布式电源的10kV配电网运行维护的要求

难易度： 易

标准答案：

（1）调度运行管理按照电源性质实行。

（2）系统侧设备消缺、检修优先采用不停电作业方式。

（3）系统侧设备检修工作结束后，分布式电源用户应按次序逐一并网。

Jb0001231071 值班调控员应熟练掌握哪些内容？（5分）

考核知识点： 值班调控员应熟练掌握的内容

难易度： 易

标准答案：

（1）《国家电网公司电力安全工作规程》，上级和本公司的调控规程，以及其他有关规程、规定、制度、指示、通知等。

（2）管辖电网的一次接线方式、主要设备的结构原理、运行特性和规范。

（3）管辖电网的继电保护和安全自动装置的基本原理、配置及运行情况。

（4）当年超负荷限电序位表和事故限电序位表。

（5）调控通信、自动化及各种办公设备的使用方法。

（6）调控术语及操作术语。

（7）主要调控业务联系对象的姓名及联系方式。

Jb0001231072 当有关领导发布调控业务相关指示时，应注意有哪些具体要求？（5分）

考核知识点： 发布调控业务相关指示时的注意要求

难易度： 易

标准答案：

各级调控机构的值班调控员在值班期间是电网运行、操作及事故处理的指挥人员，按照调度管辖范围行使调度权，对调度管辖范围内的运行值班人员发布调度指令，值班调控员在发令操作时，任何单位和个人不得非法干预。

上级领导发布的一切有关调控业务的指示，应通过配电网调控中心领导转达给值班调控员。各发、供电单位领导人向其运行人员发布的指令或指示，如涉及值班调控员的权限时，必须经值班调控员许可后才能执行，但在现场事故处理规程内已有规定者除外。

Jb0001231073　保证配电网线路负荷和供电节点均衡有哪些要求？（5分）

考核知识点：保证配电网线路负荷和供电节点均衡的要求

难易度：易

标准答案：

保证配电网线路负荷和供电节点均衡的要求有：

（1）及时调整配电网运行方式，使各相关联络线路的负荷分配基本平衡，且满足线路安全载流量的要求，线路运行电流应充分考虑转移负荷裕度要求。

（2）单条线路所带的配电站或开关站数量应基本均衡，避免主干线路供电节点过多，保证线路供电半径最优。

Jb0001231074　配电网分区供电有什么特点和要求？（5分）

考核知识点：配电网分区供电的特点和要求

难易度：易

标准答案：

配电网应根据上级变电站的布点、负荷密度和运行管理需要，划分成若干相对独立的分区配电网，分区配电网供电范围应清晰，不宜交叉和重叠，相邻分区间应具备适当联络通道。分区的划分应随着电网结构、负荷的变化适时调整。

Jb0001231075　配电变压器启动原则是什么？（5分）

考核知识点：配电变压器启动原则

难易度：易

标准答案：

配电变压器启动应按以下原则执行：

（1）对新变压器冲击五次，冲击侧电源宜选用外来电源；条件允许时宜采用两只断路器串供，冲击侧有可靠的两级保护。

（2）冲击过程中，新变压器各侧中性点均应直接接地，所有保护均应启用，方向元件短接退出。

（3）冲击新变压器时，保护定值应考虑变压器励磁涌流的影响。

（4）冲击正常后，新变压器中、低压侧必须核相，变压器保护、母线差动保护需做带负荷试验。

Jb0001231076　配电网电压与无功平衡有哪些基本要求？（5分）

考核知识点：配电网电压与无功平衡的基本要求

难易度：易

标准答案：

（1）系统的运行电压，按照分层分区、就地平衡的无功电压管理基本原则并应考虑电气设备安全运行和电网安全稳定运行的要求。应通过 AVC 等控制手段，确保电压和功率因数在允许范围内。

（2）应尽量减少配电网不同电压等级间无功流动，应尽量避免向主网倒送无功。

Jb0001231077 10kV 线路供电半径应满足什么要求？（5 分）

考核知识点：10kV 线路供电半径应满足的要求

难易度：易

标准答案：

10kV 线路供电半径应满足末段电压质量的要求。原则上 A+、A、B 类供电区域供电半径不宜超过 3km；C 类不宜超过 5km；D 类不宜超过 15km；E 类供电区域供电半径应根据需要经计算确定。

Jb0001231078 隔离开关允许进行哪些操作？（5 分）

考核知识点：隔离开关操作

难易度：易

标准答案：

（1）在电网无接地时拉、合电压互感器。

（2）在无雷击时拉、合避雷器。

（3）拉、合电容电流不超过 5A 的空载线路。

（4）拉、合 35kV 及以下母线的充电电流。

（5）拉、合闭路开关的旁路电流。

（6）在没有接地故障时，拉、合变压器中性点接地开关。

Jb0001231079 在哪些情况下不得进行遥控操作？（5 分）

考核知识点：遥控操作

难易度：易

标准答案：

（1）设备未通过遥控验收。

（2）设备存在缺陷或异常不允许进行遥控操作时，如控制回路故障、断路器或操动机构压力闭锁、操动机构电源异常或故障、操作断路器的监控信息与实际不符等。

（3）设备正在进行检修时（遥控验收除外）。

（4）自动化系统或通信系统异常影响设备遥控操作时。

（5）有操作人员巡视或有人工作时。

Jb0001231080 在哪些情况下配电网设备需要开展特殊监视？（5 分）

考核知识点：配电网设备的特殊监视

难易度：易

标准答案：

遇到下列情况，应对变电站相关区域或设备开展特殊监视：

（1）设备有严重或危及缺陷，需加强监视时。

（2）新设备试运行期间。

（3）设备重载或接近运行限额运行时。

（4）遇特殊恶劣天气时。

（5）重点时期及有重要保电任务时。

（6）电网处于特殊运行方式时。

（7）其他有特殊监视要求时。

Jb0001231081　分布式电源接入电网有哪些接线方式？（5分）

考核知识点：分布式电源接入电网的接线方式

难易度：易

标准答案：

分布式电源接入电网的接线方式有：

（1）专线接入：指分布式电源接入点处设置分布式电源专用的开关设备（间隔），如分布式电源直接接入变电站、开关站、配电室母线或环网柜等方式。

（2）T 接：指分布式电源接入点处未设置专用的开关设备（间隔），如分布式电源直接接入架空或电缆线路方式。

Jb0001231082　光伏电源接入配电网有哪些方式？并网系统的组成结构有哪些？（5分）

考核知识点：光伏电源接入配电网的方式及并网系统的组成结构

难易度：易

标准答案：

光伏电源接入配电网方式有发电站模式并网、线变组（线路+变压器）模式并网、开关站模式并网（通过用户内部电网接入公用电网）。

并网系统的组成结构包括光伏组件、汇流箱、直流配电柜、逆变器、交流配电柜、升压变压器。

Jb0001231083　配调调控员培训上岗有哪些要求？（5分）

考核知识点：配调调控员培训上岗的要求

难易度：易

标准答案：

（1）配调调控员上岗值班之前必须学习调度相关法规、规程、规定，经过现场生产实习、调度大厅跟班实习两个阶段培训，监护值班三个月后方可正式上岗值班。

（2）配调调控员上岗前须取得上级调控机构下发的持证上岗证书，具备资格后的人员名单书面通知各有关单位。

Jb0001231084　配调值班调控员在业务联系和发布、接受调度指令时，都有哪些要求？（5分）

考核知识点：配调值班调控

难易度：易

标准答案：

配调值班调控员在业务联系和发布、接受调度指令时，应先互报单位和姓名，双方必须严格执行下令、复诵、录音、监护、记录和汇报制度，使用标准的调控术语和设备双重名称（设备名称和编号）。受令人在接受配电网调度指令时，必须复诵无误方可执行，执行完毕后立即汇报执行情况。配调值班调控员只有在接到上述汇报后，方可认为操作指令执行完毕。

Jb0001231085　调控员在哪些情况下不得交接班？（5分）

考核知识点：调控交接班

难易度： 易

标准答案：

（1）交接班人员未到齐。

（2）事故处理及倒闸操作未告一段落时。

（3）记录、报表填写不完全或交代不清楚时。

（4）交接班时发生事故，应立即中止交接班，并由交班调控员进行事故处理。接班调控员可按交班调控员的要求协助处理事故。

（5）不到交接班时间。

Jb0002231086 如配电网调度联系对象认为调度指令不正确，应如何处置？（5分）

考核知识点： 调控交接班

难易度： 易

标准答案：

（1）如果配电网调度联系对象接令人认为所接受的调度指令不正确，应立即向发布该调度指令的值班调控员报告并说明理由，由发令的值班调控员决定该调度指令是否执行或者撤销。

（2）如果发令值班调控员重复该调度指令，接令值班人员必须执行。

（3）如对值班调控员的指令不理解或有疑问，必须询问清楚后再执行。

（4）若执行该调度指令将危及人身、电网或设备安全，接令人应当拒绝执行，同时将拒绝执行的理由及改正指令内容的建议报告发令的值班调控员和本单位直接领导。

（5）如有无故拖延、拒绝执行调度指令，破坏调度纪律，有意虚报或隐瞒情况的现象发生，将追究相关人员责任，严肃处理。

Jb0001231087 架空绝缘导线作业的一般规定有哪些？（5分）

考核知识点： 架空绝缘导线作业的一般规定

难易度： 易

标准答案：

（1）架空绝缘导线不得视为绝缘设备，作业人员或非绝缘工器具、材料不得直接接触或接近。架空绝缘导线与裸导线线路的作业安全要求相同。

（2）禁止作业人员穿越未停电接地或未采取隔离措施的绝缘导线进行工作。

（3）在停电检修作业中，开断或接入绝缘导线前，应做好防感应电安全措施。

Jb0001231088 变压器并列运行的条件有哪些？（5分）

考核知识点： 变压器并列运行的条件

难易度： 易

标准答案：

变压器并列运行时需满足联结组别相同、电压比相同、短路电压（指铭牌值）相等。对电压比和短路电压不同的变压器通过计算，任一台变压器都不会过负荷情况下，可以并列运行。

Jb0001231089 向空载变压器充电时应注意什么？（5分）

考核知识点： 空载变压器充电的注意事项

难易度： 易

标准答案：

（1）充电断路器应有完备的继电保护，并有足够的灵敏度，同时应考虑励磁涌流对系统继电保护的影响。

（2）充电前应检查电源电压，使充电的变压器各侧电压不超过相应分接头电压的5%。

Jb0001231090　电压调整的方式有几种？（5分）

考核知识点：电压调整的方式

难易度：易

标准答案：

电压调整一般分为逆调压方式、恒调压方式、顺调压方式。

Jb0001231091　系统电压调整的常用方法有几种？（5分）

考核知识点：电压调整的方式

难易度：易

标准答案：

（1）增减无功功率进行调压，如发电机、调相机、并联电容器、并联电抗器调压。

（2）改变有功功率和无功功率的分布进行调压，如调压变压器、改变变压器分接头调压。

（3）改变网络参数进行调压，如串联电容器、投停并列运行变压器、投停空载或轻载高压线路调压。

（4）通过静止无功补偿器调压。

（5）特殊情况下调整负载的方法调整电压。

Jb0001231092　FTU的技术核心主要有哪些？（5分）

考核知识点：FTU的技术核心

难易度：易

标准答案：

（1）快速故障定位、事故隔离和恢复供电。

（2）网络通信。

（3）配电网单相接地选线与定位。

（4）开关状态在线监视。

Jb0001232093　配电网新设备启动安排有哪些要求？（5分）

考核知识点：配电网新设备启动安排的要求

难易度：中

标准答案：

（1）配电网设备新（改、扩）建工程投产前，应由运维单位提前向调控机构报送投产资料，资料应包括设备的相关参数、设备异动的电气连接关系等内容。

（2）业扩报装工程投产前，应由营销部门提前向调控机构报送投产资料，资料应包括设备的相关参数、设备异动的电气连接关系等内容。

（3）为处置配电网设备危急缺陷，更换相关设备，运检部门应在设备投产后2日内向调控机构补报投产资料，完善相关流程。

（4）调控机构应综合考虑系统运行可靠性、故障影响范围、继电保护配合等因素，开展启动方案编制工作。

（5）调控机构依据投产资料编写启动方案，启动方案应包括启动范围、定（核）相、启动条件、预定启动时间、启动步骤、继电保护要求等内容。

（6）运检部门和营销部门应分别负责组织供电企业所属设备和客户资产设备验收调试和启动方案的准备工作，确保启动方案顺利执行。

（7）新设备启动过程中，如需对启动方案进行变更，必须经调控机构同意，现场和其他部门不得擅自变更。

Jb0001232094 配电网新设备投入运行前，配电网调控中心应做好什么工作？（5分）

考核知识点：配电网新设备投入运行

难易度：中

标准答案：

在新设备投入运行前，调控机构应做好以下工作：

（1）修改相关自动化系统画面及有关图表。

（2）修改调度接线图。

（3）修改继电保护及安全自动装置定值配置。

（4）健全设备资料档案。

（5）修改有关调控运行规定或说明。

（6）有关人员应熟悉现场设备及规程、图纸资料、运行方式，并做好事故预想。

（7）其他与新设备投运有关的内容。

Jb0001232095 配电网设备带电作业调控管理有哪些要求？（5分）

考核知识点：配电网设备带电作业调控管理

难易度：中

标准答案：

（1）凡属调控机构管辖和许可的设备带电作业，均需列入计划管理。带电作业只允许进行已申请的作业项目，不得自行增加或改变项目。

（2）带电作业应在良好天气情况、正常运行方式或作必要的运行方式调整后进行，在系统运行方式比较薄弱的情况下、重要保供电及节日运行方式下，不宜进行带电作业。

（3）带电作业工作负责人在带电作业工作开始前，应与值班调控员联系。需要停用重合闸的，应向值班调控员履行许可手续。带电作业结束后应及时向值班调控员汇报。带电作业过程中如设备突然停电，作业人员应视设备仍然带电。工作负责人应尽快与值班调控员联系，值班调控员未与停送电联系人取得联系前不得强送电。

Jb0001222096 画出配电电缆线路“双环式”结构图。（5分）

考核知识点：配电电缆线路“双环式”结构

难易度：中

标准答案：

配电电缆线路“双环式”结构图见图 Jb0001222096。

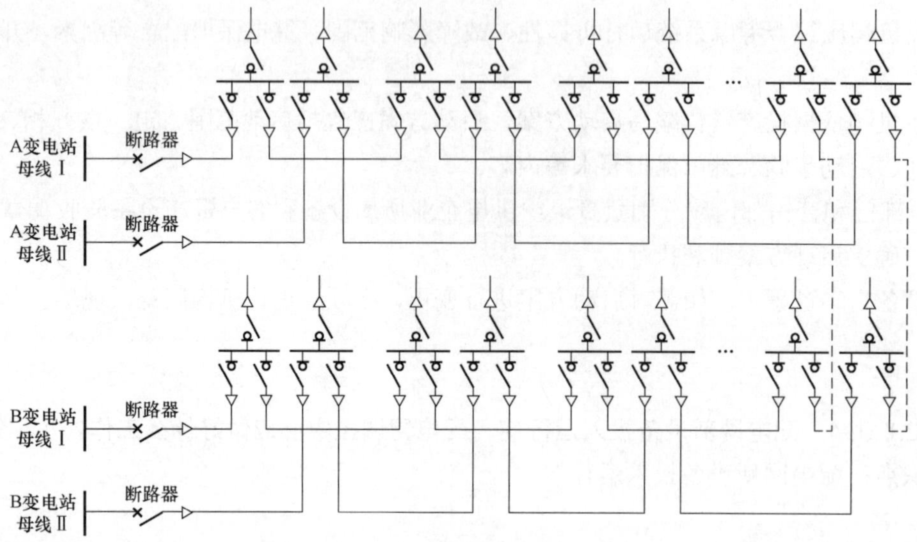

图 Jb0001222096

Jb0001222097　画出配电电缆线路“N供一备（N≥2）”结构图。（5 分）

考核知识点：配电电缆线路“N供一备（N≥2）”结构

难易度：中

标准答案：

配电电缆线路“N供一备（N≥2）”结构图见图 Jb0001222097。

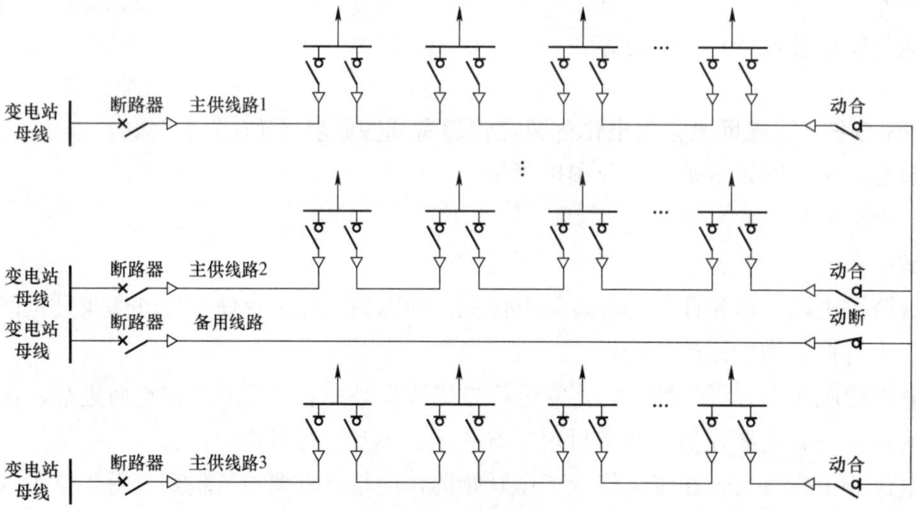

图 Jb0001222097

Jb0001211098　某金属导线线长为 3km、截面积为 8mm^2，ρ=0.0176Ω•mm^2/m，试求该导线的电阻。（5 分）

考核知识点：导线电阻

难易度：易

标准答案：

解：$R=\rho L/S=0.0176\times3000/8=6.6$（Ω）

答：该金属导线的电阻是 6.6Ω。

Jb0001232099 分布式光伏电源接入配电网对10kV馈线保护以及馈线重合闸有哪些影响？（5分）

考核知识点：分布式光伏电源接入配电网对10kV馈线保护以及馈线重合闸的影响

难易度：中

标准答案：

（1）对10kV馈线保护的影响：当光伏电源接入位置或接入容量不同时，对配电网保护的影响程度不同。如果光伏电源的容量相对配电网容量来说很大时，它提供的短路电流足以使某些保护拒动或误动，不能满足继电保护的灵敏性、选择性要求。

（2）对馈线重合闸有以下影响：

重合不成功。故障跳闸失去电网电源后，由于光伏电源可能继续向故障点提供电流，妨碍了故障点电弧的熄灭，使原本瞬时性故障转变为永久性故障，导致重合闸不成功。此外电弧的长期存在还会损坏设备，给维护带来很大的困难。

非同期重合闸。由光伏电源单独供电的电力孤岛与电网不能保持同步，出现很大的相位差，此时进行非同期重合闸会产生很大的冲击电流，冲击电流对电网和光伏电源系统设备均带来致命的冲击。

Jb0001231100 接有分布式光伏电源的10kV配电线路保护的配置原则有哪些？（5分）

考核知识点：接有分布式光伏电源的10kV配电线路保护的配置原则

难易度：易

标准答案：

接有分布式光伏电源的10kV线路发生短路故障时，线路保护能快速动作，瞬时跳开断路器，满足全线故障时快速可靠切除故障的要求。10kV线路在系统侧配置一套线路方向过电流保护或距离保护，光伏电站侧可不配线路保护，靠系统侧切除线路故障。

对两台及以上升压变压器的升压变电站或汇集站，10kV线路可配置一套纵联电流差动保护，采用方向过电流保护作为其后备保护。

Jb0001231101 运行中的配电网设备停电检修需注意哪些事项？（5分）

考核知识点：运行中的配电网设备停电检修的注意事项

难易度：易

标准答案：

将运行中的配电网设备停电检修时，应把各方面的电源完全断开（任何运行中的星形接线设备的中性点应视为带电设备），禁止在只经断路器断开电源的设备上工作。应拉开隔离开关，手车开关应拉至试验或检修位置，应使各方面有一个明显的断开点，若无法观察到停电设备的断开点，应有能够反映设备运行状态的电气和机械指示。与停电设备有关的变压器和电压互感器应将设备各侧断开，防止向停电设备反送电。

Jb0001232102 配电开关站典型操作任务包括的内容和要求有哪些？（5分）

考核知识点：配电开关站典型操作任务包括的内容和要求

难易度：中

标准答案：

配电开关站典型操作任务包括的内容和要求如下：

（1）开关站（环网单元）严格按照“电气设备四种状态”的要求拟订操作任务及操作步骤。

（2）开关站（环网单元）出线断路器没有断路器检修状态，只有线路检修状态，即在线路侧合接地开关。

（3）开关站（环网单元）母线分段断路器由热备用改为检修，母线分段断路器“检修”状态是指断路器线路侧（非母线侧）合接地开关。且同时有1、2号母线分段断路器才发此指令。

（4）开关站（环网单元）母线所属全部间隔（母线分段断路器）断路器、隔离开关均断开，是冷备用状态（只有断路器的全部断开断路器，有断路器和隔离开关的则断路器和隔离开关均断开）。

（5）部分开关站（环网单元）间隔只有断路器没有隔离开关，故没有冷备用状态。

Jb0001232103　配电环网柜如何实现防误操作闭锁？（5分）

考核知识点：配电环网柜防误操作闭锁

难易度：中

标准答案：

环网柜一般按以下原则实现防误操作闭锁：

（1）对于不带三位置开关环网柜的防误操作闭锁，主要是隔离开关在负荷开关分闸后才能操作。隔离开关分闸后，同时线路侧无压，才能操作线路接地开关。接地开关合闸后，隔离开关、负荷开关不能操作。接地开关合闸后，才能打开柜门。

（2）对于带三位置开关环网柜的防误操作闭锁，通常将负荷开关和接地开关的操作孔分开，并在操作孔上设置了挡板，只有在满足防误操作闭锁要求的情况下，操作孔上的挡板才能移开。但采用三位置开关的负荷开关基本没有线路有电的强制性闭锁装置，所以只能从组织措施上防止带接地线合闸。

Jb0001232104　配电设备缺陷的分类原则是什么？各类缺陷对缺陷消除有何规定？（5分）

考核知识点：配电设备缺陷

难易度：中

标准答案：

（1）配电设备缺陷分为三类，即一般缺陷、严重缺陷、危急缺陷。

一般缺陷：设备本身及周围环境出现不正常情况，一般不影响设备的安全运行的缺陷。

严重缺陷：设备处于异常状态，可能发展为事故，但设备仍可在一定时间内继续运行，须加强监视的缺陷。

危急缺陷：严重威胁设备的安全运行，如不及时处理，随时有可能导致事故的发生，必须尽快消除或采取必要的安全技术措施进行处理的缺陷。

（2）危急缺陷消除时间不得超过24h，严重缺陷应在1个月内消除，一般缺陷可结合检修计划尽早消除，但应处于可控状态。设备带缺陷运行期间，运行单位应加强监视，必要时制订相应应急措施。

Jb0001231105　配电网正常倒闸操作，应尽可能避免在哪些情况下进行？（5分）

考核知识点：配电网正常倒闸操作

难易度：易

标准答案：

（1）值班人员交接班时。

（2）电网接线极不正常时。

（3）电网高峰负荷时。

（4）雷雨、大风等恶劣气候时。

（5）联络线输送功率超过稳定限额时。

（6）电网发生事故时。

（7）其他有特殊要求时等。

Jb0001231106 配电网调控操作过程中对配电网图形有何要求？（5分）

考核知识点：配电网图形

难易度：易

标准答案：

（1）在配电网调控操作过程中，值班调控员应根据现场汇报信息，及时对配电网接线图中断路器（隔离开关）置位及挂、摘牌等信息进行核对检查，确保设备状态与现场实际保持一致。

（2）复役操作前，值班调控员应根据设备停役申请、新设备投运申请执行情况，完成配电网接线图调度审核更新。

Jb0001231107 配电自动化操作有哪两种形式？（5分）

考核知识点：配电自动化操作的形式

难易度：易

标准答案：

配电自动化操作分远方操作和就地操作两部分，值班监控员负责对管辖范围内已投运配电自动化开关设备实施远方遥控操作。

Jb0001231108 配电网调控员倒闸操作时有哪些基本要求？（5分）

考核知识点：配电网调控员倒闸操作的基本要求

难易度：易

标准答案：

（1）在倒闸操作前，调控员应充分考虑对电网运行方式、潮流、频率、电压、电网稳定、继电保护和安全自动装置、电网中性点接地方式、雷季运行方式、通信等方面的影响。

（2）调控员在操作前后均应核对调度自动化系统接线图，应保持调度自动化系统接线图与现场情况相符合。

（3）倒闸操作必须严格遵守规章制度，认真执行操作监护制，正确实现电气设备运行状态的改变和转换。

（4）为了保证倒闸操作的正确性，调控员对一切正常操作应先拟写指令票（事故处理时允许不填操作票，但需监护、发令、复诵、录音并做好记录）。

（5）条件允许时，一切重要供电区域的倒闸操作尽可能安排在负荷低谷时进行，以减少对电网和用户用电的影响。

Jb0001231109 合环操作有何基本要求？（5分）

考核知识点：合环操作的基本要求

难易度：易

标准答案：

合环操作时，必须保证合环点两侧相位相同，操作前应考虑合环点两侧的相角差和电压差，无电压相角差，电压差一般允许在20%以内，确保合环后各环节潮流的变化不超过继电保护、电网稳定和设备容量等方面的限额。对于比较复杂环网的合环操作应事先进行计算或试验。

Jb0001231110 母线充电有哪些注意事项？（5分）

考核知识点：母线充电的注意事项

难易度：易

标准答案：

（1）母线检修结束复役时，尽量避免用隔离开关向不带电母线充电。如必须用隔离开关向不带电母线充电，应检查母线绝缘必须良好。

（2）防止出现铁磁谐振或因母线三相对地电容不平衡而产生的过电压。

（3）用断路器向不带电的母线充电时，充电断路器必须投入快速保护。

（4）旁路母线的充电操作，一般利用旁路开关进行充电，保护投入，重合闸停用。

Jb0001231111 何为逆调压？（5分）

考核知识点：逆调压的定义

难易度：易

标准答案：

逆调压是指在电压允许偏差范围内，供电电压的调整使电网高峰负荷时的电压值高于低谷负荷时的电压值，使用户的电压在电网负荷高峰、低谷相对稳定。

Jb0001231112 配电网调控员在倒闸操作前，应充分考虑哪些内容？（5分）

考核知识点：调控倒闸操作

难易度：易

标准答案：

（1）停送电日期、时间、工作内容、工作地点及停送电范围是否正确。

（2）停送电时是否做好防止反送电的措施。

（3）对运行方式、继电保护、重要用户的供电可靠性、通信、配电自动化等方面的影响。

（4）防止产生带地线合闸及带负荷拉合隔离开关等误操作，并应做好操作中可能出现的异常情况的事故预想及对策。

（5）拟投运配电网设备相序、相位是否正确和配电网线路是否过载。

Jb0001231113 哪些情况下线路应停用重合闸？（5分）

考核知识点：线路停用重合闸

难易度：易

标准答案：

（1）空充电线路。

（2）试运行线路。

（3）有带电作业申请停运重合闸的线路。

（4）合环或设备故障等原因而需退出者。

（5）有严重缺陷的线路。

（6）有带电跨越作业的线路。

（7）全电缆线路。

（8）断路器遮断容量不满足系统短路容量的要求。

（9）断路器跳闸次数超过规程规定或技术说明书规定的次数。

（10）断路器频繁跳闸。

Jb0001231114 开关站单母线分段联络接线方式有什么优点？（5 分）

考核知识点：开关站单母线分段联络接线方式的优点

难易度：易

标准答案：

（1）任一路电源检修或故障时，都不会对用户停电。

（2）运行方式灵活，供电可靠性高。

（3）在一个开关站内可为重要用户提供双电源。

Jb0001231115 配电网哪些工作需要办理新设备异动手续？（5 分）

考核知识点：配电网新设备异动手续

难易度：易

标准答案：

（1）10kV 线路名称、设备参数、线路杆号发生变化。

（2）新建工程竣工接入配电网运行或引起配电网电气接线的变化。

（3）改建（包括增容）、检修工程涉及配电网电气接线和运行方式的改变。

（4）10kV 电力线路改道、T 接，增减电杆，更换导线（架空线路改成电缆线路）或更改导线（包括电缆）截面积和型号，装拆断路器、隔离开关，交叉跨越等变化。

（5）继电保护与自动装置定值和接线发生变化。

Jb0001232116 分布式电源并网调度管理有哪些要求？（5 分）

考核知识点：分布式电源并网调度管理

难易度：中

标准答案：

（1）调控机构应参与审查分布式电源接入系统方案，重点检查短路电流、无功平衡、一次接线方式、主要设备选型、涉网继电保护及安全自动装置配置、调度自动化与安全防护等内容。

（2）凡要求并入配电网运行的分布式电源项目，不论其投资主体或产权归属，均应签订并网调度协议，满足并网运行条件后方可并网。

（3）新建分布式电源项目应在并网前向调控机构提供书面资料和有关电子文档并提出次设备命名编号建议。

（4）调控机构应在分布式电源启动并网前 10 个工作日确定调度名称，下达调度管辖范围和设备命名编号。

（5）分布式电源项目关口电能计量装置安装、合同与协议签订后，调控机构负责组织相关部门，开展项目并网验收工作，出具并网验收意见。配合业主开展项目并网调试，双方确认项目满足要求后，项目转入并网发电运行。

Jb0001231117 什么是负荷控制？负荷控制的组织措施有哪些？（5 分）

考核知识点：负荷控制定义及组织措施

难易度：易

标准答案：

（1）负荷控制是根据电网的供电能力，采取适当措施对用电负荷有计划的进线限制和调整，以保证电力供需之间的平衡，并把限制用电负荷造成的损失和影响减少到最低程度。

（2）负荷控制采取的组织措施有用户轮流休息制度、分配用电指标和拉闸限电。

Jb0001221118　试画出变压器 Yd11 接线图及相量图。（5 分）

考核知识点：变压器 Yd11 接线图及相量图

难易度：易

标准答案：

接线如图 Jb0001221118（a）所示。

相量图如图 Jb0001221118（b）所示。

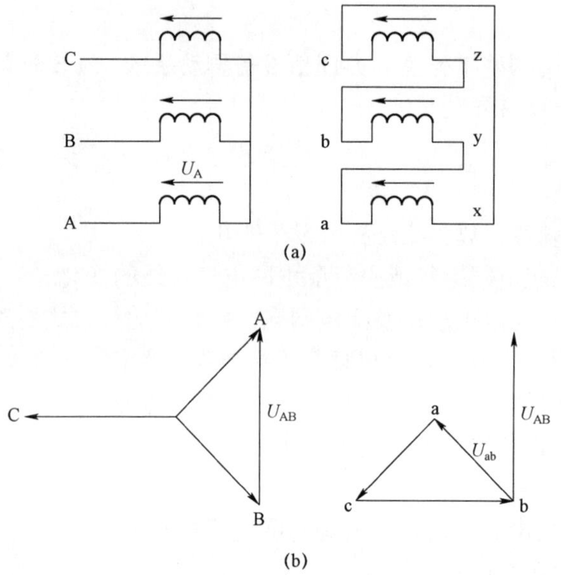

图 Jb0001221118

Jb0002231119　如何判别小接地电流系统“断线”故障？（5 分）

考核知识点：小接地电流系统“断线”故障

难易度：易

标准答案：

小接地电流系统经常发生一些故障，使接地装置发出信号，当出现“断线”故障时的判别依据如下：

（1）单相断线：一相电压升高，不超过 $1.5U_{ph}$，两相电压降低且相等，不低于 $0.866U_{ph}$。电压升高相为断线相。

（2）两相断线：一相电压降低，但不到零，两相电压升高且相等，不超过线电压。电压降低相为非断线相。

Jb0002231120　影响配电网电压的主要因素有哪些？主要调压手段是什么？（5 分）

考核知识点：影响配电网电压的主要因素及主要调压手段

难易度：易

标准答案：

影响电压的因素有以下几个方面：

（1）由于生产、生活、气象等因素引起的负荷变化。

（2）无功补偿容量的变化。

（3）配电网运行方式的改变引起的功率分布和网络阻抗变化。

主要的调压手段如下：

（1）通过配置无功补偿装置进行电压调节。

（2）选用有载或无载调压变压器，通过改变分接头进行电压调节。

（3）通过线路调压器进行电压调节。

Jb0002231121 线路故障跳闸后选择试送端的原则有哪些？（5分）

考核知识点：线路故障跳闸后选择试送端的原则

难易度：易

标准答案：

（1）尽量避免用发电厂或重要变电站侧开关强送，若跳闸线路所在母线接有单机容量在20万kW及以上大型机组，则不允许从该侧强送。

（2）强送侧远离故障点及短路容量较小。

（3）开关切断故障电流的次数少或遮断容量大。

（4）有利于电网稳定。

（5）有利于事故处理和恢复正常方式。

Jb0002232122 值班调控员接到上级调度电网故障拉电指令时应如何处置？（5分）

考核知识点：调控操作

难易度：中

标准答案：

当值班调控员接到上级调度电网故障拉电指令时，应根据不同情况做以下处理：

（1）因电网电源性缺电或发电机组停机引起系统出力紧张，造成电网低频运行时，值班调控员应先按事故限电序位表进行直接拉闸限电，执行完后仍不满足要求，可动用超供电能力限电序位表再进行紧急拉闸限电。

（2）因上级电网联路线跳闸或发电机组停机，引起县级电网局部地区10（20）、35kV电压低于最低允许电压时，值班调控员应针对低电压运行的区域，按事故限电序位表直接进行拉闸限电，使其设备不过载或电压恢复到正常值，执行完后仍不满足要求，可动用超供电能力限电序位表再进行紧急拉闸限电。

Jb0002232123 当配电网发生故障或设备危急缺陷需立即停电检修时应如何处理？（5分）

考核知识点：配电网发生故障或设备危急缺陷停电检修的处理

难易度：中

标准答案：

当发生故障或设备危急缺陷需立即停电时应按以下流程执行：

（1）当配电网设备发生故障或危急缺陷需立即停役检修时可以不用书面申请，但运维人员应向调控员电话申请，说明停役的设备及范围、要求、时间及工作负责人等，做好相关安全措施，并办理工作许可手续。以上内容调控员应做好记录，双方对工作范围和安全措施有疑问时，应沟通协调一致，但原则上以现场需求为准。

（2）若涉及用户停电，则调控员应在故障发生后或消缺停电之前第一时间告知服务指挥人员，恢复送电后也要及时告知，以减少咨询投诉工单。

（3）故障处理可以不用调度指令票，但在复役前应拟定调度指令票，尤其是较为重要复杂或时间跨度较长（超过24h）的故障处理。

Jb0002231124　配电网调控员判断配电网故障的依据信息有哪些？（5分）

考核知识点：配电网调控员判断配电网故障的依据信息

难易度：易

标准答案：

当配电网发生故障时，调控值班员应综合各种渠道信息加以分析判断，做到不漏判、不误判。这些信息主要包括：

（1）调度自动化、配电自动化等技术支持系统各种遥测、遥信信号。

（2）设备巡查人员现场情况汇报。

（3）配电网抢修指挥信息反馈。

（4）用户用电信息反馈。

Jb0002232125　小接地电流系统发生单相接地故障时，寻找单相接地的顺序如何？（5分）

考核知识点：小接地电流系统发生单相接地故障时寻找单相接地的顺序

难易度：中

标准答案：

（1）对于配有完好接地选线装置的变电站，可根据其装置反应情况来确定接地点。

（2）将电网分割为电气上互不相连的几部分。

（3）停空载线路和电容器组。

（4）试拉线路长、分支多、负荷轻、历史事故多且不重要的线路。

（5）试拉分支少、负荷重的线路，最后停重要用户线路，但首先要通知该用户。在紧急情况下，重要用户来不及通知，可先试拉线路，事后通知服务指挥班。

（6）对于双母线的变电站，重要用户的线路不能停电时，可采用倒母线的方法来寻找。

（7）详细检查接地母线及有关设备。

Jb0002232126　试述断路器出现哪些异常时应停电处理。（5分）

考核知识点：断路器出现异常时的停电处理

难易度：中

标准答案：

（1）严重漏油，油标管中已无油位。

（2）支持绝缘子断裂或套管炸裂。

（3）连接处过热变红色或烧红。

（4）绝缘子严重放电。

（5）SF_6断路器的气室严重漏气发出操作闭锁信号。

（6）液压机构突然失压到零。

（7）少油断路器灭弧室冒烟或内部有异常音响。

（8）真空断路器真空损坏。

Jb0002231127　当配电线路发现缺陷后需带电消缺时调度员应注意哪些事项？（5分）

考核知识点：带电消缺时调度员的注意事项

难易度：易

标准答案：

（1）注意天气条件是否允许进行带电作业。

（2）重合闸投入的线路带电作业时应退出重合闸。

（3）带电作业的线路发生跳闸事故后，应和工作负责人取得联系后根据情况决定是否试送电。

（4）具备工作条件后再停用线路重合闸。

Jb0002231128　配电网调控值班员在遥控操作中发生配电自动化系统异常或遥控失灵时应如何处理？（5分）

考核知识点：配电网调控操作

难易度：易

标准答案：

配电网调控值班员在遥控操作中配电自动化系统发生异常或遥控失灵时应停止操作，通知运维人员到现场检查，涉及配电自动化系统的缺陷由配电网调控值班员通知自动化值班人员协调处理，对遥控失灵的情况，配电网调控值班员在确认现场设备无异常后可下令现场运维人员就地操作。

Jb0002231129　继电保护快速切除故障对电力系统有哪些好处？（5分）

考核知识点：继电保护快速切除故障对电力系统的好处

难易度：易

标准答案：

（1）提高电力系统的稳定性。

（2）电压恢复快，电动机容易自启动并迅速恢复正常，从而减小对用户的影响。

（3）减轻电气设备的损坏程度，防止故障进一步扩大。

（4）短路点易于去游离，提高重合闸的成功率。

Jb0002231130　10kV线路发生断线时低压用户有何现象？（5分）

考核知识点：10kV线路发生断线时低压用户的现象

难易度：易

标准答案：

10kV线路断线后，根据故障类型不同，低压用户将出现以下现象：

（1）两相或三相断线时，断线点后端普遍停电。

（2）一相断线时，对于单相用户（如照明等），则断线相用户停电，非断线相用户电压偏低。对于三相动力用户，则反映缺相，电动机跳停、运行异常甚至烧毁。

Jb0002231131　开关机构弹簧未储能，对开关分合闸有何影响？应如何处理？（5分）

考核知识点：开关分合闸

难易度：易

标准答案：

（1）开关机构弹簧未储能，若开关处于分位，则发出控制回路断线信号，将无法合闸；若开关处于合位，开关仍能分闸，但故障跳闸后将无法重合。

（2）对于开关机构弹簧未储能，应检查储能交流电动机运转是否正常、操动机构或二次回路是否有松动等，若仍无法储能，则应安排将开关间隔停电检修。

Jb0002231132　操作中发生带负荷拉、合隔离开关时如何处理？（5分）

考核知识点：操作中发生带负荷拉、合隔离开关的处理

难易度：易

标准答案：

（1）带负荷误合闸时，即使已发现合错，也不准将隔离开关再拉开。因为带负荷拉隔离开关，将造成三相弧光短路事故。

（2）带负荷错拉隔离开关时，在刀片刚离开固定触头时，便发生电弧，这时应立即合上，可以消除电弧，避免事故扩大。如隔离开关已全部拉开，则不许将误拉的隔离开关再合上。

Jb0002231133　配电断路器在什么情况下闭锁重合闸？（5分）

考核知识点：配电断路器

难易度：易

标准答案：

（1）停用重合闸方式时，直接闭锁重合闸。

（2）手动跳闸时，直接闭锁重合闸。

（3）不经重合闸的保护跳闸时，闭锁重合闸。

（4）断路器气压或液压降低到不允许重合闸时，闭锁重合闸。

Jb0002231134　小接地电流系统接地选线查找接地故障一般顺序有哪些？（5分）

考核知识点：小接地电流系统接地选线查找接地故障一般顺序

难易度：易

标准答案：

（1）空载线路。

（2）有备用的设备或回路。

（3）历史记录经常发生接地的线路。

（4）分支多、线路长、负荷小、不太重要的线路。

（5）较重要的负荷。

（6）对于重要负荷，应汇报调度，在转移负荷后进行停电检查。

Jb0002231135　馈电线路过载时值班调控员应如何处置？（5分）

考核知识点：馈电线路过载时值班调控员的处置

难易度：易

标准答案：

当馈电线路过载时值班调控员应根据线路过载程度，及时实施负荷转移。若无法转移的，首先应与该线路的双电源客户协商转移负荷；若仍然过载，应及时通知营销部门，对该线路部分客户进行有序供电。

Jb0002231136　何种情况下的带电作业应停用重合闸，并不准强送电？（5分）

考核知识点：带电作业应停用重合闸的情况

难易度：易

标准答案：

（1）中性点有效接地系统中有可能引起单相接地的作业。

（2）中性点非有效接地系统中有可能引起相间短路的作业。

（3）直流线路中有可能引起单极接地或极间短路的作业。

（4）工作票签发人或工作负责人认为需停用重合闸或直流再启动保护的作业。

Jb0001231137 可由调控员进行遥控操作的操作项目包括哪些？（5分）

考核知识点：可由调控员进行遥控操作的操作项目

难易度：易

标准答案：

（1）拉合开关的单一操作。

（2）调节有载调压变压器分接开关。

（3）远方投切电容器、电抗器。

（4）远方投切具备遥控条件的继电保护及安全自动装置软压板。

（5）紧急情况下，根据调度指令进行开关遥控操作。

Jb0002231138 单相接地逐条试拉后，接地仍不消失的原因主要有哪些？应如何处置？（5分）

考核知识点：单相接地逐条试拉后接地仍不消失的原因及处置

难易度：易

标准答案：

（1）多条线路同相接地。

（2）母线设备接地。

（3）主变压器低压侧设备接地。

（4）对于多条线路同相接地，可以逐次试拉但并不马上送出，待确定一条接地线路并拉停后，再逐条试送其余线路。

Jb0002231139 配电网故障处理中合环转电时应注意什么？（5分）

考核知识点：配电网故障处理中合环转电时的注意事项

难易度：易

标准答案：

（1）对于线路合环调电，注意满足合环条件，确保合环后潮流的变化不超过继电保护、设备容量等方面的限额，并考虑对侧带供线路保护的灵敏性。

（2）避免带供线路过长、负荷过重造成线路末端电压下降较多的情况。

（3）调电设备与故障区域隔离，防止调电造成故障范围扩大。

（4）避免形成电磁环网或多个变电站合环运行。

Jb0002231140 合环和解环操作有何基本要求？（5分）

考核知识点：合环和解环操作的基本要求

难易度：易

标准答案：

（1）合环操作时，必须保证合环点两侧相位相同，操作前应考虑合环点两侧的相角差和电压差，无电压相角差，电压差一般允许在20%以内，确保合环后各环节潮流的变化不超过继电保护、电网稳定和设备容量等方面的限额。对于比较复杂环网的合环操作应事先进行计算或试验。

（2）解环操作，应先检查解环点的有功、无功潮流，确保解环后电网各部分电压在规定的范围内，各环节的潮流变化不超过继电保护、电网稳定和设备容量等方面的限额。

Jb0001231141　什么是电网运行的“*N*-1”原则？（5分）

考核知识点：电网运行的“*N*-1”原则

难易度：易

标准答案：

N-1原则是指正常运行方式下的电力系统中任一元件（如线路、发电机、变压器等）无故障或因故障断开，电力系统应能保持稳定运行和正常供电，其他元件不过负荷，电压和频率均在允许范围内。

Jb0003231142　配电网的安全技术要求有哪些？（5分）

考核知识点：配电网的安全技术要求

难易度：易

标准答案：

（1）保证持续供电。

（2）及时发现配电网的非正常运行情况和设备存在的缺陷情况。

（3）迅速隔离故障，最大限度地缩小停电范围，满足灵活供电需要。

Jb0002231143　简述配电网故障处置的原则。（5分）

考核知识点：配电网故障处置的原则

难易度：易

标准答案：

（1）迅速限制故障的发展，消除故障根源，接触对人身和设备的威胁，防止稳定破坏、电网瓦解和大面积停电。

（2）用一切可能的方法保持设备继续运行和不中断或少中断重要用户的正常供电，首先应保证发电厂厂用电及变电站站用电。

（3）尽快对已停电的用户恢复供电，对重要用户应优先恢复供电。

（4）及时调整电网运行方式，尽快使其恢复正常运行。

Jb0002231144　配电网线路一般出现哪些情况需要立即停电？（5分）

考核知识点：配电网线路立即停电的情况

难易度：易

标准答案：

（1）线路发生倒杆倾斜、断线、安全距离不够等严重威胁人身安全的缺陷。

（2）配合抢修救灾或突发事件处理需要紧急停电的。

（3）线路有紧急缺陷随时可能发展成故障跳闸的。

（4）高危重要用户设备需要紧急停电的。

Jb0002231145　引起配电网线路故障的常见原因有哪些？（5分）

考核知识点：引起配电网线路故障的常见原因

难易度：易

标准答案：

（1）设备运行老化或本身质量、施工工艺不良。

（2）人为因素的外力破坏。

（3）雷雨、台风等恶劣天气。

（4）鸟类筑巢。
（5）高温、高负荷。
（6）灰尘和雨雾引起的闪络。

Jb0001231146 什么叫电压沉降？会产生何种后果？（5分）
考核知识点：电压沉降的定义及后果
难易度：易
标准答案：
在变电站出线发生出口处近区短路故障或大容量电动机启动时，配电网母线电压容易被瞬时拉低，一般叫作电压沉降。所以大容量电动机一般降压启动，且不宜接在变电站出口处。电压沉降时间很短，但可能会引起同一母线非故障线路上的用户因失压保护动作造成停电。

Jb0002231147 什么是断路器偷跳？断路器偷跳的原因有哪些？应如何处理？（5分）
考核知识点：断路器偷跳的定义、原因及处理
难易度：易
标准答案：
系统无短路或直接接地现象，继电保护及自动装置未动作，而断路器自动跳闸的现象称作断路器偷跳。
引起断路器都跳的主要原因有：人员误碰操作、机械外力振动、二次回路绝缘不良、直流两点接地等。
处理时，明确系统无短路故障存在，若是因人员误碰误操作、机械外力振动引起自动脱扣等引起的偷跳，排除断路器故障原因后，应立即送电。对其他电气或机械故障，无法立即恢复送电的，则应将偷跳断路器停电检修处理。

Jb0001231148 配电网系统三相不对称运行有哪些危害？（5分）
考核知识点：配电网系统三相不对称运行的危害
难易度：易
标准答案：
（1）对变压器的影响主要是经济性，变电容量不能充分利用。
（2）对用户的影响主要是电压不对称，影响电能质量，从而影响电器寿命。
（3）对异步电动机的影响主要是电动机的输出功率。

第八章　配电运营指挥员技师技能操作

Jc0004262001　配电运营指挥员高级工技能培训方案的编写。（100 分）

考核知识点：技能培训方案

难易度：中

技能等级评价专业技能考核操作工作任务书

一、任务名称

配电运营指挥员高级工技能培训方案的编写。

二、适用工种

配电运营指挥员技师。

三、具体任务

某单位有张三等 5 名配电运营指挥员高级工需进行技能培训。针对此项工作，考生编写一份高级工技能培训方案。

四、工作规范及要求

结合培训任务按照以下要求完成技能培训方案的编写。

（1）培训项目为实操项目。

（2）培训相关内容由考生自行组织。

五、考核及时间要求

考核时间共 40 分钟，每超过 2 分钟扣 1 分，到 45 分钟终止考核。

技能等级评价专业技能考核操作评分标准

工种	配电运营指挥员				评价等级	技师
项目模块	技术管理和培训—技能培训			编号	Jc0004262001	
单位		准考证号			姓名	
考试时限	40 分钟	题型			题分	100 分
成绩		考评员		考评组长		日期	
试题正文	配电运营指挥员高级工技能培训方案的编写					
需要说明的问题和要求	（1）培训内容应为技能实操项目。 （2）内容不作限制，由考生自行组织					

序号	项目名称	质量要求	满分	扣分标准	扣分原因	得分
1	培训目标	应有明确的培训目标	10	缺少一项扣 10 分		
2	培训人	应有明确的授课人	10	缺少一项扣 10 分		
3	培训对象	应明确培训对象	10	缺少一项扣 10 分		
4	培训内容	（1）应有具体的培训项目名称； （2）应有项目的具体内容	20	缺少一项扣 10 分		

续表

序号	项目名称	质量要求	满分	扣分标准	扣分原因	得分
5	培训方式	应有明确的培训方式，培训方式为实操	10	缺少一项扣 10 分		
6	培训时间与地点	应明确培训时间，培训地点	20	缺少一项扣 10 分		
7	培训考核方式	应明确培训的考核方式，考核方式为实操	10	缺少一项扣 10 分		
8	其他相关事宜	其他相关的培训事宜，如奖惩方式、劳动纪律等要求	10	缺少一项扣 10 分		
合计			100			

Jc0001252002 通过 PMS 调看公用配电变压器最大负载率情况并派单。（100 分）

考核知识点：PMS 操作

难易度：中

技能等级评价专业技能考核操作工作任务书

一、任务名称

通过 PMS 调看公用配电变压器最大负载率情况并派单。

二、适用工种

配电运营指挥员技师。

三、具体任务

通过 PMS 调看公用配电变压器最大负载率情况，并按要求正确派发工单。

四、工作规范及要求

（1）熟悉 PMS，明确操作范围。

（2）正确使用 PMS。

（3）明确公用配电变压器最大负载率内容。

（4）会调阅相关数据。

五、考核及时间要求

（1）本考核操作时间为 5 分钟，包括报告整理时间，时间到停止考评。

（2）按照给定项目安排操作顺序。

（3）若有补充说明请注明。

技能等级评价专业技能考核操作评分标准

<table>
<tr><td>工种</td><td colspan="5">配电运营指挥员</td><td>评价等级</td><td>技师</td></tr>
<tr><td>项目模块</td><td colspan="4">基础能力—供电服务运营管控</td><td>编号</td><td colspan="2">Jc0001252002</td></tr>
<tr><td>单位</td><td colspan="2"></td><td>准考证号</td><td colspan="2"></td><td>姓名</td><td></td></tr>
<tr><td>考试时限</td><td colspan="2">5 分钟</td><td>题型</td><td colspan="2">多项操作</td><td>题分</td><td>100 分</td></tr>
<tr><td>成绩</td><td></td><td>考评员</td><td></td><td>考评组长</td><td></td><td>日期</td><td></td></tr>
<tr><td>试题正文</td><td colspan="7">通过 PMS 调看公用配电变压器最大负载率情况并派单</td></tr>
<tr><td>需要说明的问题和要求</td><td colspan="7">（1）要求熟悉 PMS，掌握调看公用配电变压器最大负载率的使用。
（2）正确进行调看操作。
（3）操作结束后，应举手示意，待考评员同意后方可离开考场。
（4）若考生误操作或处置不当，则该考核计 0 分</td></tr>
</table>

续表

序号	项目名称	质量要求	满分	扣分标准	扣分原因	得分
1	登录系统	说明登录 PMS 步骤	20	未说明或说明不正确扣 20 分		
2	通过 PMS 调看公用配电变压器最大负载率情况	写出调看公用配电变压器最大负载率步骤	20	未说明或说明不正确扣 20 分		
3	调看内容	调看最大负载率公用配电变压器，填写并派发工单	30	未说明或说明不正确扣 10 分，未说明或说明不正确扣 20 分		
4	返回系统主界面	说明返回系统主界面操作步骤	10	未说明或说明不正确扣 10 分		
5	填写报告	正确填写报告	20	每缺少 1 步扣 2 分		
合计			100			

Jc0001252003　通过 PMS 调看配电网规模情况并派单。(100 分)

考核知识点：PMS 操作

难易度：中

技能等级评价专业技能考核操作工作任务书

一、任务名称

通过 PMS 调看配电网规模情况并派单。

二、适用工种

配电运营指挥员技师。

三、具体任务

通过 PMS 调看配电网规模情况，并按要求正确派发工单。

四、工作规范及要求

（1）熟悉 PMS，明确操作范围。

（2）正确使用 PMS。

（3）明确配电网规模内容。

（4）会调阅相关数据。

五、考核及时间要求

（1）本考核操作时间为 5 分钟，包括报告整理时间，时间到停止考评。

（2）按照给定项目安排操作顺序。

（3）若有补充说明请注明。

技能等级评价专业技能考核操作评分标准

工种	配电运营指挥员					评价等级	技师
项目模块	基础能力—供电服务运营管控				编号	Jc0001252003	
单位			准考证号			姓名	
考试时限	5 分钟		题型	多项操作		题分	100 分
成绩		考评员		考评组长		日期	
试题正文	通过 PMS 调看配电网规模情况并派单						
需要说明的问题和要求	（1）要求熟悉 PMS，掌握调看配电网规模的使用。 （2）正确进行调看操作。 （3）操作结束后，应举手示意，待考评员同意后方可离开考场。 （4）若考生误操作或处置不当，则该考核计 0 分						

续表

序号	项目名称	质量要求	满分	扣分标准	扣分原因	得分
1	登录系统	说明登录 PMS 步骤	20	未说明或说明不正确扣 20 分		
2	通过 PMS 调看配电网规模情况	写出调看配电网规模步骤	20	未说明或说明不正确扣 20 分		
3	调看内容	调看配电网规模，填写并派发工单	30	未说明或说明不正确扣 10 分，未说明或说明不正确扣 20 分		
4	返回系统主界面	说明返回系统主界面操作步骤	10	未说明或说明不正确扣 10 分		
5	填写报告	正确填写报告	20	每缺少 1 步扣 2 分		
合计			100			

Jc0001252004　通过 PMS 调看配电网运行情况并派单。（100 分）

考核知识点：PMS 操作

难易度：中

技能等级评价专业技能考核操作工作任务书

一、任务名称

通过 PMS 调看配电网运行情况并派单。

二、适用工种

配电运营指挥员技师。

三、具体任务

通过 PMS 调看配电网运行情况，并按要求正确派发工单。

四、工作规范及要求

（1）熟悉 PMS，明确操作范围。

（2）正确使用 PMS。

（3）明确配电网运行内容。

（4）会调阅相关数据。

五、考核及时间要求

（1）本考核操作时间为 5 分钟，包括报告整理时间，时间到停止考评。

（2）按照给定项目安排操作顺序。

（3）若有补充说明请注明。

技能等级评价专业技能考核操作评分标准

<table>
<tr><td>工种</td><td colspan="7">配电运营指挥员</td><td>评价等级</td><td>技师</td></tr>
<tr><td>项目模块</td><td colspan="7">基础能力—供电服务运营管控</td><td>编号</td><td>Jc0001252004</td></tr>
<tr><td>单位</td><td colspan="2"></td><td colspan="2">准考证号</td><td colspan="3"></td><td>姓名</td><td></td></tr>
<tr><td>考试时限</td><td colspan="2">5 分钟</td><td colspan="2">题型</td><td colspan="3">多项操作</td><td>题分</td><td>100 分</td></tr>
<tr><td>成绩</td><td></td><td colspan="2">考评员</td><td colspan="2"></td><td>考评组长</td><td></td><td>日期</td><td></td></tr>
<tr><td>试题正文</td><td colspan="9">通过 PMS 调看配电网运行情况并派单</td></tr>
<tr><td>需要说明的问题和要求</td><td colspan="9">（1）要求熟悉 PMS，掌握调看配电网运行的使用。
（2）正确进行调看操作。
（3）操作结束后，应举手示意，待考评员同意后方可离开考场。
（4）若考生误操作或处置不当，则该考核计 0 分</td></tr>
</table>

续表

序号	项目名称	质量要求	满分	扣分标准	扣分原因	得分
1	登录系统	说明登录 PMS 步骤	20	未说明或说明不正确扣 20 分		
2	通过PMS调看配电网运行情况	写出调看配电网运行步骤	20	未说明或说明不正确扣 20 分		
3	调看内容	调看配电网运行情况，填写并派发工单	30	未说明或说明不正确扣 10 分，未说明或说明不正确扣 20 分		
4	返回系统主界面	说明返回系统主界面操作步骤	10	未说明或说明不正确扣 10 分		
5	填写报告	正确填写报告	20	每缺少 1 步扣 2 分		
合计			100			

Jc0001252005　通过 PMS 调看公用配电变压器过电压分布情况并派单。(100 分)

考核知识点：PMS 操作

难易度：中

技能等级评价专业技能考核操作工作任务书

一、任务名称

通过 PMS 调看公用配电变压器过电压分布情况并派单。

二、适用工种

配电运营指挥员技师。

三、具体任务

通过 PMS 调看公用配电变压器过电压分布情况，并按要求正确派发工单。

四、工作规范及要求

（1）熟悉 PMS，明确操作范围。

（2）正确使用 PMS。

（3）明确公用配电变压器过电压分布内容。

（4）会调阅相关数据。

五、考核及时间要求

（1）本考核操作时间为 5 分钟，包括报告整理时间，时间到停止考评。

（2）按照给定项目安排操作顺序。

（3）若有补充说明请注明。

技能等级评价专业技能考核操作评分标准

<table>
<tr><td>工种</td><td colspan="5">配电运营指挥员</td><td>评价等级</td><td>技师</td></tr>
<tr><td>项目模块</td><td colspan="4">基础能力—供电服务运营管控</td><td>编号</td><td colspan="2">Jc0001252005</td></tr>
<tr><td>单位</td><td colspan="2"></td><td>准考证号</td><td colspan="2"></td><td>姓名</td><td></td></tr>
<tr><td>考试时限</td><td colspan="2">5 分钟</td><td>题型</td><td colspan="2">多项操作</td><td>题分</td><td>100 分</td></tr>
<tr><td>成绩</td><td></td><td>考评员</td><td></td><td>考评组长</td><td></td><td>日期</td><td></td></tr>
<tr><td>试题正文</td><td colspan="7">通过 PMS 调看公用配电变压器过电压分布情况并派单</td></tr>
<tr><td>需要说明的问题和要求</td><td colspan="7">（1）要求熟悉 PMS，掌握调看公用配电变压器过电压分布情况的使用。
（2）正确进行调看操作。
（3）操作结束后，应举手示意，待考评员同意后方可离开考场。
（4）若考生误操作或处置不当，则该考核计 0 分</td></tr>
</table>

续表

序号	项目名称	质量要求	满分	扣分标准	扣分原因	得分
1	登录系统	说明登录 PMS 步骤	20	未说明或说明不正确扣 20 分		
2	通过 PMS 调看公用配电变压器过电压分布情况	写出调看公用配电变压器过电压分布步骤	20	未说明或说明不正确扣 20 分		
3	调看内容	调看公用配电变压器过电压分布，填写并派发工单	30	未说明或说明不正确扣 10 分，未说明或说明不正确扣 20 分		
4	返回系统主界面	说明返回系统主界面操作步骤	10	未说明或说明不正确扣 10 分		
5	填写报告	正确填写报告	20	每缺少 1 步扣 2 分		
合计			100			

Jc0001252006 通过 95598 知识库系统维护知识点。(100 分)

考核知识点：95598 知识库系统操作

难易度：中

技能等级评价专业技能考核操作工作任务书

一、任务名称

通过 95598 知识库系统维护知识点。

二、适用工种

配电运营指挥员技师。

三、具体任务

通过 95598 知识库系统，按要求正确维护知识点。

四、工作规范及要求

（1）熟悉 95598 知识库系统，明确操作范围。

（2）正确使用 95598 知识库系统。

（3）明确 95598 知识库系统知识点内容。

（4）会调阅相关数据。

五、考核及时间要求

（1）本考核操作时间为 5 分钟，包括报告整理时间，时间到停止考评。

（2）按照给定项目安排操作顺序。

（3）若有补充说明请注明。

技能等级评价专业技能考核操作评分标准

工种	配电运营指挥员					评价等级	技师
项目模块	基础能力—供电服务运营管控				编号	Jc0001252006	
单位			准考证号			姓名	
考试时限	5 分钟		题型	单项操作		题分	100 分
成绩		考评员		考评组长		日期	
试题正文	通过 95598 知识库系统维护知识点						
需要说明的问题和要求	（1）要求熟悉 95598 知识库系统，掌握维护知识点的使用。 （2）正确进行调看操作。 （3）操作结束后，应举手示意，待考评员同意后方可离开考场。 （4）若考生误操作或处置不当，则该考核计 0 分						

续表

序号	项目名称	质量要求	满分	扣分标准	扣分原因	得分
1	登录系统	说明登录插件式微应用数据共享分析平台步骤	20	未说明或说明不正确扣 20 分		
2	通过 95598 知识库调控知识点	写出维护知识点步骤	30	未说明或说明不正确扣 30 分		
3	调看内容	维护知识点	20	未维护或维护不正确扣 20 分		
4	返回系统主界面	说明返回系统主界面操作步骤	10	未说明或说明不正确扣 10 分		
5	填写报告	正确填写报告	20	每缺少 1 步扣 2 分		
合计			100			

Jc0001252007　通过供电服务指挥系统进行服务申请工单处理。（100 分）

考核知识点：供电服务指挥系统操作

难易度：中

技能等级评价专业技能考核操作工作任务书

一、任务名称

通过供电服务指挥系统进行服务申请工单处理。

二、适用工种

配电运营指挥员技师。

三、具体任务

通过供电服务指挥系统，按要求完成服务申请工单处理。

四、工作规范及要求

（1）熟悉供电服务指挥系统，明确服务申请工单处理流程。

（2）正确使用供电服务指挥系统完成服务申请工单处理。

（3）明确服务申请工单处理流程及处理时限要求。

五、考核及时间要求

（1）本考核操作时间为 20 分钟，包括报告整理时间，时间到停止考评。

（2）按照给定项目安排操作顺序。

（3）若有补充说明请注明。

技能等级评价专业技能考核操作评分标准

<table>
<tr><td>工种</td><td colspan="8">配电运营指挥员</td><td>评价等级</td><td>技师</td></tr>
<tr><td>项目模块</td><td colspan="7">基础能力—供电服务运营管控</td><td>编号</td><td colspan="2">Jc0001252007</td></tr>
<tr><td>单位</td><td colspan="3"></td><td colspan="2">准考证号</td><td colspan="3"></td><td>姓名</td><td></td></tr>
<tr><td>考试时限</td><td colspan="2">20 分钟</td><td colspan="2">题型</td><td colspan="4">单项操作</td><td>题分</td><td>100 分</td></tr>
<tr><td>成绩</td><td></td><td>考评员</td><td colspan="2"></td><td colspan="2">考评组长</td><td colspan="2"></td><td>日期</td><td></td></tr>
<tr><td>试题正文</td><td colspan="10">通过供电服务指挥系统进行服务申请工单处理</td></tr>
<tr><td>需要说明的问题和要求</td><td colspan="10">（1）通过供电服务指挥系统熟练处理服务申请工单，熟知不同子类型服务申请工单处理时限要求。
（2）正确进行处理操作。
（3）操作结束后，应举手示意，待考评员同意后方可离开考场。
（4）若考生误操作或处置不当，则该考核计 0 分</td></tr>
</table>

续表

序号	项目名称	质量要求	满分	扣分标准	扣分原因	得分
1	登录系统	说明登录供电服务指挥系统步骤	10	未说明或说明不正确扣 10 分		
2	通过供电服务指挥系统进行服务申请工单处理					
2.1	写出服务申请工单处理步骤	正确写出服务申请工单处理步骤	20	步骤不全或不正确扣 20 分		
2.2	写出不同子类型服务申请工单处理时限要求	正确写出不同子类型服务申请工单处理时限要求	40	回答不正确扣 40 分		
3	查看内容	查看服务申请处理流程是否完整	20	流程不完整扣 20 分		
4	返回系统主界面	说明返回系统主界面操作步骤	10	未说明或说明不正确扣 10 分		
合计			100			

Jc0001252008 通过供电服务指挥系统进行意见工单处理。(100 分)

考核知识点：供电服务指挥系统操作

难易度：中

技能等级评价专业技能考核操作工作任务书

一、任务名称

通过供电服务指挥系统进行意见工单处理。

二、适用工种

配电运营指挥员技师。

三、具体任务

通过供电服务指挥系统，按要求完成意见工单处理。

四、工作规范及要求

（1）熟悉供电服务指挥系统，明确意见工单处理流程。

（2）正确使用供电服务指挥系统完成意见工单处理。

（3）明确意见工单处理流程及处理时限。

五、考核及时间要求

（1）本考核操作时间为 20 分钟，包括报告整理时间，时间到停止考评。

（2）按照给定项目安排操作顺序。

（3）若有补充说明请注明。

技能等级评价专业技能考核操作评分标准

工种	配电运营指挥员					评价等级	技师
项目模块	基础能力—供电服务运营管控				编号	Jc0001252008	
单位			准考证号			姓名	
考试时限	20 分钟		题型	单项操作		题分	100 分
成绩		考评员		考评组长		日期	
试题正文	通过供电服务指挥系统进行意见工单处理						

续表

需要说明的问题和要求	（1）通过供电服务指挥系统熟练处理意见工单，熟知意见工单处理时限要求。 （2）正确进行调看操作。 （3）操作结束后，应举手示意，待考评员同意后方可离开考场。 （4）若考生误操作或处置不当，则该考核计 0 分

序号	项目名称	质量要求	满分	扣分标准	扣分原因	得分
1	登录系统	说明登录供电服务指挥系统步骤	10	未说明或说明不正确扣 10 分		
2	通过供电服务指挥系统进行意见工单处理					
2.1	写出意见工单步骤	正确写出意见工单步骤	20	未写或不正确扣 20 分		
2.2	写出意见工单处理时限要求	正确写出意见工单处理时限要求	40	回答不正确扣 40 分		
3	查看内容	查看意见工单处理流程是否完整	20	流程不完整扣 20 分		
4	返回系统主界面	说明返回系统主界面操作步骤	10	未说明或说明不正确扣 10 分		
合计			100			

Jc0001252009　通过供电服务指挥系统进行咨询工单处理。（100 分）

考核知识点：供电服务指挥系统操作

难易度：中

技能等级评价专业技能考核操作工作任务书

一、任务名称

通过供电服务指挥系统进行咨询工单处理。

二、适用工种

配电运营指挥员技师。

三、具体任务

通过供电服务指挥系统，按要求完成咨询工单处理。

四、工作规范及要求

（1）熟悉供电服务指挥系统，明确咨询工单处理流程。

（2）正确使用供电服务指挥系统完成咨询工单处理。

（3）明确咨询工单处理流程及处理时限。

五、考核及时间要求

（1）本考核操作时间为 20 分钟，包括报告整理时间，时间到停止考评。

（2）按照给定项目安排操作顺序。

（3）若有补充说明请注明。

技能等级评价专业技能考核操作评分标准

<table>
<tr><td>工种</td><td colspan="5">配电运营指挥员</td><td>评价等级</td><td>技师</td></tr>
<tr><td>项目模块</td><td colspan="4">基础能力—供电服务运营管控</td><td>编号</td><td colspan="2">Jc0001252009</td></tr>
<tr><td>单位</td><td colspan="2"></td><td>准考证号</td><td colspan="2"></td><td>姓名</td><td></td></tr>
<tr><td>考试时限</td><td colspan="2">20 分钟</td><td>题型</td><td colspan="2">单项操作</td><td>题分</td><td>100 分</td></tr>
<tr><td>成绩</td><td></td><td>考评员</td><td></td><td>考评组长</td><td></td><td>日期</td><td></td></tr>
</table>

续表

试题正文	通过供电服务指挥系统进行咨询工单处理					
需要说明的问题和要求	（1）通过供电服务指挥系统熟练处理咨询工单，熟知咨询工单处理时限要求。 （2）正确进行调看操作。 （3）操作结束后，应举手示意，待考评员同意后方可离开考场。 （4）若考生误操作或处置不当，则该考核计0分					

序号	项目名称	质量要求	满分	扣分标准	扣分原因	得分
1	登录系统	说明登录供电服务指挥系统步骤	10	未说明或说明不正确扣10分		
2	通过供电服务指挥系统进行咨询工单处理					
2.1	写出咨询工单步骤	正确写出咨询工单步骤	20	未写出或步骤不正确扣20分		
2.2	写出咨询工单处理时限要求	正确写出咨询工单处理时限要求	40	未回答或回答不正确扣40分		
3	查看内容	查看咨询工单处理流程是否完整	20	流程不完整扣20分		
4	返回系统主界面	说明返回系统主界面操作步骤	10	未说明或说明不正确扣10分		
合计			100			

Jc0001252010　通过供电服务指挥系统进行举报工单处理。（100分）

考核知识点：供电服务指挥系统操作

难易度：中

技能等级评价专业技能考核操作工作任务书

一、任务名称

通过供电服务指挥系统进行举报工单处理。

二、适用工种

配电运营指挥员技师。

三、具体任务

通过供电服务指挥系统，正确完成举报工单处理。

四、工作规范及要求

（1）熟悉供电服务指挥系统，明确举报工单处理流程。

（2）正确使用供电服务指挥系统完成举报工单处理。

（3）明确举报工单处理流程及处理时限。

五、考核及时间要求

（1）本考核操作时间为20分钟，包括报告整理时间，时间到停止考评。

（2）按照给定项目安排操作顺序。

（3）若有补充说明请注明。

技能等级评价专业技能考核操作评分标准

工种	配电运营指挥员				评价等级	技师
项目模块	基础能力—供电服务运营管控			编号	Jc0001252010	
单位		准考证号			姓名	
考试时限	20分钟	题型	单项操作		题分	100分

续表

成绩		考评员		考评组长		日期	
试题正文	通过供电服务指挥系统进行举报工单处理						
需要说明的问题和要求	（1）通过供电服务指挥系统熟练处理举报工单，熟知举报工单处理时限要求。 （2）正确进行调看操作。 （3）操作结束后，应举手示意，待考评员同意后方可离开考场。 （4）若考生误操作或处置不当，则该考核计 0 分						

序号	项目名称	质量要求	满分	扣分标准	扣分原因	得分
1	登录系统	说明登录供电服务指挥系统步骤	10	未说明或说明不正确扣 10 分		
2	通过供电服务指挥系统进行举报工单处理					
2.1	写出举报工单步骤	正确写出举报工单步骤	20	步骤不正确扣 20 分		
2.2	写出举报工单处理时限要求	正确写出举报工单处理时限要求	40	未回答或回答不正确扣 40 分		
3	查看内容	查看举报工单处理流程是否完整	20	流程不完整扣 20 分		
4	返回系统主界面	说明返回系统主界面操作步骤	10	未说明或说明不正确扣 10 分		
合计			100			

Jc0001252011　通过供电服务指挥系统进行建议工单处理。(100 分)

考核知识点：供电服务指挥系统操作

难易度：中

技能等级评价专业技能考核操作工作任务书

一、任务名称

通过供电服务指挥系统进行建议工单处理。

二、适用工种

配电运营指挥员技师。

三、具体任务

通过供电服务指挥系统，正确完成建议工单处理。

四、工作规范及要求

（1）熟悉电服务指挥系统，明确建议工单处理流程。

（2）正确使用供电服务指挥系统完成建议工单处理。

（3）明确建议工单处理流程及处理时限。

五、考核及时间要求

（1）本考核操作时间为 20 分钟，包括报告整理时间，时间到停止考评。

（2）按照给定项目安排操作顺序。

（3）若有补充说明请注明。

技能等级评价专业技能考核操作评分标准

工种	配电运营指挥员					评价等级	技师
项目模块	基础能力—供电服务运营管控				编号	Jc0001252011	
单位			准考证号			姓名	
考试时限	20 分钟	题型	单项操作			题分	100 分
成绩		考评员		考评组长		日期	

续表

试题正文	通过供电服务指挥系统进行建议工单处理					
需要说明的问题和要求	（1）通过供电服务指挥系统熟练处理建议工单，熟知建议工单处理时限要求。 （2）正确进行调看操作。 （3）操作结束后，应举手示意，待考评员同意后方可离开考场。 （4）若考生误操作或处置不当，则该考核计 0 分					
序号	项目名称	质量要求	满分	扣分标准	扣分原因	得分
1	登录系统	说明登录供电服务指挥系统步骤	10	未说明或说明不正确扣 10 分		
2	通过供电服务指挥系统进行建议工单处理					
2.1	写出建议工单步骤	正确写出建议工单步骤	20	未写出或步骤不正确扣 20 分		
2.2	写出建议工单处理时限要求	正确写出建议工单处理时限要求	40	时限不正确扣 40 分		
3	调看内容	查看建议工单处理流程是否完整	20	流程不完整扣 20 分		
4	返回系统主界面	说明返回系统主界面操作步骤	10	未说明或说明不正确扣 10 分		
合计			100			

Jc0001252012　通过供电服务指挥系统进行投诉工单处理。（100 分）

考核知识点：供电服务指挥系统操作

难易度：中

技能等级评价专业技能考核操作工作任务书

一、任务名称

通过供电服务指挥系统进行投诉工单处理。

二、适用工种

配电运营指挥员技师。

三、具体任务

通过供电服务指挥系统，正确完成投诉工单处理。

四、工作规范及要求

（1）熟悉供电服务指挥系统，明确投诉工单处理流程。

（2）正确使用供电服务指挥系统完成投诉工单处理。

（3）明确投诉工单处理流程及处理时限。

五、考核及时间要求

（1）本考核操作时间为 20 分钟，包括报告整理时间，时间到停止考评。

（2）按照给定项目安排操作顺序。

（3）若有补充说明请注明。

技能等级评价专业技能考核操作评分标准

工种	配电运营指挥员					评价等级	技师
项目模块	基础能力—供电服务运营管控				编号	Jc0001252012	
单位			准考证号			姓名	
考试时限	20 分钟		题型	单项操作		题分	100 分
成绩		考评员		考评组长		日期	

续表

试题正文	通过供电服务指挥系统进行投诉工单处理					
需要说明的问题和要求	（1）通过供电服务指挥系统熟练处理投诉工单，熟知投诉工单处理时限要求。 （2）正确进行调看操作。 （3）操作结束后，应举手示意，待考评员同意后方可离开考场。 （4）若考生误操作或处置不当，则该考核计 0 分					
序号	项目名称	质量要求	满分	扣分标准	扣分原因	得分
1	登录系统	说明登录供电服务指挥系统步骤	10	未说明或说明不正确扣 10 分		
2	通过供电服务指挥系统进行建议工单处理					
2.1	写出投诉工单步骤	正确写出投诉工单步骤	20	未写出或步骤不正确扣 20 分		
2.2	写出投诉工单处理时限要求	正确写出投诉工单处理时限要求	40	时限不正确扣 40 分		
3	调看内容	查看投诉工单处理流程是否完整	20	流程不完整扣 20 分		
4	返回系统主界面	说明返回系统主界面操作步骤	10	未说明或说明不正确扣 10 分		
合计			100			

Jc0001252013　通过供电服务指挥系统统计 95598 故障报修工单派单情况。（100 分）

考核知识点：供电服务指挥系统操作

难易度：中

技能等级评价专业技能考核操作工作任务书

一、任务名称

通过供电服务指挥系统统计 95598 故障报修工单派单情况。

二、适用工种

配电运营指挥员技师。

三、具体任务

通过供电服务指挥系统，按要求统计 95598 故障报修工单派单情况。

四、工作规范及要求

（1）熟悉供电服务指挥系统，明确操作范围。

（2）正确使用供电服务指挥系统相关统计工作。

（3）明确 95598 故障报修工单派单情况统计知识点内容。

（4）会统计相关数据。

五、考核及时间要求

（1）本考核操作时间为 5 分钟，包括报告整理时间，时间到停止考评。

（2）按照给定项目安排操作顺序。

（3）若有补充说明请注明。

技能等级评价专业技能考核操作评分标准

工种	配电运营指挥员					评价等级	技师
项目模块	基础能力—供电服务运营管控				编号	Jc0001252013	
单位			准考证号			姓名	
考试时限	5 分钟		题型	单项操作		题分	100 分
成绩		考评员		考评组长		日期	

续表

试题正文	通过供电服务指挥系统统计 95598 故障报修工单派单情况
需要说明的问题和要求	（1）要求熟悉供电服务指挥系统，掌握统计 95598 故障报修工单派单情况的使用。 （2）正确进行统计操作。 （3）操作结束后，应举手示意，待考评员同意后方可离开考场。 （4）若考生误操作或处置不当，则该考核计 0 分

序号	项目名称	质量要求	满分	扣分标准	扣分原因	得分
1	登录系统	说明登录供电服务指挥系统步骤	20	未说明或说明不正确扣 20 分		
2	通过供电服务指挥系统统计 95598 故障报修工单派单情况	写出某单位指定时间段内统计 95598 故障报修工单派单步骤	30	未写出或步骤不正确扣 30 分		
3	统计内容	统计某单位和各区县公司指定时间段内 95598 故障报修工单数量、派单未超时工单数、派单超时工单数和派单及时率，工单来源为 95598	20	未统计或统计不正确扣 20 分		
4	返回系统主界面	说明返回系统主界面操作步骤	10	未说明或说明不正确扣 10 分		
5	填写报告	正确填写报告	20	每缺少 1 步扣 2 分		
合计			100			

Jc0001252014 通过供电服务指挥系统统计 95598 故障工单分类情况。（100 分）

考核知识点：供电服务指挥系统操作

难易度：中

技能等级评价专业技能考核操作工作任务书

一、任务名称

通过供电服务指挥系统统计 95598 故障工单分类情况。

二、适用工种

配电运营指挥员技师。

三、具体任务

通过供电服务指挥系统，按要求完成 95598 故障工单分类进行统计。

四、工作规范及要求

（1）熟悉供电服务指挥系统，明确操作范围。

（2）正确使用供电服务指挥系统相关统计工作。

（3）明确 95598 故障工单分类统计知识点内容。

（4）会统计相关数据。

五、考核及时间要求

（1）本考核操作时间为 5 分钟，包括报告整理时间，时间到停止考评。

（2）按照给定项目安排操作顺序。

（3）若有补充说明请注明。

技能等级评价专业技能考核操作评分标准

<table>
<tr><td>工种</td><td colspan="5">配电运营指挥员</td><td>评价等级</td><td>技师</td></tr>
<tr><td>项目模块</td><td colspan="4">基础能力—供电服务运营管控</td><td>编号</td><td colspan="2">Jc0001252014</td></tr>
<tr><td>单位</td><td colspan="2"></td><td>准考证号</td><td colspan="2"></td><td>姓名</td><td></td></tr>
<tr><td>考试时限</td><td>5 分钟</td><td>题型</td><td colspan="3">单项操作</td><td>题分</td><td>100 分</td></tr>
<tr><td>成绩</td><td></td><td>考评员</td><td></td><td>考评组长</td><td></td><td>日期</td><td></td></tr>
<tr><td>试题正文</td><td colspan="7">通过供电服务指挥系统统计 95598 故障工单分类情况</td></tr>
<tr><td>需要说明的问题和要求</td><td colspan="7">（1）要求熟悉供电服务指挥系统，掌握统计 95598 故障工单分类的使用。
（2）正确进行统计操作。
（3）操作结束后，应举手示意，待考评员同意后方可离开考场。
（4）若考生误操作或处置不当，则该考核计 0 分</td></tr>
</table>

序号	项目名称	质量要求	满分	扣分标准	扣分原因	得分
1	登录系统	说明登录供电服务指挥系统步骤	20	未说明或说明不正确扣 20 分		
2	通过供电服务指挥系统统计 95598 故障工单分类情况	写出某单位指定时间段内统计 95598 故障工单分类步骤	30	步骤不正确扣 30 分		
3	统计内容	统计某单位和各区县公司指定时间段内 95598 故障工单分类（高压故障、低压故障、计量装置故障、电能质量、客户内部故障、非电力故障、停电原因查询、其他故障数量）。工单来源为 95598	20	未统计或统计不正确扣 20 分		
4	返回系统主界面	说明返回系统主界面操作步骤	10	未说明或说明不正确扣 10 分		
5	填写报告	止确填写报告	20	每缺少 1 步扣 2 分		
合计			100			

第五部分
高级技师

第九章　配电运营指挥员高级技师技能笔答

Jb0001131001　供电服务指挥中心服务质量监督工作的内容是什么？（5分）

考核知识点：供电服务指挥中心服务质量监督工作的内容

难易度：易

标准答案：

全面监控供电服务核心业务、关键指标、重要数据，包括全过程工作质量、规范执行、协同处理、服务质量、数据质量及数据安全稽查与监控。负责供电服务、业务办理、95598工单处理、指标数据和客户满意度等管控，定期形成供电优质服务分析月报。对明察暗访发现的典型问题、全渠道业务异常数据、业务处理出现的典型差错及其他需要督办的事项，形成供电服务质量督办单，下发至责任单位，督办整改措施及问题销号。

Jb0001131002　供电服务指挥中心营配调数据质量稽查及管控工作的内容是什么？（5分）

考核知识点：供电服务指挥中心营配调数据质量稽查及管控工作的内容

难易度：易

标准答案：

针对营配调基础数据质量，监测配电网调度控制、停电分析到户、故障主动研判及服务指挥过程中发现的设备台账错误、拓扑关系错误、设备参数错误、采集数据错误等情况，接受国网客服中心派发营配基础数据校核工单，发送稽查工单至相关部门、班组进行闭环处理与整改督办。建立营配调基础数据质量验证机制，持续改善营配调基础数据质量。

Jb0001131003　低压网格划分的原则是什么？（5分）

考核知识点：低压网格划分的原则

难易度：易

标准答案：

低压网格划分的原则是结合区域电网发展水平、地理环境差异、客户密度分布、设备健康状况、历史抢修强度和交通拥堵状况等因素，本着"界限清晰、责任明确、快速抢修、主动服务"的原则，以公用变压器台区为基础单元，以一个或若干个街道（社区）为服务单元，兼顾客户数量、面积和路径，同时参照社会行政网格，合理划分低压服务网格。

Jb0001131004　配电网调度管辖范围划分原则是什么？（5分）

考核知识点：配电网调度管辖范围划分原则

难易度：易

标准答案：

（1）地调调度管辖范围为地域内110kV发、输、变电设备和35kV及以下认为应由地调直接调度的发、输、变电设备。

（2）配调调度管辖范围为城区35、10（6、20）kV发、输、变、配电设备。

（3）县调调度管辖范围为县域内35、10（6、20）kV发、输、变、配电设备。

（4）调度管辖设备划分应遵循有利于配电网安全、优化调度的原则，并根据配电网发展情况适时调整。上级调控机构可以根据实际工作需要，将原调度管辖范围内的调度设备授权下级调控机构。

Jb0001133005 对配电网调度计划的执行与变更要求有哪些？（7分）

考核知识点：配电网调度计划的执行与变更要求

难易度：难

标准答案：

调度计划的执行与变更应按以下要求进行：

（1）配电网月度计划应刚性执行。原则上不得随意变更，如确需变更的，应提前完成变更手续，并经地市供电企业分管领导批准。

（2）运检部门、营销部门应跟踪、督促物资及施工准备情况，在停电计划执行之前完成相关准备工作。

（3）计划停电工作，相关部门应按相关时限要求，向调控机构提交设备停电申请票。

（4）设备运检部门应严格按照调度计划批准的停电范围、工作内容、停电工期严格执行，不得擅自更改。

（5）未纳入月度停电计划的设备有临时停电需求时，相关部门（单位）应提前完成临时停电审批手续，并经分管领导批准。

（6）因客户、天气等因素未按计划实施的项目，原则上需取消该停电计划，另行履行调度计划签批手续。

（7）已开工的设备停电工作因故不能按期竣工的，应向调控机构申请办理延期手续，不得擅自延期。

Jb0001132006 新设备启动前应具备什么条件？（5分）

考核知识点：新设备启动前应具备的条件

难易度：中

标准答案：

新设备启动前应具备以下条件：

（1）该工程已全部按照设计要求安装，调试完毕、具备投运条件，验收质检（包括主设备、继电保护及安全自动装置、电力通信、调度自动化设备等）已经结束，质量符合安全运行要求，且新设备投运手续齐全。

（2）现场生产准备工作就绪。

（3）现场具备启动条件，且调度关系已明确。

（4）相关合同、技术管理协议等已经签订。

Jb0001132007 继电保护在电力系统中的任务是什么？（6分）

考核知识点：继电保护在电力系统中的任务

难易度：中

标准答案：

继电保护的基本任务：

（1）当被保护的电力系统元件发生故障时，应由该元件的继电保护装置迅速、准确地给距离故障元件最近的断路器发出跳闸命令，使故障元件及时从电力系统中断开，以最大限度地减小对电力系统元件本身的损坏，降低对电力系统安全供电的影响，并满足电力系统的某些特定要求（如保持电力系统的暂态稳定性等）。

（2）反应电气设备的不正常工作情况，并根据不正常工作情况和设备运行维护条件的不同（例如有无经常值班人员）发出信号，以便值班人员进行处理，或由装置自动进行调整，或将那些继续运行会引起事故的电气设备予以切除。反应不正常工作情况的继电保护装置允许带一定的延时动作。

Jb0001133008　电力系统对继电保护的基本要求是什么？（5分）

考核知识点：电力系统对继电保护的基本要求

难易度：难

标准答案：

继电保护装置应满足可靠性、选择性、灵敏性和速动性的要求。这“四性”之间紧密联系，既矛盾又统一。

（1）可靠性是指保护该动作时应可靠动作，不该动作时应可靠不动作。可靠性是对继电保护装置性能的最根本的要求。

（2）选择性是指首先由故障设备或线路本身的保护切除故障，当故障设备或线路本身的保护或断路器拒动时，才允许由相邻设备保护、线路保护或断路器失灵保护切除故障。为保证对相邻设备和线路有配合要求的保护和同一保护内有配合要求的两元件（如启动与跳闸元件或闭锁与动作元件）的选择性，其灵敏系数及动作时间在一般情况下应相互配合。

（3）灵敏性是指在设备或线路的被保护范围内发生金属性短路时，保护装置应具有必要的灵敏系数，各类保护的最小灵敏系数在规程中有具体规定。选择性和灵敏性的要求，通过继电保护的整定实现。

（4）速动性是指保护装置应尽快地切除短路故障，其目的是提高系统稳定性，减轻故障设备和线路的损坏程度，缩小故障波及范围，增强自动重合闸、备用电源或备用设备自动投入的效果等。一般从装设速动保护（如高频保护、差动保护）、充分发挥零序接地瞬时段保护及相间速断保护的作用、缩短继电器固有动作时间和断路器跳闸时间等方面提高速动性。

Jb0001131009　什么是电力系统安全自动装置？（5分）

考核知识点：电力系统对继电保护的基本要求

难易度：易

标准答案：

电力系统安全自动装置是指防止电力系统失去稳定和避免电力系统发生大面积停电的自动保护装置，如自动重合闸、备用电源和备用设备自动投入、自动联切负荷、自动低频（低压）减负荷、事故减出力、事故切机、电气制动、水轮发电机自动启动和调相改发电、抽水蓄能机组由抽水改发电、自动解列及自动快速调节励磁等。

Jb0001132010　自动重合闸的启动方式有哪几种？各有什么特点？（5分）

考核知识点：自动重合闸的启动方式

难易度：中

标准答案：

自动重合闸有两种启动方式：断路器控制开关位置与断路器位置不对应启动方式和保护启动方式。

不对应启动方式的优点：简单可靠，还可以纠正断路器误碰或偷跳，可提高供电可靠性和系统运行的稳定性，在各级电网中具有良好运行效果，是所有重合闸的基本启动方式。缺点：当断路器辅助触点接触不良时，不对应启动方式将失效。

保护启动方式，是不对应启动方式的补充。同时，在单相重合闸过程中需要进行一些保护的闭锁，逻辑回路中需要对故障相实现选相固定等，也需要一个由保护启动的重合闸启动元件。其缺点是不能纠正断路器误动。

Jb0001132011 电网中的正常倒闸操作，应尽可能避免在哪些情况下进行？（7分）

考核知识点：倒闸操作避免进行的情况

难易度：中

标准答案：

电网中的正常倒闸操作应尽可能避免在下列情况下进行：

（1）值班人员交接班时。

（2）电网接线极不正常时。

（3）电网高峰负荷时。

（4）雷雨、大风等恶劣气候时。

（5）联络线输送功率超过稳定限额时。

（6）电网发生事故时。

（7）其他有特殊要求时等。

Jb0001132012 隔离开关允许进行哪些操作？（6分）

考核知识点：隔离开关允许进行的操作

难易度：中

标准答案：

隔离开关允许进行下列操作：

（1）在电网无接地时拉、合电压互感器。

（2）在无雷击时拉、合避雷器。

（3）拉、合电容电流不超过5A的空载线路。

（4）拉、合35kV及以下母线的充电电流。

（5）拉、合闭路开关的旁路电流。

（6）在没有接地故障时，拉、合变压器中性点接地开关。

Jb0001132013 母线充电有哪些注意事项？（5分）

考核知识点：母线充电的注意事项

难易度：中

标准答案：

母线充电操作应考虑以下几点：

（1）母线检修结束复役时，尽量避免用隔离开关向不带电母线充电。如必须用隔离开关向不带电母线充电，应检查母线绝缘必须良好。

（2）防止出现铁磁谐振或因母线三相对地电容不平衡而产生的过电压。

（3）用断路器向不带电的母线充电时，充电断路器必须投入快速保护。

（4）旁路母线的充电操作，一般利用旁路开关进行充电，保护投入，重合闸停用。

Jb0001131014　电容器开关分/合闸操作应间隔多长时间？电容器在哪些情况下应停止运行？（5分）

考核知识点：电容器开关分/合闸操作的间隔时间

难易度：易

标准答案：

电容器开关的拉开和合上的间隔时间至少为5min。

电容器有下列情况之一者应立即停止运行：

（1）外壳有明显鼓肚变形。

（2）油浸式或密集型电容器，漏油严重或套管破裂、冒烟等。

（3）支柱绝缘子及其附件炸裂损坏等。

Jb0001132015　消弧线圈有哪几种补偿方式？（5分）

考核知识点：消弧线圈的补偿方式

难易度：中

标准答案：

通常这种补偿有三种不同的运行方式，即欠补偿、全补偿和过补偿。

（1）欠补偿：补偿后电感电流小于电容电流，或者说补偿的感抗大于线路容抗，电网以欠补偿的方式运行。

（2）全补偿：补偿后电感电流等于电容电流，或者说补偿的感抗等于线路容抗，电网以全补偿的方式运行（实际此方式电网处于谐振状态，不能正常运行）。

（3）过补偿：补偿后电感电流大于电容电流，或者说补偿的感抗小于线路容抗，电网以过补偿的方式运行。

Jb0001131016　电力系统短路和振荡的主要区别有哪些？（5分）

考核知识点：电力系统短路和振荡的主要区别

难易度：易

标准答案：

电力系统短路和振荡的主要区别有：

（1）短路时电流、电压值是突变的，而振荡时是逐渐变化的。

（2）短路时电流与电压之间的角度是基本不变的，振荡时系统任何一点电流与电压之间的相位角都随功角变化而变化。

（3）振荡时系统各点电压和电流值均做往复性摆动。

Jb0001132017　对配电网备用自动投入方式选择有何要求？（5分）

考核知识点：配电网备用自动投入方式选择要求

难易度：中

标准答案：

配电网备用自动投入方式选择应按以下要求：

（1）双母线接线、单母线分段接线方式，两回进线分供母线，母联/分段开关热备用，备用自动投入可启用母联/分段备用自动投入方式。

（2）单母线接线方式，一回进线供母线，其余进线开关热备用，备用自动投入可启用线路备用自动投入方式。

（3）内桥接线、扩大内桥接线方式，两回进线分供母线，桥开关热备用，备用自动投入可启用桥备用自动投入方式。

（4）在一回进线存在危险点（源），可能影响供电可靠性的情况下，其变电站全部负荷可临时调至另一条进线供电，启用线路备用自动投入方式。待危险点（源）消除后，变电站恢复正常备用自动投入方式。

（5）具备条件的开关站、配电室、环网单元，宜设置备用自动投入，提高供电可靠性。

Jb0002131018　配电网线路转供方式下保护应如何调整？（5分）

考核知识点：配电网线路转供方式下保护的调整

难易度：易

标准答案：

配电网线路由其他线路转供，如存在多种转供路径，应优先采用转供线路线况好、合环潮流小、便于运行操作、供电可靠性高的方式，拉手线路通过线路联络开关转供负荷时，应考虑相关线路保护定值调整。外来电源通过变电站母线转供其他出线时，应考虑电源侧保护定值调整，被转供的线路重合闸停用、联络线开关进线保护及重合闸停用。

Jb0002132019　哪些情况下应停用线路重合闸装置？（7分）

考核知识点：停用线路重合闸装置的情况

难易度：中

标准答案：

在以下情况下应停用线路重合闸装置：

（1）线路带电作业有要求时。

（2）可能造成非同期合闸时。

（3）不能满足重合闸要求的检测条件时。

（4）断路器遮断容量不允许重合时。

（5）超过断路器跳合闸次数时。

（6）重合闸装置不能正常工作时。

（7）其他应停用线路重合闸装置的情况。

Jb0002132020　配电网故障处置原则是什么？（5分）

考核知识点：配电网故障处置原则

难易度：中

标准答案：

配电网故障处置应按以下原则执行：

（1）迅速限制故障的发展，消除故障根源，解除对人身和设备的威胁，防止稳定破坏、电网瓦解和大面积停电。

（2）用一切可能的方法保持设备继续运行和不中断或少中断重要客户的正常供电，首先应保证发电厂厂用电及变电站站用电。

（3）尽快对已停电的客户恢复供电，对重要客户应优先恢复供电。

（4）及时调整电网运行方式，尽快使其恢复正常运行。

Jb0002132021　母线电压互感器运行异常随时可能发展成故障时应如何处理？（5分）

考核知识点：母线电压互感器运行异常的处理

难易度：中

标准答案：

母线电压互感器发生异常情况随时可能发展成故障时应按以下原则处理：

（1）不得用近控方法操作异常运行的电压互感器的高压侧隔离开关。

（2）不得将异常运行电压互感器的二次侧回路与正常运行电压互感器二次侧回路并列。

（3）异常运行的电压互感器高压侧隔离开关可以远控操作时，可用高压侧隔离开关进行隔离。

（4）无法采用高压侧隔离开关进行隔离时，可用开关切断该电压互感器所在母线的电源，然后隔离故障电压互感器。

Jb0002132022　变电站断路器无法分闸时应如何处理？（5分）

考核知识点：变电站断路器无法分闸的处理

难易度：中

标准答案：

变电站断路器无法分闸时应按以下原则处理：

（1）变电站断路器远方遥控操作无法分闸时，可到现场监控主机操作。

（2）若仍拉不开，断路器柜可就地电动操作。

（3）必要时可按相关规定手动分闸。

（4）上述方法均无法分闸时，则须在停电情况下将该断路器两侧隔离开关拉开。

Jb0002132023　线路断路器正常运行发生分合闸闭锁时，应采取什么措施？（5分）

考核知识点：线路断路器正常运行发生分合闸闭锁时应采取的措施

难易度：中

标准答案：

（1）闭锁合闸的断路器尚未闭锁分闸时，可视情况下令拉开此断路器，否则将该断路器的重合闸停用。

（2）闭锁分闸的断路器，断开其控制电源，采取旁路断路器代供方式隔离（或采用母联断路器串供）。

（3）采取旁路断路器代供方式隔离，在旁路断路器代闭锁断路器时，环路中断路器应改为非自动状态。

Jb0002133024　变电站配电网出线故障如何处理？（6分）

考核知识点：变电站配电网出线故障的处理

难易度：难

标准答案：

变电站出线故障后应按以下要求处理：

（1）无论重合成功与否，均应告知故障带电巡线，重合成功但负荷电流明显减小的，需告知巡线人员该情况。

（2）若重合不成功或未重合，则条件允许时可强送一次。

（3）查到故障点，在消除故障或隔离故障点后，确认其余线路和变电设备无明显故障点后，可进行试送。

（4）全线巡查找不到明显故障点时，可进行全线试送或逐段试送，逐段试送时应合理分段，减少可能需要的试送次数，试送的线路断路器应本身良好并可保证操作安全，必要时可全由总线断路器进行逐段试送。

（5）经逐段试送确定故障区段后加以隔离检查，对电缆可通过摇绝缘检查是否良好，故障区段外线路恢复送电。

（6）对并有小电厂的线路，试送需确认电厂侧断路器断开；对并有小电厂或供电厂保安电的线路，线路改检修处理电厂侧也应改线路检修，送电后及时告知电厂。

Jb0002132025　小接地电流系统发生单相接地时，如何寻找单相接地故障点？（7分）

考核知识点：小接地电流系统发生单相接地时单相接地故障点的查找

难易度：中

标准答案：

（1）配有完好接地选线装置的变电站，可根据其装置反应情况来确定接地点。

（2）将电网分割为电气上互不相联的几部分。

（3）停空载线路和电容器组。

（4）试跳（或试拉）线路长、分支多、负荷轻、历史事故多且不重要的线路。

（5）试跳（或试拉）分支少、负荷重的线路，最后停重要客户线路，但要首先通知该客户，在紧急情况下，重要客户来不及通知，可先试跳（或试拉）线路，事后通知客户服务中心。

（6）双母线的变电站，对重要客户的线路不能停电时，可采用倒母线的方法来寻找。

（7）对接地母线及有关设备详细检查。

Jb0002131026　单相接地逐条试拉后接地仍不消失的原因主要有哪些？应如何处置？（5分）

考核知识点：单相接地逐条试拉后接地仍不消失的原因及处置

难易度：易

标准答案：

有可能是以下情况：

（1）多条线路同相接地。

（2）母线设备接地。

（3）主变压器低压侧设备接地。

对于多条线路同相接地，可以逐次试拉但并不马上送出，待确定一条接地线路并拉停后，再逐条试送其余线路。

Jb0001132027　客户地区特征如何分类？（5分）

考核知识点：客户地区特征的分类

难易度：中

标准答案：

（1）市中心区：指市区内人口密集以及行政、经济、商业、交通集中的地区。

（2）市区：城市的建成区及规划区，一般指地级市以“区”建制命名的地区。其中，直辖市和地级市的远郊区（即由县改区的）仅统计区政府所在地、经济开发区、工业园区范围。

（3）城镇：县（包括县级市）的城区及工业、人口在本区域内相对集中的乡、镇地区。

（4）农村：城市行政区内的其他地区，包括村庄、大片农田、山区、水域等。对于城市建成区和规划区内的村庄、大片农田、山区、水域等农业负荷，仍按“农村”范围统计。

Jb0001132028 什么是配电网一级、二级、三级负荷？（5分）

考核知识点：配电网负荷分类

难易度：中

标准答案：

一级负荷是指突然停电将会造成人身伤亡，在经济上造成重大损失，在政治上造成重大不良影响、公共秩序严重混乱，或环境严重污染的这类负荷。如重要交通和通信枢纽用电负荷、重点企业中的重大设备和连续生产线、政治和外事活动中心等。

二级负荷是指突然停电将在经济上造成较大损失、在政治上造成不良影响，或公共秩序混乱的这类负荷。如突然停电将造成主要设备损坏、大量产品报废、造成环境污染、大量减产的工厂用电负荷，交通和通信枢纽用电负荷，大量人员集中的公共场所等。

三级负荷是指不属于一级和二级的其他用电负荷。如附属企业、附属车间和某些非生产性场所中不重要的用电负荷等。

Jb0001132029 国家电网有限公司对故障抢修服务规范有哪些要求？（5分）

考核知识点：国家电网有限公司对故障抢修服务规范的要求

难易度：中

标准答案：

（1）快速抢修及时复电。提供24h电力故障报修服务，对客户故障报修诉求做到快速反应，有效处理。

（2）加快故障抢修速度，缩短故障处理时间，有条件的地区应配备用于临时供电的发电车。

（3）供电抢修人员到达现场的平均时间一般为：城区范围45min，农村地区90min，特殊边远地区2h。

（4）供电抢修人员到达现场后恢复供电平均时间一般为：城区范围3h，农村地区4h。

（5）因天气等特殊原因造成故障较多，不能在规定时间内到达现场进行处理的，应向客户做好解释工作，并争取尽快安排抢修工作。

Jb0001132030 故障报修回访有哪些注意事项？（5分）

考核知识点：故障报修回访的注意事项

难易度：中

标准答案：

（1）由国网客服中心负责故障报修的回访工作，除客户明确提出不需回访的故障报修，其他故障报修应在接到工单回复结果后，24h内完成（回复）回访工作，并如实记录客户意见及满意度评价情况。

（2）回访时，遇客户反馈情况与抢修处理部门反馈结果不符，且抢修处理部门未提供有力证据、实际未恢复送电、工单填写不规范等情况时，应将工单回退，回退时应注明退单原因。

（3）由于客户原因导致回访不成功的，国网客服中心回访工作应满足：不少于3次回访，每次回访时间间隔不小于2h。回访失败应在“回访内容”中如实记录失败原因。

（4）客服专员在回访客户前应熟悉工单的回复内容，将核心业务内容回访客户，不得通过阅读基层单位工单“回复内容”的方式回访客户，遇客户不方便接受回访时应与客户沟通，约定下次回访时间。

（5）原则上每日21:00至次日8:00不得开展回访工作。

（6）如客户确认知晓故障点为其内部资产的，回访满意度默认为不评价。

Jb0002132031 供电服务指挥中心在高压故障抢修处理的工作流程是什么？（5 分）

考核知识点：供电服务指挥中心在高压故障抢修处理的工作流程

难易度：中

标准答案：

（1）值班调控员通过调度自动化系统发现故障信息（10kV 故障信息），告知配电网抢修指挥人员，并共同对故障进行研判（区分公用线路或专线），由值班调控员通知相应责任单位查找故障，10kV 专线故障通知相关部门协调处理。

（2）配电网抢修指挥人员做好记录后，报送故障停电信息至 95598 系统。此时若有故障报修工单下派，配电网抢修指挥人员通过关联对应后，迅速进行工单合并，减少下派至运维单位的同类工单数量。

（3）若故障需调整运行方式，由调控员进行方式调整，隔离故障点，完成安全措施后，许可现场故障抢修。现场抢修完毕后由抢修人员反馈处理结果至值班调控员和配电网抢修指挥人员。

Jb0001131032 对外停限电通知客户时，供电企业应做到哪些要求？（5 分）

考核知识点：对外停限电通知客户时供电企业应做到的要求

难易度：易

标准答案：

（1）因供电设施计划检修需要停电的，应提前 7 日公告停电区域、停电线路、停电时间。

（2）因供电设施临时检修需要停电的，应提前 24h 公告停电区域、停电线路、停电时间。

（3）因电网发生故障或电力供需紧张等原因需要停电、限电的，应按照所在地人民政府批准的有序用电方案或者事故应急处置方案执行。

Jb0001132033 设备缺陷分类是什么？（5 分）

考核知识点：设备缺陷分类

难易度：中

标准答案：

设备缺陷按照对电网运行的影响程度，分为危急、严重和一般三类：

（1）危急缺陷是指电网设备在运行中发生了偏离且超过运行标准允许范围的误差，直接威胁安全运行并需立即处理的缺陷，否则，随时可能造成设备损坏、人身伤亡、大面积停电、火灾等事故。

（2）严重缺陷是指电网设备在运行中发生了偏离且超过运行标准允许范围的误差，对人身或设备有重要威胁，暂时尚能坚持运行，不及时处理有可能造成事故的缺陷。

（3）一般缺陷是指电网设备在运行中发生了偏离运行标准的误差，尚未超过允许范围，在一定期限内对安全运行影响不大的缺陷。

Jb0002132034 客户失电的故障研判逻辑是什么？（5 分）

考核知识点：客户失电的故障研判逻辑

难易度：中

标准答案：

依据客户报修信息，结合营配贯通客户对应关系，获取客户关联表箱及坐标信息，实现报修客户定位；依据电网拓扑关系由下往上追溯到所属配电变压器；召测（透抄）客户电能表以及配电变压器的运行信息，根据电能表以及配电变压器运行信息判断故障。如电能表运行正常，则研判为客户内部故障；如电能表能够召测（透抄）成功，但运行异常，则研判为低压单户故障；如电能表召测失败、配电变压器运行正常，则报修为低压故障；如果配电变压器有一相或两相电压异常（电压约等于 0），则研判为配电变压器缺相故障；如果配电变压器电压、电流都异常（电压、电流都约等于 0），则研判为本配电变压器故障。

Jb0002133035 主干线开关失电的故障研判逻辑是什么？（8 分）

考核知识点：主干线开关失电的故障研判逻辑

难易度：难

标准答案：

针对主干线开关失电研判可通过以下两种情况实现，两种研判结果可作为相互校验的依据，并能实现研判结果的合并。第一种采用主干线开关跳闸信息直采，从上至下进行电网拓扑分析；第二种未接收到主干线开关跳闸信息时，采用多个分支线开关跳闸信息和联络开关运行状态，由下往上进行电源点追溯到公共主干线开关，再由该主干线开关为起点，从上至下进行电网拓扑分析，生成停电区域。

（1）配电网故障研判技术支持系统接收主干线开关跳闸信息后，根据电网拓扑关系，结合联络开关运行状态信息，从上至下分析故障影响的停电区域。

（2）配电网故障研判技术支持系统接收多条分支线失电信息后，由下往上进行电源点追溯，获取同一时段下多条分支线所属的公共主干线路开关，结合联络开关运行状态信息，根据电网拓扑关系，生成停电区域。一旦报送的该主干线路下分支线开关跳闸数量在预先设定的允许误报率范围内，则研判为主干线故障；否则研判为分支线失电。

Jb0002132036 故障研判技术原则中信息来源准确性校验原则是什么？（5 分）

考核知识点：故障研判技术原则中信息来源准确性校验原则

难易度：中

标准答案：

（1）主干线开关跳闸信息结合该线路下的多个配电变压器停电告警信息，校验主干线开关跳闸信息的准确性。

（2）分支线开关跳闸信息结合该支线路下的多个配电变压器停电告警信息，校验分支线开关跳闸信息的准确性。

（3）配电变压器停电告警信息通过实时召测配电变压器终端及该配电变压器下随机多个智能电能表的电压、电流、负荷值来校验配电变压器停电信息的准确性。

（4）客户失电告警信息通过实时召测客户侧电能表的电压、电流、负荷值来校验客户内部故障或低压故障。

Jb0001132037 如何开展停电时户数预算式管控？（5 分）

考核知识点：故障研判技术原则中信息来源准确性校验原则

难易度：中

标准答案：

建立停电时户数预算式管控机制，结合年度施工检修项目计安排、电网转供电能力、不停电作业能力、自动化及运维管控平台提升情况，确定年度停电时户数较上年压降比例，明确年度电时户数预控目标，将预控目标层层分解、逐级落实到每一个专业、每一个班所、每一条线路、每一个台区。强化预算源头管理，在施工检修计划编制阶段，根据预控目标和停电时户数消耗情况，按照“先算后报、先算后停”的原则，统筹确定季度、月停电计划安排，明确时户数指标消耗限值。严格预控指标执行程序刚性管控，建立动态跟踪、定期分析、超标预警、分级审批工作机制，按日统计通报停电时户数消耗与余额情况，强化停计划执行情况预警、督办，确保预控目标实现。

Jb0001133038　重大服务事件主要包括哪些事件？（16 分）

考核知识点：重大服务事件主要包括的事件

难易度：难

标准答案：

重大服务事件主要包括以下内容。

（1）投诉类重大服务事件：

1）国家党政机关、电力管理部门及省级政府部门转办或督办的客户投诉事件。

2）国家级媒体、网站关注或介入的客户投诉事件。

3）涉及一级及以上高危及重要电力客户停电并可能造成重大影响的投诉。

4）供电服务引发的 10 人及以上集体投诉。

5）客户来电反映敏感用电问题，并表示要向国家级监管机构、政府热线、媒体等有关部门反映的投诉。

6）半年内同一客户反映因供电企业责任导致同一问题长期得不到解决，发生重复 3 次及以上的投诉，其中电压质量长时间异常投诉时限为一年内三次。

7）涉及省公司周环比增长超过 100%且绝对数量超过 50 件的投诉二级分类异常波动。

8）涉及收费标准、收费项目和农网改造中私立收费项目、擅自更改收费标准和农网改造乱收费的投诉事件；供电企业员工在供电服务过程中，涉及金额 5000 元及以上乱收费、以权谋私等损害公司或客户利益的投诉事件。

9）关于供电企业员工为专用变压器及以上电力客户指定设计、施工及供货单位的事件。

（2）举报类重大服务事件：关于供电企业员工在供电服务过程中，涉及以权谋私等损害公司或客户利益的举报。

（3）其他重大服务事件：

1）客户反映国家级重要活动保电场所保电时段，直辖市或副省级及以上城市机场、车站、铁路等场所发生停电，可能造成严重影响的事件。

2）因地震、泥石流等不可预见的自然灾害或事故引发故障停电，可能造成话务波动的事件。

3）客户反映可能或已经被国家级媒体（包括微博、微信等网络媒体）曝光的供电服务事件。

4）因突发用电状况，客户明确表述出现严重的人身伤亡事件及可能会造成客户严重人身财产安全的事件。

（4）95598 业务运营事件：话务平台重大故障导致需硬电话接入、某个省（市）电话整体无法接入，重大业务系统故障导致业务平台无法使用、工单流转异常、当日国网客服中心某个分中心整体接听率或某个客服部接听率低于 85%等事项。

Jb0001132039　营业窗口服务规范性核查重点核查哪些行为？（5 分）

考核知识点：营业窗口服务规范性核查重点核查的行为

难易度：中

标准答案：

营业窗口服务规范性核查重点核查以下行为：

（1）营业时间监控。重点核查营业窗口工作人员不按时上岗、提前下班、营业时间无人值班等营业时间不规范问题。

（2）服务环境监控。重点核查营业窗口环境卫生、服务设施定置不规范问题。

（3）行为规范监控。重点核查营业窗口工作人员是否存在睡觉、聊天、抽烟、吃零食、长时间操作个人电子设备及离岗不摆放“暂停服务”标示牌等行为不规范的问题。

（4）仪容仪表监控。重点核查营业窗口工作人员是否穿着统一工装、发型发式是否符合规范要求等。

Jb0001132040 对服务申请各子类业务处理的时限要求是什么？（6分）

考核知识点：服务申请各子类业务处理的时限要求

难易度：中

标准答案：

对服务申请各子类业务处理的时限要求是：

（1）已结清欠费的复电登记业务24h内为客户恢复送电，送电后1个工作日内回复工单。

（2）电器损坏业务24h内到达现场核查，业务处理完毕后1个工作日内回复工单。

（3）服务平台系统异常业务3个工作日内核实并回复工单。

（4）电能表异常业务4个工作日内处理并回复工单。

（5）电能表数据异常业务4个工作日内核实并回复工单。

（6）其他服务申请类业务 5个工作日内处理完毕并回复工单。

Jb0001133041 服务质量监督的主要内容和工作要求是什么？（5分）

考核知识点：服务质量监督的主要内容和工作要求

难易度：难

标准答案：

服务质量监督可分为两部分，一是加强服务过程管控，建立专业协同，闭环管控机制，强化供电服务过程中规范执行、协同处理、服务质量、数据质量、典型差错和信息安全等过程指标的监测、监督、预警，编制分析报告，反馈专业部门，督促专业整改，不断规范服务行为，提高客户满意度。开展营业厅视频监控和预警，提高实时服务风险防范水平。加强业扩服务时限达标率、95598工单处理及时率、客户服务满意率、停电信息发布及时率、停电信息分析到户率、停电计划执行准确率、抢修到达现场及时率等供电服务关键指标走势分析，及时预警和督办，提升服务过程管控水平。二是加强客户服务支撑。加强中心在现代服务体系中连接“强前端”与“大后台”的枢纽作用，建立“国家电网有限公司客服中心—供电服务指挥中心”停电信息管理模式，负责推送生产类停电分析到户和营销类停电信息，支撑国家电网有限公司客服中心业务受理。全面推广结构化停电信息点对点推送到户工作，对内及时掌握沟通停电信息，对外充分利用“网上国网”App、短信或微信公众号等方式，提升停电信息发布效率及公信力。全面推进欠费停复电状态监控，确保客户及时复电，提升用电满意度。依托物联网和移动App等智能化手段，拓展线上多方互动渠道，加强办电过程、用电诉求和停电抢修等服务过程信息主动通知，强化服务过程管控，提升客户服务体验。

Jb0001132042 在A、B、C三级营业窗口内明显位置应至少公布哪些内容？（6分）

考核知识点：营业窗口公布的内容

难易度：中

标准答案：

（1）高压业扩报装业务办理流程图。

（2）低压业扩报装及分布式电源业务办理流程图。

（3）高可靠性供电费和临时接电费收费标准。

（4）各单位现行电价表。

（5）《国家电网有限公司供电服务“十项承诺”》《国家电网有限公司员工服务“十个不准”》。

（6）供电营业窗口服务人员监督台。

Jb0001132043 对营业窗口服务人员的着装打扮有哪些要求？（5分）

考核知识点： 营业窗口服务人员的着装打扮要求

难易度： 中

标准答案：

（1）营业窗口服务人员在工作时间内须穿着统一配发的工装，配套穿着，应同时穿着配套的领带、丝巾、腰带等，不得随意变更搭配，衬衣下摆要扎于裤（裙）内，衬衣扣要扣齐，佩戴工号牌于工装左胸处。同一营业窗口服务人员应穿着同一季节工装，确保窗口形象规范统一。

（2）营业窗口服务人员工装应整齐、大方、清洁、挺括，应不起皱、无污垢、无油渍、无异味。领口与袖口处要保持干净，不得有明显污迹。

（3）营业窗口服务人员应穿黑色正装皮鞋与工装相配套，鞋面保持洁净、平整，女士鞋跟不宜超过5cm。在岗期间不得赤脚、穿拖鞋、拖鞋式凉鞋。

（4）营业窗口服务人员发型、发式要简单大方，不可佩戴夸张的首饰。女员工可适度淡妆，不留披肩发；男员工不留过长头发和胡须。

Jb0001132044 对营业窗口暂时停办业务时的服务规范有哪些要求？（5分）

考核知识点： 营业窗口暂时停办业务时服务规范的要求

难易度： 中

标准答案：

当有特殊情况必须暂时停办业务离开柜台时，应先办完正在处理中的客户业务，并向最近的等候者表示歉意，然后将“暂停服务”的指示牌正面朝向客户放在柜台上，方可离开柜台。不允许出现未放置“暂停服务”指示牌离开柜台的行为，暂停服务窗口数量一般不超过当值营业窗口的50%。

当特殊情况处理结束，营业窗口服务人员回到工位时将“暂停服务”指示牌取下后，开始继续营业。

Jb0001132045 95598“最终答复”适用于哪些情况？（5分）

考核知识点： 95598“最终答复”适用的情况

难易度： 中

标准答案：

（1）因触电、电力施工、电力设施安全隐患等引发的伤残或死亡事件，供电企业确已按相关规定答复处理，但客户诉求仍超出国家有关规定的。

（2）因醉酒、精神异常、限制民事行为能力的人提出无理要求，供电企业确已按相关规定答复处理，但客户诉求仍超出国家有关规定的。

（3）因青苗赔偿（含占地赔偿、线下树苗砍伐）、停电损失、家电赔偿、建筑物（构筑物）损坏引发经济纠纷，或充电过程中引发的车辆及财务赔偿，供电企业确已按相关规定处理，但客户诉求仍超出国家有关规定的。

（4）因供电企业电力设施（如杆塔、线路、变压器、计量装置、分支箱、充电桩等）的安装位置、安全距离、噪声、计量装置校验结果和电磁辐射引发纠纷，非供电公司产权设备引发纠纷，供电企业确已按相关规定答复处理，但客户诉求仍超出国家或行业有关规定的。

Jb0001132046　供电服务指挥中心业扩全流程实时管控工作的内容是什么？（5分）

考核知识点：供电服务指挥中心业扩全流程实时管控工作的内容

难易度：中

标准答案：

负责依托业扩全流程实时管控平台进行电网资源信息公开、供电方案备案会签、接入电网受限整改、电网配套工程建设、停（送）电计划安排等线上协同流转环节的实时预警、协调催办；负责监控高压新装与增容平均办电时间，以及供电方案答复、设计文件审核、中间检查、竣工检验、装表接电环节的时长；负责监控结存情况、永久减容销户情况和变化趋势，暂停及暂停恢复的客户及容量构成情况和变化趋势；负责监控高压业扩时间异常情况；负责分析新装、增容、减容、暂停等业务的客户满意度、不满意原因、定位影响客户体验的主要问题；负责分析高压新装、增容业务整体平均时长变化趋势，内部协同情况，配套工程执行进度，评价业务成效，挖掘影响工作效率的主要环节和因素；负责分析高压新装、增容和减容销户情况，掌握新装增容、减容销户的客户及容量构成情况和变化趋势。

Jb0001132047　配电自动化危急缺陷是什么？主要包括什么？（7分）

考核知识点：配电自动化危急缺陷

难易度：中

标准答案：

配电自动化危急缺陷是指威胁人身或设备安全，严重影响设备运行、使用寿命及可能造成自动化系统失效，危及电力系统安全、稳定和经济运行，必须立即进行处理的缺陷。

主要包括：

（1）配电主站故障停用或主要监控功能失效。

（2）调度台全部监控工作站故障停用。

（3）配电主站专用不间断电源（UPS）故障。

（4）配电通信系统主站侧设备故障，引起大面积开关站通信中断。

（5）配电通信系统变电站侧通信节点故障，引起系统区片中断。

（6）自动化装置发生误动。

Jb0001132048　配电自动化严重缺陷是什么？主要包括什么？（5分）

考核知识点：配电自动化严重缺陷

难易度：中

标准答案：

配电自动化严重缺陷是指对设备功能、使用寿命及系统正常运行有一定影响或可能发展成为危急缺陷，但允许其带缺陷继续运行或动态跟踪一段时间，必须限期安排进行处理的缺陷。

主要包括：

（1）配电主站重要功能失效或异常。

（2）遥控拒动等异常。

（3）对调度员监控、判断有影响的重要遥测量、遥信量故障。

（4）配电主站核心设备（数据服务器、数据采集与监视控制系统服务器、前置服务器、GPS 天文时钟）单机停用、单网运行、单电源运行。

Jb0001132049　配电自动化一般缺陷是什么？主要包括什么？（5分）

考核知识点：配电自动化一般缺陷

难易度：中

标准答案：

配电自动化一般缺陷是指对人身和设备无威胁，对设备功能及系统稳定运行没有立即、明显的影响，且不至于发展成为严重缺陷，应结合检修计划尽快处理的缺陷。

主要包括：

（1）配电主站除核心主机外的其他设备的单网运行。

（2）一般遥测量、遥信量故障。

（3）其他一般缺陷。

Jb0001132050 馈线自动化如何分类？（6分）

考核知识点：馈线自动化的分类

难易度：中

标准答案：

馈线自动化可分为集中型与就地型。

（1）集中型。

全自动式：主站通过收集区域内配电终端的信息，判断配电网运行状态，集中进行故障定位，自动完成故障隔离和非故障区域恢复供电；

半自动式：主站通过收集区域内配电终端的信息，判断配电网运行状态，集中进行故障识别，通过遥控完成故障隔离和非故障区域恢复供电。

（2）就地型。

智能分布式：通过配电终端之间的故障处理逻辑，实现故障隔离和非故障区域恢复供电，并将故障处理结果上报给配电主站；

重合器式：在故障发生时，通过线路开关间的逻辑配合，利用重合器实现线路故障的定位、隔离和非故障区域恢复供电。

Jb0001131051 馈线自动化的实施原则是什么？（5分）

考核知识点：馈线自动化的实施原则

难易度：易

标准答案：

（1）对于主站与终端之间具备可靠通信条件，且开关具备遥控功能的区域，可采用集中型全自动式或半自动式。

（2）对于电缆环网等一次网架结构成熟稳定，且配电终端之间具备对等通信条件的区域，可采用就地型智能分布式。

（3）对于不具备通信条件的区域，可采用就地型重合器式。

Jb0001131052 配电网中常用的自动化开关器件有哪些？（5分）

考核知识点：配电网中常用的自动化开关器件

难易度：易

标准答案：

（1）重合器：重合器是一种自身具有控制和保护功能的断路器，它具有故障电流检测和操作顺序控制以及执行功能。

（2）分段器：分段器是用于配电线路上，用来隔离线路区段的自动开关装置。它实际上是带有自动保护功能的负荷开关。

（3）自动配电开关：自动配电开关是以检测网络电压来控制开关的开闭，能开断负荷电流和接通有短路故障线路的一种用于配电网的自动开关。通常也称为电压—时间型分段器，或简称电压型分段器。

Jb0001131053　配电自动化对通信网络的要求有哪些？（5分）

考核知识点：配电自动化对通信网络的要求

难易度：易

标准答案：

（1）配电通信网络应满足实时性、可靠性等要求。

（2）骨干网（四级）宜采用光纤专网，终端通信接入网采用无源光网络时应使用专用纤芯。

（3）接入网主要包括光纤专网、配电线载波、无线专网和无线公网等多种方式，应因地制宜，综合采用多种通信方式，并支持SDH、工业以太网与无源光网络混合组网通信。

（4）终端通信接入网应规范接口、统一管理。

Jb0001131054　什么是智能配电变压器终端？（5分）

考核知识点：智能配电变压器终端

难易度：易

标准答案：

集供用电信息采集、设备运行状态监测、智能控制与通信等功能于一体的二次设备（以下称终端），根据功能及适用范围不同，可分为简易型和标准型，简易型智能配电变压器终端不具备交流采样能力，通过RS-485、以太网等通信方式与集中器通信实现配电变压器监测功能，适用于安装具备交流采样功能集中器的配电台区；标准型智能配电变压器终端具备交流采样能力。

Jb0001132055　对配电自动化运行分析有何要求？（7分）

考核知识点：配电自动化运行分析的要求

难易度：中

标准答案：

配电自动化运行分析具体要求包括但不限于：

（1）支持终端台账信息统计分析。

（2）支持主站在线率统计分析。

（3）支持配电终端覆盖率统计分析。

（4）支持终端在线率统计分析。

（5）支持遥信动作正确率统计分析。

（6）支持遥控正确率、遥控使用率统计分析。

（7）支持终端缺陷率、终端消缺及时率统计分析。

Jb0001132056　如何推进配电自动化建设？（5分）

考核知识点：配电自动化建设的推进

难易度：中

标准答案：

加强配电自动化与配电网网架统筹规划，按照新建改造配电网一、二次同步建设原则，因地制宜，统筹推进配电自动化系统建设，同时做好网络安全防护设施部署。推进配电自动化系统实用化应用，在城市范围内推广就地式及智能分布式馈线自动化模式，全面推广应用智能配电变压器终端，构建中低压配电物联网，推动自动化系统向客户侧和低压侧延伸，实现快速隔离故障和恢复供电，缩小故障停电区域，缩短故障查找时间。

Jb0003131057 配电自动化系统安全防护的目标是什么？（5分）

考核知识点：配电自动化系统安全防护的目标

难易度：易

标准答案：

配电自动化系统安全防护的目标是抵御黑客、恶意代码等通过各种形式对配电自动化系统发起的恶意破坏和攻击，以及其他非法操作，防止系统瘫痪和失控，防止发生配电网一次系统事故。

Jb0003132058 对配电主站与配电终端信息交互的安全防护要求有哪些？（5分）

考核知识点：配电主站与配电终端信息交互的安全防护要求

难易度：中

标准答案：

（1）在配电运行监控前置服务器应配置基于非对称密码算法的配电网加密认证装置，对控制命令和参数设置指令进行签名操作，实现子站/配电终端对配电主站的身份鉴别与报文完整性保护。

（2）通过无线网络接入配电运行状态管控应用时，应采用安全加密措施实现配电终端参数配置、版本升级等关键和敏感信息的加密传输。

（3）配电终端和配电主站之间的认证应采取国家主管部门认可的非对称密码算法，配电终端和配电主站之间关键和敏感信息的加密应采取国家主管部门认可的对称密码算法。

Jb0003131059 安全接入区光纤专用通信网络的安全防护措施有哪些？（5分）

考核知识点：安全接入区光纤专用通信网络的安全防护措施

难易度：易

标准答案：

（1）应当使用独立纤芯（或波长），保证网络隔离通信安全。

（2）应在安全接入区配置配电安全接入网关，采用国产商用非对称密码算法实现配电安全接入网关与配电终端的双向身份认证。

Jb0003131060 安全接入区无线专用通信网络的安全防护措施有哪些？（5分）

考核知识点：安全接入区无线专用通信网络的安全防护措施

难易度：易

标准答案：

当采用无线专网时，相关安全防护措施包括：

（1）应启用无线网络自身提供的链路接入安全措施。

（2）应在安全接入区配置配电安全接入网关，采用国产商用非对称密码算法实现配电安全接入网关与配电终端的双向身份认证。

（3）应配置硬件防火墙，实现无线网络与安全接入区的隔离。

Jb0001132061 电力系统可靠性的概念是什么？（5分）

考核知识点：电力系统可靠性的概念

难易度：中

标准答案：

电力系统按可接受的质量标准和所需数量不间断地向电力用户提供电力和电量的能力的量度。

电力系统可靠性包括充裕性和安全性两个方面。

充裕性指电力系统稳态运行时，在系统元件额定容量、母线电压和系统频率等的允许范围内，考虑系统中元件的计划停运以及合理的非计划停运条件下，向用户提供全部所需的电力和电量的能力。

安全性指电力系统在运行中承受例如短路或系统中元件意外退出运行等突然扰动的能力。

Jb0001132062　供电可靠性主要指标都有哪些？（6 分）

考核知识点：供电可靠性主要指标

难易度：中

标准答案：

（1）系统平均停电时间：供电系统用户在统计期间内的平均停电小时数，记作 SAIDI-1（h/户）。

（2）平均供电可靠率：在统计期间内，对用户有效供电时间小时数与统计期间小时数的比值，记作 ASAI-1（%）。

（3）系统平均停电频率：供电系统用户在统计期间内的平均停电次数，记作 SAIFI-1（次/户）。

（4）系统平均短时停电频率：供电系统用户在统计期间内的平均短时停电次数，记作 MAIFI（次/户）。

（5）平均系统等效停电时间：在统计期间内，因系统对用户停电的影响折（等效）成全系统（全部用户）停电的等效小时数，记作 ASIDI（h）。

（6）平均系统等效停电频率：在统计期间内，因系统对用户停电的影响折（等效）成全系统（全部用户）停电的等效次数，记作 ASIFI（次）。

Jb0001132063　中压用户供电可靠性统计单位如何规定？（5 分）

考核知识点：中压用户供电可靠性统计单位的规定

难易度：中

标准答案：

在中压用户统计单位统计中，对于公用用户，一台公用配电变压器作为一个中压用户统计单位；对于专用用户，一个用电单位接在同一条或分别接在两条（多条）电力线路上的几台用户配电变压器及中压用电设备，应以一个电能计量收费点作为一个中压用户统计单位。

（1）小区供电变压器（包括专用变压器住宅小区）低压侧有一户一表居民用户的，按照公用配电变压器统计，一台公用配电变压器作为一个中压用户统计单位。但小区专用配电变压器仅负责向楼道、电梯、供水设施、景观等小区公共设施供电的，仍按照专用用户统计。

（2）专用线路和用户专用变压器按照电能计量收费点区分，全线路为专用线路的，无论有多少台变压器，只以电能计量收费点区分专用用户数量，但对仅为区分费率而设立的计量点不单独统计。对于中压侧无计量收费点，而在低压侧计量收费的专用变压器用户，仍按其所对应变压器台数确定用户数量。

（3）对于分别接在两条（多条）线路上且互为备用的双电源用户，即使有两个或多个电能计量收费点，也应记为一个中压用户统计单位。在信息系统中，仅将该用户维护在正常运行方式时向其主要供电的线路下。

Jb0001132064　供电可靠性分析的主要内容是什么？（5 分）

考核知识点：供电可靠性分析的主要内容

难易度：中

标准答案：

（1）指标完成情况。包括基础数据、运行数据和主要关键指标完成情况。应重点分析的可靠性指标：上级下达的可靠性目标完成情况、供电可靠率指标、系统平均停电时间指标、故障停电指标、预安排停电指标。

（2）影响指标的因素。如计划停电分析、故障停电分析、重复性停电情况分析、带电作业分析等，通过对责任原因的比较分析，找出供电可靠性指标的变动趋势，并对异常情况进行重点分析。

（3）管理工作及电网和设备的薄弱点分析。

（4）改进措施及其效果分析（包括上一次分析措施落实效果）。

Jb0001131065　按照《电力可靠性监督管理办法》的规定，电力企业有以下哪些行为，将依法追究责任？（5 分）

考核知识点：电力可靠性

难易度：易

标准答案：

（1）虚报、瞒报电力可靠性信息的。

（2）伪造、篡改电力可靠性信息的。

（3）拒绝或者屡次迟报电力可靠性信息的。

（4）拒绝或者阻碍电力监管机构及其工作人员依法进行检查、核查的。

Jb0001132066　国家电网有限公司强化配电网停电管理，进一步提高用户供电可靠性重点工作措施是什么？（5 分）

考核知识点：进一步提高用户供电可靠性重点工作措施

难易度：中

标准答案：

（1）加强配电网停电过程管理。一是全面开展停电时户数预算式管控；二是依托供电服务指挥中心开展供电可靠性过程管控；三是持续开展供电可靠性监测分析和数据质量管控。

（2）严控预安排停电。一是加强预安排停电统筹管理；二是严格停电作业方案审查；三是强化施工检查。

（3）压降故障停电。一是强化配电网巡视与运行维护管理；二是加强配电设备运行分析和专项治理；三是加强配电网故障抢修管理。

（4）加强配电网技术应用。一是加快推进配电自动化建设；二是加强不停电作业能力建设；三是拓展不停电作业范围。

Jb0002131067　10kV 配电线路故障保护采用过电流保护，为什么又同时加配电流速断保护？（5 分）

考核知识点：10kV 配电线路故障保护

难易度：易

标准答案：

过电流保护的启动电流是按照大于最大负荷电流的原则整定的，为了保证选择的正确性，采用逐级增大的阶梯形式时限特性，这样一来，越靠近电源端故障电流越大，短路电流保护装置动作时间越长，为克服这种情况，同时采用了提高整定值的方法来限制动作保护范围，即采用瞬时切除故障线路的电流速断保护。

Jb0002132068　变压器内部的局部放电往往是由气泡诱发产生的，请说明气泡产生的原因。（5分）

考核知识点：变压器内部的局部放电的气泡产生原因

难易度：中

标准答案：

（1）固体绝缘浸渍过程不完善，残留气泡。

（2）油在高电场作用下析出气泡。

（3）局部发热，引起绝缘材料分解产生气泡。

（4）油中杂质水分在高电场作用下电解产生气泡。

（5）外界因素，如本体进水，温度骤变，油中气泡析出。

（6）油中气泡的局部放电，又会使油和绝缘材料分解成气体，而产生新气泡。

Jb0002132069　对于中性点不接地的10kV配电网发生单相接地，故障馈线和非故障馈线有哪些特征差异？（5分）

考核知识点：中性点不接地的10kV配电网发生单相接地，故障馈线和非故障馈线的特征差异

难易度：中

标准答案：

（1）非故障线路零序电流的大小等于本线路的接地电容电流；故障线路零序电流的大小等于所有非故障线路的零序电流之和，也就是所有非故障线路的接地电容电流之和。

（2）非故障线路的零序电流超前零序电压90°，故障线路的零序电流滞后零序电压90°；故障线路的零序电流与非故障的零序电流相位差180°。

（3）接地故障处的电流大小等于所有线路（包括故障线路和非故障线路）的接地电容电流的总和，并且超前零序电压90°。

Jb0001132070　简述电力线路三段式电流保护的工作原理。（5分）

考核知识点：电力线路三段式电流保护的工作原理

难易度：中

标准答案：

（1）电力线路的三段式电流保护是指电流速断保护、带时限电流速断保护和过电流保护。

（2）电流速断保护是按本线路的末端短路时的最大短路电流整定，保护范围为本线路全长的一部分，动作时间由继电器固有时间决定。

（3）带时限电流速断保护是按下一线路的速断保护整定，保护范围为本线路全长，动作时间按下一线路的速断保护整定，其时限 t=0.5s。

（4）过电流保护是按线路最大负荷电流整定，保护范围根据近后备及远后备设置不同，近后备只对本线路起后备保护作用，远后备不仅对本线路起保护作用，并延伸至下一线路或更远，动作时间按阶梯原则整定，靠近电源侧时间长，靠近负荷侧时间短。

Jb0001131071　配电自动化中就地控制方式的馈线自动化有哪几种方案？各适用于什么情况？（5分）

考核知识点：配电自动化中就地控制方式的馈线自动化

难易度：易

标准答案：

（1）重合器方案，通过重合器分、合闸的时序配合来实现故障隔离并恢复非故障区段的供电，适用于环网线路。

（2）电压—时间型分段器方案，适用于环网线路。

（3）变电站出线断路器与重合器、分段器或者熔断器相互配合实现故障区段隔离和恢复故障区段上游区段的供电，适用于辐射状线路。

Jb0001132072　剩余电流动作保护器的选择保护装置原则是什么？（5分）

考核知识点：剩余电流动作保护器的选择保护装置原则

难易度：中

标准答案：

（1）剩余电流总保护宜采用组合式保护器，且电源的控制开关宜采用带分励脱扣器的低压断路器。

（2）剩余电流中级保护及三相动力电源的剩余电流末级保护，宜采用具有剩余电流、短路及过负荷保护功能的剩余电流断路器。

（3）单相剩余电流末级保护，宜选用剩余电流保护和短路保护为主的剩余电流断路器。

（4）剩余电流断路器、组合式剩余电流动作保护器的电源控制开关，其通断能力应能可靠地分断安装处可能发生的最大短路电流。

Jb0001132073　电力变压器的基本结构有哪些主要部分？储油柜有什么作用？小型电力变压器为什么不装设储油柜？（5分）

考核知识点：电力变压器的基本结构

难易度：中

标准答案：

（1）电力变压器主要由铁芯和绕组、绝缘引线、调压装置、油箱及冷却装置、出线套管、变压器油等组成。

（2）变压器储油柜的主要作用是：避免油箱中的油与空气接触，以防油氧化变质，渗入水分，降低绝缘性能。

（3）大型变压器密封困难，变压器油热胀冷缩时，必有水分进入油箱，安装储油柜后，当油热膨胀时，一部分油便进到储油柜罩，而当油冷却时，一部分油又从储油柜回到油箱中，这样就可以避免绝缘油大面积与空气接触，减少氧化和水分渗入。小变压器因为油量少，膨胀程度小，且容易密封，只要将箱盖盖紧就可以避免外界空气的进入，故不需要储油柜。

Jb0001132074　阐述配电网的规划设计应符合哪些基本原则。（5分）

考核知识点：配电网的规划设计应符合的基本原则

难易度：中

标准答案：

（1）中压配电网应依据高压变电站的位置和负荷分布分成若干相对独立的分区。分区配电网应有大致明确的供电范围，一般不交错重叠。分区配电网的供电范围将随新增加的高压变电站及负荷的增长而进行调整。

（2）高压变电站中压出线开关停用时，应能通过中压配电网转移负荷，对用户不停电。设计时应考虑装置分段开关，故障时便于隔离，设置杆位时应充分预留用户接入点。

（3）高压变电站之间的中压配电网应有足够的联络容量，正常时开环运行，异常时能够转移负荷。

（4）中压配电网应有较强的适应性，主干线导线截面积应按长远规划选型并一次建成，在负荷发展不能满足需要时，可增加新的馈入点或插入新的变电站，而其结构基本不变。

（5）低压配电线路单相用户接入时应考虑低压台区的三相负荷平衡问题。

（6）设计时要查明所在地区的气象条件，以便进行必要的验算。

Jb0001131075　电力系统中高次谐波有什么危害？（5分）

考核知识点：电力系统中高次谐波的危害

难易度：易

标准答案：

（1）可能引起电力系统内的共振现象。

（2）电容器与电抗器的过热与损坏。

（3）同步电机或异步电机的转子过热、振动。

（4）继电器保护装置误动。

（5）计量装置不准确及产生通信干扰等。

Jb0001131076　什么叫线路状态检修？状态检修的基本原则是什么？（5分）

考核知识点：线路状态检修定义和基本原则

难易度：易

标准答案：

（1）线路状态检修是指对巡视、检测发现的状态量超过状态控制值的部位或区段检修维护或修理的过程，可根据实际情况采取带电或停电方式进行。

（2）线路状态检修可结合线路的大修、技术改造和日常维修进行。

（3）状态检修的基本原则是指经状态巡视、状态检测和在线监测等发现的异常状态（隐患）应按“应修必修，修必修好”的原则，及时安排线路设备带电处理或停电检修。

Jb0001131077　提高配电网供电可靠性的措施有哪些？（5分）

考核知识点：提高配电网供电可靠性的措施

难易度：易

标准答案：

（1）改善配电网络结构。

（2）逐步对设备实行状态检修。

（3）开展带电作业。

（4）实现配电自动化，在发生故障时，快速隔离故障段，使非故障段倒入其他线路，恢复供电。

（5）发展临时发电车、临时变电站供电等辅助设施。

Jb0001132078　为什么要开展均负荷工作？（5分）

考核知识点：均负荷工作

难易度：中

标准答案：

均负荷工作是变压器运行工作中重要工作之一，当三相负荷不平衡时，往往造成：

（1）三相电压不平衡，使供电质量降低。

（2）不能充分发挥变压器容量以及增大调整、更换变压器的工作量，使经济效益降低。

（3）零线电流增大，超出规程规定数值，当零线发生断线后，中性点电位偏移较大，造成用电设备烧毁事故。

（4）由于不平衡电流的作用，线损增大。

Jb0001131079　消弧线圈为什么能消除线路接地时所产生的弧光电压？（5 分）

考核知识点：消弧线圈

难易度：易

标准答案：

线路接地后，故障点经线路、大地、变压器的中性点流过电容电流，若在中性点加入消弧线圈，消弧线圈中流过电感电流，此电流滞后电压 90°，而电容电流超前 90°，方向相反，相互抵消，互相补偿，故障点的电流减少，电弧自动熄灭，达到消除故障的目的。

Jb0001131080　油浸式变压器缺油运行有什么后果？（5 分）

考核知识点：油浸式变压器缺油运行的后果

难易度：易

标准答案：

（1）无法对油位和油色进行监视。

（2）增大油和空气接触面，使油氧化、受潮，降低油绝缘性能。

（3）影响绕组间、绕组对地间的绝缘强度，易造成绝缘击穿。

（4）使油循环不正常，油温升高，绝缘易老化。

Jb0002131081　正常运行的负荷较大的 10kV 线路，当拉闸限电后恢复送电时，过电流保护经常动作，试分析其原因。（5 分）

考核知识点：10kV 线路过电流保护

难易度：易

标准答案：

负荷较大的 10kV 线路，当拉闸限电后，用户的电动机等电气设备均在合闸状态，因此，10kV 线路送电后，这些用户设备均在同时启动，电动机的启动电流是额定电流的数倍，因此，造成 10kV 线路过负荷，从而使过电流保护动作。为避免过电流保护动作，应在拉闸限电后，停运部分线路变压器和小区变压器，待 10kV 线路正常运行后，再逐次将停运的线路变压器及小区变压器投入运行。

Jb0001131082　电网的无功补偿配置原则是什么？（5 分）

考核知识点：电网的无功补偿配置原则

难易度：易

标准答案：

（1）分散就地补偿与变电站集中补偿相结合，以分散补偿为主。

（2）高压补偿与低压补偿相结合，以低压补偿为主。

（3）降损与调压相结合，以降损为主。

Jb0002132083　阐述线路功率因数过低由何原因造成，以及提高功率因数有何作用。（5 分）

考核知识点：线路功率因数过低的原因

难易度：中

标准答案：

（1）造成功率因数过低的主要原因是：在电力系统中电动机及其他带线圈的用电设备过多（这些负载属纯感性负载），这类设备除从电源取得一部分电流做有功外，还将消耗部分用来建立线圈的磁场的无功电流。这样就额外地加大了电源的负担。显然，线路中的感性负载过多，无功电流所占的比例就越大，功率因数就越低，电源的额外负担就越大。

（2）提高功率因数有以下几方面的作用：

1）提高用电电压质量，改善设备运行条件，有利于安全生产；

2）节约电能，降低生产成本，提高经济效益；

3）减少线路的功率损失，提高电网输送功率；

4）减少发电机的无功负载，提高发电机的有功出力，使发电机容量得以充分发挥和利用。

Jb0001132084　电击穿的机理是什么？它有哪些特点？（5分）

考核知识点：电击穿的机理

难易度：中

标准答案：

（1）在电场的作用下，当电场强度足够大时，介质内部的电子带着从电场获得的能量，急剧地碰撞它附近的原子和离子，使之游离。因游离而产生的自由电子在电场的作用下又继续和其他原子或离子发生碰撞，这个过程不断地发展下去，使自由电子越来越多并在电场作用下定向流动。如此不断循环下去，最终在绝缘结构中形成了导电通道，绝缘性能完全被破坏。这就是电击穿的机理。

（2）电击穿的特点是：外施电压比较高；强电场作用的时间相当短便发生击穿；击穿位置往往从场强最高的地方开始（如电极的尖端或边缘处）；电击穿与电场的形状有关，而几乎与温度无关。

Jb0001132085　电晕产生的物理机理是什么？它有哪些有害影响？（5分）

考核知识点：电晕产生的物理机理及有害影响

难易度：中

标准答案：

（1）在极不均匀电场中，最大场强与平均场强相差很大，以致当外加电压及平均场强还较低时，电极曲率较大处附近空间的局部场强已很大，在这局部场强区中产生强烈的电离，但由于电极稍远处场强已大为减弱，所以此电离区不可能扩展到很大，只能局限在此电极附近的场强范围内。伴随着电离而存在的复合和反激励，辐射出大量光子，使在黑暗中可以看到在该电极附近空间有蓝色的晕光，这就是电晕。

（2）电晕放电有许多危害。首先，会引起功率损耗、能量损耗，这是因为电晕放电时的光、声、热、化学等效应都要消耗能量。其次，电晕放电还将造成对周围无线电通信和电气测量的干扰，若用示波器观察，电晕电流为一个个断续的高频脉冲。另外，电晕放电时所产生的一些气体具有氧化和腐蚀作用。而在某些环境要求比较高的场合，电晕放电时所发出的噪声有可能超过环保标准。

Jb0001132086　在10kV全电缆线路中，环网柜出线间隔保护定值配置有哪些具体要求？（5分）

考核知识点：在10kV全电缆线路中环网柜出线间隔保护定值配置的具体要求

难易度：中

标准答案：

（1）断路器间隔尽量配出给用户，原则上只接入报装容量在2000kVA及以上的用户或总容量在2000kVA及以上的架空分支线路。

（2）若断路器间隔配出给电缆分支箱（少数）：电缆分支箱进线开关配置负荷开关，所有出线开关设为负荷开关加熔断器的组合电器，全部用来接入报装容量在2000kVA以下的用户或分支线路（老旧分支箱里全部配置负荷开关无法有效隔离用户故障）。

（3）若环网柜中配出给分支箱的馈线开关采用负荷开关，则电缆分支箱进线开关配置为断路器，所有出线开关设为负荷开关加熔断器的组合电器，全部用来接入报装容量在2000kVA以下的用户或分支线路。

Jb0001132087　在10kV架空线路中，保护定值配置有哪些具体要求？（5分）

考核知识点：在10kV架空线路中保护定值配置的具体要求

难易度：中

标准答案：

（1）主干线首级开关配置为断路器，配置限时电流速断和过电流保护，重合闸根据实际情况投退。

（2）架空线路跌落式熔断器全部用来接入报装容量在1000kVA以下的用户或总容量在1000kVA以下的分支线路。熔断器熔丝规格按照报装容量的70%来计算。

（3）架空线路柱上断路器保护定值一般设为600～800A，保护时限设为0s（部分保护装置最小值为0.3s）。原则上只接入报装容量在1000kVA及以上的用户或总容量在1000kVA及以上的分支线路。

Jb0001132088　电缆线路的验收应进行哪些检查？（5分）

考核知识点：电缆线路的验收应进行的检查

难易度：中

标准答案：

（1）电缆规格符合规定，排列整齐，无损伤，标牌齐全、正确、清晰。

（2）电缆的弯曲半径、有关距离及单芯电力电缆的金属护层的接地线应符合要求。

（3）电缆终端、中间接头安装牢固，无损伤。

（4）接地良好。

（5）电缆终端相色正确，支架等的金属部件油漆（镀锌层）完整。

（6）电缆沟、隧道内、桥梁上无杂物，且盖板齐全。

Jb0002132089　电力电缆故障发生的主要原因有哪些？（5分）

考核知识点：电力电缆故障发生的主要原因

难易度：中

标准答案：

（1）机械损伤。

（2）绝缘老化。

（3）绝缘受潮。

（4）过电压。

（5）电缆发热。

（6）产品质量缺陷。

Jb0004131090　为什么要加强班组创新？如何实现班组创新？（5分）

考核知识点：班组创新

难易度：易

标准答案：

创新是企业发展的永恒动力。在班组中广泛开展职工技术创新活动，既能拥有最广泛的群众基础，又能调动好、发挥好、保护好一线职工的创造热情，更好地促进职工广泛、深入地参与公司改革发展，实现职工与公司共同发展。

（1）以“五小”、QC、技术攻关等群众性技术创新活动为载体，广泛开展班组技术创新活动。

（2）完善职工技术创新成果评价、奖励、保护、应用等闭环管理，营造鼓励创新的良好氛围，激发班组创新活力。

（3）突出劳模示范引领作用，坚持“全员全面、实际实用、共建共享、创新创优、成长成才”的思路，实现创新创效。

Jb0003133091　班组安全管理有哪些内容？（5分）

考核知识点：班组安全管理

难易度：难

标准答案：

（1）班组认真贯彻“安全第一、预防为主”的方针，按照国家电网有限公司颁发的安全生产工作规定的要求，全面落实安全责任制。

（2）根据安监部门规定，组织职工参加每年一次电力安全工作规程培训和心肺复苏培训，考试合格后方可上岗工作。特种作业人员必须经过专门培训，考试合格后，持证上岗。

（3）班组要坚持每天召开班前会，班前会上布置生产任务的同时要交代安全工作。

（4）生产性班组每周组织一次安全日活动，非生产性班组每月组织一次安全日活动，每次活动不得少于2h并做好记录。

（5）运行、检修、基建班组，要结合季节特点和发生事故的规律每年必须进行季节性安全生产大检查，其他班组要根据情况进行定期和不定期的安全检查，查思想、查规程、查工器具、查隐患、查薄弱环节。

（6）生产班组严格执行“两票（工作票、操作票）三制（交接班制度、巡回检查制度、设备定期试验轮换制度）”和设备缺陷管理等保证电力生产安全的基本制度，做到严肃、认真、准确、及时，达到标准化、规范化的要求。

（7）安全工器具的管理、检查试验和使用等，应符合规程规定和有关要求，禁止使用不合格工器具。压力容器要定期检查、试验，符合要求。

（8）班组要协助领导和有关部门组织事故调查，对事故坚持“四不放过”原则。

Jb0004131092　电力应用文的学习和运用有什么意义？简述公文处理的原则。（5分）

考核知识点：电力应用文

难易度：易

标准答案：

（1）培养协作能力，提高业务素质；开发智力资源，造就创造型人才；促进理论与实践相结合，学以致用。

（2）公文处理应当坚持实事求是、精简、高效的原则，做到及时、准确、安全；公文处理必须严格执行国家保密法律、法规和其他有关规定，确保国家秘密的安全。

Jb0004131093　如何提高沟通协调能力？（5分）

考核知识点：沟通协调能力的提高

难易度： 易

标准答案：

（1）积极沟通。重视且乐于沟通，愿意与人建立联系。

（2）换位思考。能够打破自我心中的思维模式，尝试从对方的角度和立场考虑问题，体察对方感受，促进互相理解。

（3）及时反馈。重视信息的分享，用心倾听各方的意见，并根据实际情况及时做出调整和回应。

（4）机制保证。能够有意识地在组织中搭建沟通平台，通过机制建设确保沟通渠道的顺畅。

Jb0002131094　带电作业何种情况下应停用重合闸，并不得强送电？（5分）

考核知识点： 带电作业

难易度： 易

标准答案：

（1）中性点有效接地的系统中有可能引起单相接地的作业，中性点非有效接地的系统中有可能引起相间短路的作业，工作票签发人或工作负责人认为需要停用重合闸的作业应停用重合闸，并不得强送电。

（2）禁止约时停用或恢复重合闸。

Jb0001131095　电网管理单位与分布式电源用户签订的并网协议中，在安全方面至少应明确哪些内容？（5分）

考核知识点： 并网协议

难易度： 易

标准答案：

并网协议至少应明确下述内容：

（1）并网点开断设备（属于用户）操作方式。

（2）检修时的安全措施。双方应相互配合做好电网停电检修的隔离、接地、加锁或悬挂标示牌等安全措施，并明确并网点安全隔离方案。

（3）由电网管理单位断开的并网点开断设备，仍应由电网管理单位恢复。

Jb0003132096　符合哪些情况的电网事件属于特别重大电网事故（一级电网事件）？（5分）

考核知识点： 特别重大电网事故

难易度： 中

标准答案：

有下列情形之一者，为特别重大电网事故（一级电网事件）：

（1）造成区域性电网减供负荷30%以上者。

（2）造成电网负荷20 000MW以上的省（自治区）电网减供负荷30%以上者。

（3）造成电网负荷5000MW以上20 000MW以下的省（自治区）电网减供负荷40%以上者。

（4）造成直辖市电网减供负荷50%以上，或者60%以上供电用户停电者。

（5）造成电网负荷2000MW以上的省（自治区）人民政府所在地城市电网减供负荷60%以上，或者70%以上供电用户停电者。

Jb0003132097　符合哪些情况的电网事件属于重大电网事故（二级电网事件）？（5分）

考核知识点： 重大电网事故

难易度：中

标准答案：

有下列情形之一者，为重大电网事故（二级电网事件）：

（1）造成区域性电网减供负荷10%～30%者。

（2）造成电网负荷20 000MW以上的省（自治区）电网减供负荷13%～30%者。

（3）造成电网负荷5000～20 000MW的省（自治区）电网减供负荷16%～40%者。

（4）造成电网负荷1000～5000MW的省（自治区）电网减供负荷50%以上者。

（5）造成直辖市电网减供负荷20%～50%，或者30%～60%的供电用户停电者。

（6）造成电网负荷2000MW以上的省（自治区）人民政府所在地城市电网减供负荷40%～60%，或者50%～70%供电用户停电者。

（7）造成电网负荷2000MW以下的省（自治区）人民政府所在地城市电网减供负荷40%以上，或者50%以上供电用户停电者。

（8）造成电网负荷600MW以上的其他设区的市电网减供负荷60%以上，或者70%以上供电用户停电者。

Jb0003132098　当电网安全水平降低，出现哪些情况时，将被定为六级电网事件？（5分）

考核知识点：六级电网事件

难易度：中

标准答案：

当电网安全水平降低，出现下列情况之一者，将被定为六级电网事件：

（1）区域电网、省（自治区、直辖市）电网实时运行中的备用有功功率不能满足调度规定的备用要求。

（2）电网输电断面超稳定限额连续运行时间超过1h。

（3）220kV以上线路、母线失去主保护。

（4）互为备用的两套安全自动装置（切机、切负荷、振荡解列、集中式低频低压解列等）非计划停用时间超过72h。

（5）系统中发电机组AGC装置非计划停用时间超过72h。

Jb0003132099　符合哪些条件的事件将被认定为八级设备事件？（5分）

考核知识点：八级设备事件

难易度：中

标准答案：

八级设备事件未构成七级以上设备事件，符合下列条件之一者定为八级设备事件：

（1）造成5万元以上10万元以下直接经济损失者。

（2）10kV以上输变电设备跳闸（10kV线路跳闸重合成功不计）、被迫停运、非检修、停止备用；或设备异常造成限（降）负荷（输送功率）运行。

（3）35kV变电站站用直流全部失电。

（4）110kV（含66kV）变电站站用交流全部失电。

（5）发电厂出现下列情况之一者：

1）发电机组被迫停止运行或停止备用；

2）主要构建筑物、水库库盆、输水道等出现缺陷需要处理的；

3）主要辅机和公用系统被迫停止运行或停止备用；

4）发电机－变压器组主保护非计划停运，导致主保护非计划单套运行，时间超过24h；
5）供热发电机组对用户停止供热；
6）风电机组故障停运。

Jb0003132100　哪些事故应由调查组填写事故调查报告书？（5分）

考核知识点：事故调查报告书

难易度：中

标准答案：

下列事故应由调查组填写事故调查报告书：
（1）人身死亡、重伤事故，填写人身事故调查报告书。
（2）五级以上电网事故填写电网事故调查报告书。
（3）五级以上设备事故填写设备事故调查报告书。
（4）六级以上信息系统事件填写信息系统事件调查报告书。
（5）其他由国家电网有限公司、省电力公司、国家电网有限公司直属公司根据事故性质及影响程度指定填写的。

Jb0003131101　《国家电网有限公司安全事故调查规程》中所说的输变电主设备主要包含哪些设备？（5分）

考核知识点：国家电网有限公司安全事故调查

难易度：易

标准答案：

输变电主设备是指：
（1）主变压器、电抗器、高压母线、配电变压器、断路器、线路（电缆）和厂用变压器等。
（2）换流器、换流变压器、交流滤波器、直流滤波器、平波电抗器和接地极等。

Jb0003132102　七级以上事故应报送月度事故快报，其应包括哪些内容？（5分）

考核知识点：月度事故快报

难易度：中

标准答案：

七级以上事故应报送月度事故快报，其应包括下列内容：
（1）人身死亡、重伤和轻伤人数。
（2）电网、设备、信息系统事故次数。
（3）恶性误操作事故次数。
（4）事故发生的时间、地点、单位；事故发生的简要经过、伤亡人数、直接经济损失的初步估计；设备损坏、电网停电影响以及系统和网络故障的初步情况；事故发生原因的初步判断。
（5）事故造成负荷损失的，需同时填报损失负荷和停电用户数。

Jb0003132103　电网电能质量降低，造成哪些后果的事件才能被认定为五级电网事件？（5分）

考核知识点：五级电网事件

难易度：中

标准答案：

电网电能质量降低，造成下列后果之一者将被认定为五级电网事件：

（1）频率偏差超出以下数值：

在装机容量 3000MW 以上电网，频率偏差超出 50Hz±0.2Hz，延续时间 30min 以上。

在装机容量 3000MW 以下电网，频率偏差超出 50Hz±0.5Hz，延续时间 30min 以上。

（2）500kV 以上电压监视控制点电压偏差超出±5%，延续时间超过 1h。

Jb0003132104　最新修订的《国家电网有限公司安全事故调查规程》的制定目的、依据和正式实施时间分别是什么？（5 分）

考核知识点：国家电网有限公司安全事故调查

难易度：中

标准答案：

（1）制定目的：为了规范国家电网公司系统安全事故报告和调查处理，落实安全事故责任追究制度，通过对事故的调查分析和统计，总结经验教训，研究事故规律，采取预防措施，防止和减少安全事故。

（2）制定依据：根据《生产安全事故报告和调查处理条例》（国务院令第 493 号）、《电力安全事故应急处置和调查处理条例》（国务院令第 599 号）等法规，制定本规程。

（3）最新修订的《国家电网有限公司安全事故调查规程》规程自 2012 年 1 月 1 日起施行。

Jb0002133105　断路器在什么情况下应申请立即停电检修？（5 分）

考核知识点：断路器的停电检修

难易度：难

标准答案：

（1）套管有严重破损和放电现象。

（2）油断路器灭弧室冒烟或内部有异常声响。

（3）油断路器严重漏油，油位器中见不到油面。

（4）SF_6气室严重漏气，发出操作闭锁信号。

（5）真空断路器出现真空损坏的咝咝声、不能可靠合闸、合闸后声音异常、合闸铁芯上升不返回、分闸脱扣器拒动。

（6）断路器动作合闸后，值班人员应立即记录故障发生的时间，并立即进行“事故特巡”，查明原因及处理检修。

（7）断路器对故障分闸强行送电后，无论成功与否，均应对断路器外观进行仔细检查和处理。

（8）断路器对故障跳闸时发生拒动，造成越级分闸，在恢复系统送电前，应将发生拒动的断路器脱离系统并保持原状，待查清拒动原因并消除缺陷后方可投入运行。

（9）SF_6断路器发生意外爆炸或严重漏气等事故，值班人员接近设备要谨慎，尽量选择从“上风”接近设备，必要时要戴防毒面具，穿防护服。

Jb0002133106　简述 10kV 高压跌开式熔断器常见的故障。（5 分）

考核知识点：10kV 高压跌开式熔断器常见的故障

难易度：难

标准答案：

（1）前抱箍螺栓与跌开式熔断器横担的连接点。跌开式熔断器运行时间过长时，螺栓很容易锈死，当需要更换时，很难拆下，往往要用钢锯把螺栓锯断。这种做法将导致通电时间较长，易造成用户投诉。

（2）支柱。由于运行时间长，瓷质老化，如果检修人员在进行拉合熔管操作时用力过猛，则会将支柱颈部推（拉）断，造成损坏。

（3）上动触点或拉合刀片。但检修人员在线路带负荷拉合熔断器熔管时，产生的电弧对于RW3-10G型户外跌开式熔断器而言，容易把上动触点烧坏；对于RW10-10F/100A型熔断器而言，其拉合刀片较易被电弧灼伤损坏。

（4）熔管。在线路长期过负荷或经常出现故障时，由于熔管熔丝配置不合理，高于线路额定电流的情况下熔丝不易熔断，易造成熔管发热，导致熔管烧毁。此外，由于熔管两端铜帽的止定螺钉松动，其中一端的铜帽下滑，致使铜帽两端间距缩小，鸭嘴罩与上动触点接触不牢，被风吹时使熔管脱落。

（5）灭弧罩。RE10-10F/100A型熔断器是带有灭弧室的一种常用的线路控制设备。在紧急情况下需要断开线路电源时，强烈的电弧可在灭弧室内熄灭，不至于因拉弧而造成弧光短路或接地等事故。但是，如果频繁地操作或刀片长期接触不良时，灭弧罩就较易烧毁。

Jb0002133107 简述电力电缆线路常见故障的原因及防范措施。（5分）

考核知识点：电力电缆线路常见故障的原因及防范措施

难易度：难

标准答案：

（1）外力损伤。电缆在保管、运输、敷设和运行过程中都可能遭受外力损伤，特别是已运行的直埋电缆，在其他工程的地面施工中易遭损伤。这类事故往往占电缆事故的50%。为避免这类事故，除加强电缆的保管、运输、敷设等各环节的工作质量外，更重要的是严格执行动土制度。

（2）保护层腐蚀。地下杂散的电化腐蚀或非中性土壤的化学腐蚀使保护层失效，失去对绝缘的保护作用。解决办法是：在杂散电流密集区安装排流设备；当电缆线路上的局部土壤含有损害电缆的化学物质时，应将这段电缆装于管内，并用中性土壤做电缆的衬垫并覆盖，还要在电缆上涂以沥青。

（3）铅包疲劳、龟裂、胀裂。造成此原因是该电缆品质不良。这可以通过加强敷设前对电缆的检查；如电缆的安装质量或环境条件很差，安装时局部电缆受到多次弯曲，弯曲半径过小，终端头、中间投运发热导致附近电缆段过热，周围电缆密集不易散热等，这要通过抓好施工质量得以保证。

（4）过电压、过负荷运行。电缆电压选择不当、在运行中突然有高压窜入或长期超负荷，都可能使电缆绝缘强度遭破坏，将电缆击穿。这需通过加强巡视检查、改善运行条件及时解决。

（5）户外终端头浸水爆炸。因施工不良，绝缘胶未灌满，致终端头浸水，最终发生爆炸。因此，要严格执行施工工艺规程，认真验收，加强检查和及时维修。对已爆炸的终端头要截去重做。

（6）户内终端头漏油。终端头漏油，破坏了密封结构，使电缆终端部浸渍剂流失干枯，热阻增加，绝缘加速老化，易吸收潮气，造成热击穿。发现终端头渗油时应加强巡视，严重时应停电重做。

Jb0002133108 简述电力电缆的运行故障。（5分）

考核知识点：电力电缆的运行故障

难易度：难

标准答案：

运行故障是指电缆在运行中，因绝缘击穿或导体损坏而引起保护器动作突然停止供电的事故，或因绝缘击穿发生单相接地，虽未造成突然停止供电但又需要退出运行的故障。常见的运行故障如下：

（1）电缆线路单相接地（未跳闸）。一般来说，发生此类故障的电缆导体的损伤只是局部的，如果是属于机构损伤，而故障点附近的土壤又较干燥时，一般可进行局部修理，添加一个假接头，即不将电缆芯线锯断，仅将故障点绝缘加强后密封。

（2）电缆线路其他接地或接地故障。发生此类故障的电缆导体和绝缘的损伤一般较大，已不能做局部修理，这时必须将故障点和已受潮的电缆全部锯断，换上同规格的电缆，安装新的电缆接头或终端。

（3）电缆终端故障。电缆终端一般留有余线，因此，发生故障后一般应进行彻底修复。为了消除潮气，应将电缆锯断一段后重新制作终端。

Jb0003133109　配电网调控安全管理总体要求主要包括哪些内容？（5分）

考核知识点：配电网调控安全管理总体要求

难易度：难

标准答案：

配电网调控安全管理总体要求主要包括以下内容：

（1）坚持“安全第一、预防为主、综合治理”的方针，以防止发生配电网大面积停事故和调度责任事故为重点，以强化安全内控机制为核心，提升安全生产保障能力建设，确保配电网安全稳定运行。

（2）应按照“谁主管、谁负责”和下级对上级的安全生产逐级负责的原则，制订并完善各级各岗安全生产责任制。

（3）调控机构主要负责人为安全第一责任人，副职及安全员为分管工作范围内的安全责任人，各班组负责人对本班组安全生产负直接责任，专业人员对本岗位安全生产负直接责任。

（4）负责组织安全技术、劳动保护措施计划和反事故措施计划的制订、实施落实，并履行对并网发电厂涉网安全监督的职能。

（5）组织召开每月一次由安全第一责任人主持的安全分析会，按规定开展电网运行分析和班组安全活动，及时了解安全生产情况，对存在的问题进行督促整改。

（6）深入开展配电网调度系统安全生产保障能力评估工作及安全性评价活动，开展季改节性安全生产专项检查，组织落实各类安全专项活动要求，坚持事故隐患排查治理工作常态化、规范化。

（7）负责做好对新员工、换岗人员、外来施工人员等的安全教育和培训。开展安全技术等级培训认证，每年组织参加安规培训和考试，强化安全意识，提升安全能力，规范安全行为，养成良好安全习惯，营造安全文化氛围。

（8）实施从业务流程建立、执行到审核、监督、评估和改进的全过程管理，制订相关管理制度，确保核心业务流程正确、及时、顺畅流转。

（9）组织开展消防安全专项活动，落实消防安全要求。同时，要做好调控大厅、自动化机房等重要场所外来人员进出管理。

Jb0003133110　配电网应急预案及演练工作机制的主要内容有哪些？（5分）

考核知识点：配电网应急预案及演练工作机制的主要内容

难易度：难

标准答案：

（1）按照应急工作规范，成立由主要负责人组成的应急组织机构，协同参与处置因外力、恶劣气候等对电网影响较大事件，并在必要时增派人员给予支援。

（2）根据总体应急预案原则，制订调控运行突发事件处置应急工作预案及现场处置方案报安监部门备案。

（3）及时组织修订调度管辖范围内各变电站和配电站（所）全停应急预案并进行滚动修改，督促各并网电厂定期将预案上报备案，应急预案中受条件限制不能落实的措施应及时报安监部门备案。

（4）当应急指挥中心启动应急指令或调度管辖范围内配电网、自动化系统出现严重故障时，调控机构应启动应急处置预案，并按照相关规定向上级调度和应急领导小组报告。当应急结束时，应及时报告，并执行解除应急状态的指令。

（5）应建立健全备调管理相关制度、工作机制和应急预案，确保主、备调技术支持系统保持同步运行、信息一致，储备必要的备品备件并定期测试，技术资料及时更新。加强人员培训和切换演练，在主调失效的突发情况下，应采取一切可能的措施，尽快启动备调，恢复对配电网的调度指挥。

（6）每月组织开展反事故演习、技术培训，定期组织相关专业人员、厂站运行人员进行应急演练。每年结合大面积停电等突发事件演练，组织开展“无脚本”联合反事故演习，并网电厂应按要求参加演习。演习后应及时进行分析和总结，进一步强化并提高突发事件应急处置能力。

（7）根据重要活动保供电要求，制订和调整保供电期间配电网运行方式，编制相应的调度应急处置预案。保供电期间发生电力故障，在保供电领导小组的指挥下，开展应急处置。

（8）依托技术支撑手段，及时更新各类应急信息，定时编制配电网调度应急信息报告，提高应急信息报送效率。

Jb0001131111　配电自动化系统运行指标的基本要求是什么？（5分）

考核知识点：配电自动化系统运行指标的基本要求

难易度：易

标准答案：

（1）配电主站月平均运行率大于99%。

（2）配电终端月平均在线率大于95%。

（3）遥控使用率大于90%。

（4）遥控成功率大于98%。

（5）遥信动作正确率大于95%。

Jb0002132112　对线路强送电时应该考虑哪些因素？（5分）

考核知识点：线路强送电时应该考虑的因素

难易度：中

标准答案：

强送考虑因素如下：

（1）首先要考虑可能有永久性故障存在而稳定。

（2）正确选择线路强送端，一般应远离稳定的线路、厂站、母线，必要时可改变接线方式后再强送电，要考虑对电网稳定的影响等因素。

（3）强送端母线上必须有中性点直接接地的变压器。

（4）强送时要注意对邻近线路暂态稳定的影响，必要时可先降低其输送电力后再进行强送电。

（5）线路跳闸或重合不成功的同时，伴有明显系统振荡时，不应马上强送，需检查并消除振荡后再考虑是否强送电。

Jb0002132113　哪些情况线路跳闸后，不宜强送电？（5分）

考核知识点：线路跳闸后不宜强送电的情况

难易度：中

标准答案：

下列情况线路跳闸后，不宜强送电：

（1）空充电线路。

（2）试运行线路。

（3）线路跳闸后，经备用电源自动投入已将负荷转移到其他线路上，不影响供电。

（4）电缆线路。

（5）有带电作业工作并申明不能强送电的线路。

（6）线路－变压器组断路器跳闸，重合不成功。

（7）运行人员已发现明显故障现象。

（8）线路断路器有缺陷或遮断容量不足的线路。

（9）已掌握有严重缺陷的线路（水淹、杆塔严重倾斜、导线严重断股等）。除上述情况外，线路跳闸，重合动作重合不成功，按规程规定或请示总工程师批准可进行强送电一次，必要时经总工程师批准可多于一次。强送电不成功，有条件的可以对线路零起升压。

Jb0003132114　事故处理的一般原则有哪些？（5分）

考核知识点：事故处理的一般原则

难易度：中

标准答案：

事故处理一般原则：

（1）尽快限制事故发展，消除事故的根源，解除对人身和设备安全的威胁。

（2）根据系统条件尽可能保持设备继续运行，用一切可能的方法保持完好设备继续运行，以保证对客户（尤其是重要客户）正常供电。

（3）尽快对已停电的客户恢复送电，对重要客户应优先恢复供电。

（4）调整系统运行方式，使其恢复正常。

Jb0001132115　供电服务指挥系统的定位是什么？（5分）

考核知识点：供电服务指挥系统的定位

难易度：中

标准答案：

供电服务指挥系统以提升供电可靠性和客户满意度为目标，基于配电网大数据，利用大数据深度挖掘与人工智能技术，实现配电网的全景展示、透明管控、精准研判、问题诊断、智能决策、协同指挥、过程督办、绩效评估的闭环管理，服务于各专业、各层级配电专业人员。供电服务指挥平台对外是以客户为导向的供电服务统一指挥机构，对内是以可靠供电为中心的配电运营协同指挥平台，在营销、运检、调控的专业指导下，负责开展统一指挥、协调督办、过程管控、监控预警、分析评价等工作，实行7×24h全天候服务管控和服务响应。

Jb0001131116　供电服务指挥中心（配电网调控中心）的主要职责是什么？（5分）

考核知识点：供电服务指挥中心（配电网调控中心）的主要职责

难易度：易

标准答案：

供电服务指挥中心（配电网调控中心）作为营配调职能管理部门的支撑机构，主要承担配电网调度控制运行值班、配电运营管控、客户服务指挥、服务质量监督、营配调技术支持等职责及业务。

Jb0001132117　供电服务指挥体系队伍建设的要求是什么？（5分）

考核知识点：供电服务指挥体系队伍建设的要求

难易度：中

标准答案：

抓住纳入配电网调控与新增配电自动化运维业务的契机，突出新形态、新业务下的人才队伍建设，培养专业化复合型人才，研究建立健全团队激励与考核、员工发展等机制，分类制订岗位绩效评价标准，促进人员工作效率和质量的提升。做好业务组织和人员、班组管理，落实各项业务规范和工作标准；完善指挥中心和业务班组相关的规章制度、严格管控服务过程质量，提出绩效考核建议，支撑运检、营销、调控的专业管理。

Jb0001131118　配电网设备带电检测包括哪些内容？带电检测管控的任务是什么？（5分）

考核知识点：配电网设备带电检测

难易度：易

标准答案：

配电网设备带电检测主要包括 10kV（20kV）架空线路、配电变压器和柱上开关设备的红外热成像检测；10kV（20kV）环网柜、开关柜的暂态地电压和超声波局部放电检测。

配电网设备带电检测管控是指对配电线路及设备周期带电检测、特殊带电检测的计划完整性、计划执行情况等环节进行检查、督办。

Jb0001132119　配电网调控员判断配电网故障的依据信息有哪些？（5分）

考核知识点：配电网调控员判断配电网故障的依据信息

难易度：中

标准答案：

当配电网发生故障时，调控值班员应综合各种渠道信息加以分析判断，做到不漏判、不误判。这些信息主要包括：

（1）调度自动化、配电自动化等技术支持系统各种遥测、遥信信号。

（2）设备巡查人员现场情况汇报。

（3）配电网抢修指挥信息反馈。

（4）用户用电信息反馈。

Jb0002132120　当线路发现缺陷后需带电消缺时调度员应注意哪些事项？（5分）

考核知识点：线路发现缺陷后需带电消缺时调度员的注意事项

难易度：中

标准答案：

（1）注意天气条件是否允许进行带电作业。

（2）有线路重合闸的线路带电作业时应退出重合闸。

（3）带电作业的线路发生跳闸事故后，不得强送电，应和作业人员取得联系后根据情况决定是否强送电，必要时降低线路潮流。

（4）应待工作人员到达工作现场后再停用线路重合闸，以缩短线路重合闸停用时间。

Jb0001132121　对于配电自动化系统的信息交互有哪些要求？（5分）

考核知识点：配电自动化系统的信息交互的要求

难易度：中

标准答案：

（1）配电自动化系统信息交互应符合电力企业整体信息集成交互构架体系。

（2）信息交互应遵循图形、模型、数据来源及维护的唯一性原则和设备编码的统一性原则。

（3）配电自动化系统应遵循 IEC 61968 协议标准，采用信息交换总线方式，实现各系统之间信息共享，满足业务集成应用需求。

（4）信息交互必须满足电力二次系统安全防护规定，采取安全隔离措施，确保各系统及其信息的安全性。

Jb0002131122　遥控操作中发生监控系统异常或遥控失灵时应该如何处理？（5 分）

考核知识点：遥控操作中发生监控系统异常或遥控失灵时的处理

难易度：易

标准答案：

调控值班员在遥控操作中监控系统发生异常或遥控失灵时应停止操作，通知运维人员至现场检查，涉及监控主站系统的缺陷由调控员及时通知自动化值班人员协调处理，对遥控失灵的情况，调控值班员在确认现场设备无异常后可下令现场运维人员就地操作。

Jb0002131123　大量分布式发电接入后会对配电网哪些方面产生影响？（5 分）

考核知识点：大量分布式发电接入后会对配电网的影响

难易度：易

标准答案：

（1）对电能质量产生影响，使电压调整的难度增大，同时不同的分布式发电运行方式易发生电压闪变，产生不平衡电压，造成谐波污染等。

（2）对继电保护产生影响，导致继电器的保护区缩小，造成保护误动，可能使重合闸动作不成功。

（3）对配电网的可靠性有影响。

（4）对配电系统实时监视、控制和调度方面有影响。

（5）孤岛运行问题。

Jb0001131124　坚强智能电网建设包括哪些环节？两条主线是什么？分别体现哪些方面？（5 分）

考核知识点：坚强智能电网建设

难易度：易

标准答案：

（1）发电、输电、变电、配电、用电、调度六个环节，以及支撑各个环节的通信信息平台。

（2）坚强智能电网建设的两条主线指技术主线和管理主线。

（3）技术上体现为信息化、自动化、互动化；管理上体现为集团化、集约化、精益化、标准化。

Jb0001131125　什么是微电网？（5 分）

考核知识点：微电网

难易度：易

标准答案：

（1）由分布式电源、储能装置、能量转换装置、相关负荷和监控、保护装置汇集而成的小型发配电系统。

（2）能实现自我控制、保护和管理的自治系统。

（3）既可以与外部电网并网运行，又可以孤立运行。

Jb0002131126 分布式电源接入低压电网时需要考虑哪些因素？（5分）

考核知识点：分布式电源接入低压电网时需要考虑的因素

难易度：易

标准答案：

（1）考虑公共连接点处是否已有其他电源并网，分布式电源并网点的不同选择可能会给电网的电压稳定和安全保护带来不同的影响。

（2）并网点的确定原则必须总体考虑各分布式电源的共同影响，选择合适的并网点，最小化分布式电源对电网的影响。

Jb0001132127 什么是孤岛现象？非计划性孤岛现象有什么不利影响？（5分）

考核知识点：孤岛现象

难易度：中

标准答案：

（1）孤岛现象是指电网失压时，电源仍保持对失压电网中的某一部分线路继续供电的状态。孤岛现象可分为非计划性孤岛现象和计划性孤岛现象。

（2）非计划性孤岛现象发生时，由于系统供电状态未知，将造成以下不利影响：

1）可能危及电网线路维护人员和用户的生命安全。

2）干扰电网的正常合闸。

3）电网不能控制孤岛中的电压和频率，从而损坏配电设备和用户设备。

Jb0001132128 潮流计算中，根据节点给定量种类的不同，可以将系统节点分为哪几类？（5分）

考核知识点：潮流计算

难易度：中

标准答案：

（1）PQ 节点：给定节点注入的有功功率 P 和注入无功功率 Q。

（2）PV 节点：给定节点注入有功功率 P 和节点电压有效值 U，待求量是节点的注入无功功率 Q 和电压的相位 θ。

（3）平衡节点：在潮流计算中，必须设置一个平衡点，其电压有效值为给定值，电压相位 θ=0，即系统中其他各节点的电压相位都以它为参考，而其注入的有功功率和无功功率都是待求量。

Jb0001132129 能量管理系统（EMS）中静态安全分析功能的作用是什么？（5分）

考核知识点：EMS 中静态安全分析功能的作用

难易度：中

标准答案：

（1）能够对多种给定的运行方式进行预想事故分析，能快速扫描预想事故集并进行分类。

（2）能够对整个电网的安全水平进行评估，对会引起电网安全运行构成威胁的故障，如线路过载、电压越限和发电机功率越限等进行警示。

（3）提供方便的故障定义手段，可定义单/多重故障（多个元件同时断/合）。故障元件包括线路元件、变压器元件、开关、母线等。

Jb0003132130 静态安全分析与动态安全分析的区别是什么？（5分）

考核知识点：静态安全分析与动态安全分析的区别

难易度：中

标准答案：

（1）安全分析是对运行中的网络或某一研究状态下的网络按“$N-1$”原则研究各个元件因故障退出运行后网络的安全情况及安全裕度。

（2）静态安全分析是研究元件有无过负荷及母线电压有无越限。

（3）动态安全分析是研究线路功率是否超稳定极限。

（4）从功能上安全分析分为两大模块：一块为故障排序，即按“$N-1$”故障严重程度自动排序。一块为安全评估，对于静态安全分析来讲就是进行潮流计算分析，对动态安全分析则要进行稳定计算分析。

Jb0001132131　什么叫操作过电压？主要包括哪几种？（5分）

考核知识点：操作过电压

难易度：中

标准答案：

操作过电压是由于电网内部断路器操作或故障跳闸引起的过电压，主要包括：

（1）切除空载线路引起的过电压。

（2）空载线路合闸时引起的过电压。

（3）切除空载变压器引起的过电压。

（4）间隙性电弧接地引起的过电压。

（5）解合环路引起的过电压。

Jb0001131132　什么是电网的备用容量？（5分）

考核知识点：电网的备用容量

难易度：易

标准答案：

电网的备用容量指电网为在设备检修、事故、调频等情况下仍能保证电力供应而设的备用容量。电网中电源容量大于发电负荷的部分称为电网电源备用容量。应留有用电负荷备用，要求日计划安排任何时刻发电机组必须都有一定下调容量。一般把电源备用称为正备用，而把用电负荷备用称为负备用。

Jb0001131133　影响电力系统电压的因素是什么？（5分）

考核知识点：影响电力系统电压的因素

难易度：易

标准答案：

（1）系统的潮流分布。

（2）由于生产、生活、气象等因素引起的负荷变化。

（3）无功补偿容量的变化。

（4）系统运行方式的改变引起的功率分布和网络阻抗变化。

Jb0002131134　线路停送电操作的顺序是什么？（5分）

考核知识点：线路停送电操作的顺序

难易度：易

标准答案：

（1）停电拉闸操作应按照断路器（开关）、负荷侧隔离开关（刀闸）、电源侧隔离开关（刀闸）的顺序依次进行。

（2）送电合闸操作应按电源侧隔离开关（刀闸）、负荷侧隔离开关（刀闸）、断路器（开关）的顺序依次进行，禁止带负荷拉合隔离开关（刀闸）。

Jb0002132135 允许用隔离开关直接进行的操作有哪些？（5分）

考核知识点：允许用隔离开关直接进行的操作

难易度：中

标准答案：

（1）在电网无接地故障时，拉合电压互感器。

（2）在无雷电活动时拉合避雷器。

（3）拉合经试验允许220kV及以下母线和直接连接在母线上的设备的电容电流，拉合经试验允许的500kV空载母线和拉合3/2接线母线环流。

（4）在电网无接地故障时，拉合变压器中性点接地开关。

（5）与断路器并联的旁路开关，当断路器合好时，可以拉合断路器的旁路电流。拉合励磁电流不超过2A的空载变压器、电抗器和电容电流不超过5A的空载线路（但20kV以上应使用户外三联隔离开关）。

Jb0001131136 为什么要核相？哪些情况下要核相？（5分）

考核知识点：核相

难易度：易

标准答案：

若相位或相序不同的交流电源并列或合环，将会产生较大的环流，从而造成发电机或电气设备的损坏，因此需要核相。

新设备或检修后相位可能变动的设备，投入运行时，应校验相序相同后才能同期并列，校核相位相同后，才能进行合环操作。

Jb0001132137 配电网继电保护的整定要求是什么？（5分）

考核知识点：配电网继电保护的整定要求

难易度：中

标准答案：

配电网继电保护的整定应满足可靠性、选择性、灵敏性和速动性的要求，如果由于电网运行方式、装置性能等原因，不能兼顾选择性、灵敏性和速动性的要求，则应在整定时保证规定的灵敏系数要求，同时按照如下原则合理取舍：

（1）地区配电网服从主系统电网。

（2）下一级电网服从上一级电网。

（3）保护电力设备的安全。

（4）保重要用户供电。

Jb0001132138 断路器偷跳的定义、原因以及处理措施是什么？（5分）

考核知识点：断路器偷跳

难易度：中

标准答案：

（1）若系统无短路或直接接地现象，继电保护及自动装置未动作，而断路器自动跳闸的现象称作断路器偷跳。

（2）引起断路器偷跳的主要原因有：人员误碰误操作、机械外力振动、二次回路绝缘不良、直流两点接地等。

（3）处理时，明确系统无短路故障存在，若是由人员误碰误操作、机械外力振动引起自动脱扣等原因引起的偷跳，排除断路器故障原因后，应立即送电。对其他电气或机械故障，无法立即恢复送电的，则应将偷跳断路器停电检修处理。

Jb0001132139　哪些情况下配电网调控员可以向现场运维人员移交监控职责？（5分）

考核知识点：配电网调控移交监控职责

难易度：中

标准答案：

（1）配电设备处于调试和停电检修期间。

（2）当发生集中监控系统崩溃或信息通道中断等特殊情况，导致无法履行集中监管职能。

（3）厂站端监控系统、监控设备发生故障，造成部分或全部设备监控信息无法上传。

（4）配电一、二次设备缺陷频发误告警信息，严重影响或干扰配电网调控员正常工作。

（5）其他导致配电网调控员无法对设备实行有效监控职能的情况。

Jb0001132140　配电网监控范围划分有哪些原则？（5分）

考核知识点：配电网监控范围划分的原则

难易度：中

标准答案：

（1）监控范围仅限于监控信息接入调度集中运行监控系统的配电网设备，监控信息未接入调度集中监控系统的配电网设备由设备运维单位负责监控。

（2）调控机构可进行监控范围内具备遥控操作条件的单一断路器操作。

（3）对满足“双确认”（至少应有两个非同源指示发生对应变化，且所有这些确定的指示均已同时发生变化）条件的，可推行35kV及以下电压等级重合闸、备用自动投入装置投退的远方操作。

（4）监控范围原则上与调度管辖范围一致，下级调控机构监控范围调整应报上级调控机构审核批准。

Jb0001132141　合环和解环操作有何基本要求？（5分）

考核知识点：合环和解环操作的基本要求

难易度：中

标准答案：

（1）合环操作时，必须保证合环点两侧相位相同，操作前应考虑合环点两侧的相角差和电压差，无电压、相角差，电压差一般允许在20%以内，确保合环后各环节潮流的变化不超过继电保护、电网稳定和设备容量等方面的限额。

（2）对于比较复杂环网的合环操作应事先进行计算或试验，解环操作，应先检查解环点的有功、无功潮流，确保解环后电网各部分电压在规定的范围内，各环节的潮流变化不超过继电保护、电网稳定和设备容量等方面的限额。

Jb0001132142　配电网工作中哪些工作均应办理异动手续？（5分）

考核知识点：配电网工作中应办理异动手续的工作

难易度：中

标准答案：

（1）10kV 线路名称、设备参数、线路杆号发生变化；新建工程竣工接入配电网运行或引起配电网电气接线的变化。

（2）改建（包括增容）、检修工程涉及配电网电气接线和运行方式的改变。

（3）10kV 电力线路改道、T 接，增减电杆，更换导线（架空线路改成电缆线路）或更改导线（包括电缆）截面积和型号，装拆断路器、隔离开关，交叉跨越等变化；继电保护与自动装置定值和接线发生变化。

Jb0001132143　配电网异动管理中，现场管理工作要求有哪些？（5分）

考核知识点：配电网异动管理中现场管理工作要求

难易度：中

标准答案：

（1）设备运行维护单位日常巡视过程中发现现场设备或接线与 PMS、GIS 不符时，应根据现场实际情况及时向配电网调控中心提交异动申请单。

（2）设备运行维护单位应定期根据现场设备实际接线情况对 PMS、GIS 进行核对，对于不符情况及时向配电网调控中心提交异动申请单，每季度向配电网调控中心提交 10kV GIS 线路单线图。

Jb0001132144　配电网年度运行方式的编制应包括哪些内容？（5分）

考核知识点：配电网年度运行方式的编制

难易度：中

标准答案：

（1）上年度配电网生产指标、规模。

（2）配调调管的 10kV 配电网一次接线图、线路单线图。

（3）本年度新建、扩建项目。

（4）配电网计划大修项目。

（5）配电网正常运行方式及分段点。

（6）配电网继电保护及自动装置（含自动化开关）的运行统计分析。

（7）本年度配电网运行存在的问题，改进措施及建议。

Jb0001132145　配电新（改、扩）建设备投运的相关资料有哪些？（5分）

考核知识点：配电新（改、扩）建设备投运的相关资料

难易度：中

标准答案：

（1）新建工程名称范围、主要设备技术规范、自动化系统相关资料等。

（2）设备的参数，其内容包括设备厂家、型号、额定容量、装机容量、设备特性等。

（3）一次电气接线图，主要包括改造前后的 10kV 线路单线图、10kV 开关站、环网柜、分接箱的一次接线图，图纸必须标明断路器、负荷开关、隔离开关、接地开关、电压互感器、电流互感器等配置情况。

（4）提供继电保护整定所需运行方式、设备一次主接线图及有关数据，包括正常检修方式、重合闸使用方式具体要求等。

Jb0001132146　配电网检修计划管理规定中配调主要职责是什么？（5分）

考核知识点：配电网检修计划管理规定中配调主要职责

难易度：中

标准答案：

（1）执行上级调度下达的调度计划管理制度、技术标准、工作流程及相关实施细则。

（2）汇总、编制、初审配电网调度计划，参加地区配电网调度计划平衡会，对相关部门（单位）配电网调度计划执行情况实施统计、分析及考核建议的上报。

（3）参与审核管辖范围内配电设备大修技改、基建施工项目的停电施工方案，参与审核配电设备检修工期合理性。

（4）开展配电网设备异动调控相关工作，监督相关部门及时上报异动设备运行参数，负责配电网设备异动后电子接线图一致性审查工作。

Jb0001132147　分布式电源调度自动化、通信管理有哪些规定？（5分）

考核知识点：分布式电源调度自动化、通信管理的规定

难易度：中

标准答案：

（1）分布式电源的调度自动化、通信和并网运行信息采集及传输，应满足调度自动化、电力通信和电力监控系统安全防护等方面制度标准的要求。

（2）10（6）kV接入的分布式电源，上传配调主站端信息包括并网设备状态、并网点电压、电流、有功功率、无功功率和发电量。

（3）380/220V接入的分布式电源由营销部通过用电信息采集系统（或电能量采集系统）实时采集并网运行信息，规范设计并开放与调度自动化的数据接口，并能自动按规则汇集相关信息后接入配电自动化系统。

（4）380/220V接入的分布式电源，可采用无线公网通信方式，但应满足安全防护的要求。

（5）10（6）kV接入的分布式电源开展与电网通信系统有关的设备检修，如影响自动化信息采集，应提前向配调办理检修申请，获得批准后方可进行。

（6）10（6）kV接入的分布式电源，其并入电力通信光传输网、调度数据网的分布式电源通信设备，应纳入电力通信网管系统统一管理。

Jb0001133148　配电网调度操作指令票的执行有哪些规定？（5分）

考核知识点：配电网调度操作指令票的执行规定

难易度：难

标准答案：

（1）配调配电网调控员在开始操作前，应先在接线图上进行核对性模拟预演，无误后，再进行正式操作。

（2）配调配电网调控员发布操作指令时，应与受令人互报单位、姓名，现场受令人为当值负责人。配调配电网调控员两人应互相监护，在任何情况下都不允许两名调控员为同一操作项目向操作单位发布操作指令。

（3）配调配电网调控员发布操作指令时，应下达调度操作指令票号、操作任务、操作项号及内容、下令时间，现场复诵无误后，配调配电网调控员发布“可以执行”的命令。

（4）配调配电网调控员应按操作顺序逐项下达操作命令，除允许连续执行的项目外，下一个操作项目，必须在上一个操作项目已执行完毕，并记录汇报人姓名和操作完成时间，才能下达。

（5）操作指令票中，一个操作单位有几个连续操作项目，虽然有先后顺序，但与其他单位没有配合问题，又不需要在操作中间和调度联系的，配调配电网调控员可以将连续操作项目一次下达，现场可连续执行完后，将操作完成时间汇报调度。

（6）配调配电网调控员发布送电操作指令前，应了解现场操作准备情况。对于需要两侧配合的操作，应待各方人员均到位后再下令操作，操作中有疑问或遇到异常时，应暂停操作，查明情况并消除异常后再进行。

（7）调度操作指令票执行完毕后，配调配电网调控员对该操作票详细检查后，确认准确无误，在操作票中加盖“已执行”印章。对填写错误的操作票，在操作票上盖“作废”印章。对填写正确而未执行的操作票，在操作票上盖“未执行”印章。

Jb0002132149　配电网事故情况下运行方式安排应注意哪些方面？（5 分）

考核知识点：配电网事故情况下运行方式安排的注意事项

难易度：中

标准答案：

配电网事故情况下运行方式安排应注意以下方面：

（1）上级电网中双线供电（或高压侧双母线）的变电站，当一条线路（或一段母线）故障时，在负荷允许的情况下，优先考虑负荷全部由另一回线路（或另一段母线）供电，并尽可能兼顾双电源客户的供电可靠性。

（2）上级电网中有两台及以上变压器（或低压侧为双母线）的变电站当一台变压器故障时，在负荷允许的情况下，优先考虑负荷在站内转移，并尽可能兼顾双电源客户的供电可靠性。

（3）故障处理应充分利用配电自动化系统，对于故障点已明确的，可立即通过遥控操作隔离故障点，并恢复非故障段供电，恢复非故障段供电时也应优先考虑可以遥控调电的电源。

（4）因事故造成变电站全停时，优先恢复站用电。

（5）线路故障在故障点已隔离的情况下，尽快恢复非故障段供电。转供时应避免带供线路及上级变压器过负荷的情况。

Jb0001132150　配电网设备在哪些情况下需要开展特殊监视？（5 分）

考核知识点：配电网设备的特殊监视

难易度：中

标准答案：

（1）配电网新设备试运行期间。

（2）配电网设备有严重或危急缺陷，需加强监视时。

（3）配电网设备重载或接近运行限额运行时。

（4）遇特殊恶劣天气时。

（5）重点时期及有重要保电任务时。

（6）配电网处于特殊运行方式时。

（7）其他需要特殊监视要求时。

Jb0001132151　A+、A、B、C、D、E 类供电区域主要指哪些区域？（5 分）

考核知识点：供电区域的分类

难易度：中

标准答案：

A+类供电区域主要为直辖市的市中心，以及省会城市（计划单列市）高负荷密度区。市中心区指市区内人口密度以及行政、经济、商业、交通集中的地区。

A 类供电区主要为省会城市（计划单列市）的市中心区、直辖市的市区以及地级市的高负荷密度区。

B 类供电区主要为地级市的市中心区、深灰城市（计划单列市）的市区以及经济发达县的县城。

C 类供电区主要为县城、地级市的市区以及经济发达的中心城镇。

D 类供电区主要为县城、城镇以外的乡村、农林场。

E 类供电区主要为人烟稀少的农牧区。

Jb0001133152　地市公司配电网年度运行方式的编制要求有哪些？（5 分）

考核知识点：地市公司配电网年度运行方式的编制要求

难易度：难

标准答案：

配电网年度运行方式编制要求如下：

（1）配电网调控中心应提前组织规划、建设、营销、运检等相关部门开展技术收资工作，保证年度方式分析结果准确。

（2）对于具备负荷转供能力的接线方式，应充分考虑配电网发生“$N-1$”故障时的设备承载能力，并满足所属供电区域的供电安全水平和可靠性要求。

（3）应核对配电网设备安全电流，确保设备负载不超过规定限额。

（4）短路容量不超过各运行设备规定的限额。

（5）配电网的电能质量应符合国家标准的要求。

（6）配电网继电保护和安全自动装置应能按预定的配合要求正确、可靠动作。

（7）配电网接入分布式电源时，应做好适应性分析。

（8）配电网运行方式应与上级电网运行方式协调配合，具备各层次电网间的负荷转移和相互支援能力，保障可靠供电，提高运行效率。

（9）配电网年度方式应与主网年度方式同时编制完成并印发，应对上一年配电网年度方式提出的问题、建议和措施进行回顾分析，完成后评估工作。

Jb0001132153　配电自动化设备典型状态有哪些？如何定义？（5 分）

考核知识点：配电自动化设备典型状态

难易度：中

标准答案：

结合配电网设备特点，为确保配电网自动化区域检修的安全，特对 10kV 开关站自动化断路器的六种调度状态定义如下：

（1）运行：一次设备断路器“合”位，断路器三遥功能投运状态。

（2）热备用：一次设备断路器“分”位，断路器三遥功能投运状态。

（3）运行非自动：一次设备断路器“合”位，断路器遥控功能退出状态。

（4）热备用非自动：一次设备断路器“分”位，断路器遥控功能退出状态。

（5）冷备用：一次设备断路器“分”位，隔离开关“分”位，断路器遥控功能退出状态。

（6）检修：一次设备断路器“分”位，接地开关“合”位，断路器遥控功能退出状态。

Jb0001133154　配电网调控运行主要有哪些工作职责？（5 分）

考核知识点：配电网调控运行的工作职责

难易度：难

标准答案：

电力系统调控管理必须依法对电网运行进行组织、指挥、指导和协调，领导（负责）电力系统运行、操作和事故处理。配电网调控必须做好下列工作：

（1）负责对管辖电网范围内的设备进行运行、操作管理及配电线路运行监控。

（2）负责指挥管辖电网的事故处理，并参加系统事故分析和参与制订提高系统安全运行的措施。

（3）审核管辖电网范围内的设备检修计划，批准设备检修申请。

（4）负责编制和执行管辖电网的各种运行方式。

（5）负责收集、整理管辖电网的运行资料，提供分析报告。参与拟订迎峰度夏措施和电网改进方案。

（6）参与拟订降损技术措施，提高管辖电网经济运行水平，负责指挥管辖电网主变压器功率因数调整和电压调整。

（7）参与编制低频、低压减载方案。参与编制系统事故限电序位表，参与制订超负荷限电序位表，经政府主管部门批准后执行。

（8）参与管辖电网的规划、工程可研及设计审查，负责与高压双电源客户签订有关双电源调度协议。

（9）负责管辖电网范围内的新设备命名、编号编制，管辖电网范围内的新设备启动方案，参与新设备启动。

（10）接受上级电力管理部门、调控机构授权或委托的与电力调控相关的工作。

Jb0001132155　何谓保证电力系统安全稳定的“三道防线”？（5分）

考核知识点：保证电力系统安全稳定的“三道防线”

难易度：中

标准答案：

所谓的电力系统安全稳定的“三道防线”是指在电力系统受到不同扰动时对电网保证安全可靠供电方面提出的要求：

（1）当电网发生常见的概率高的单一故障时，电力系统应保持稳定运行，同时保持对用户的正常供电。

（2）当电网发生了性质较严重但概率较低的单一故障时，要求电力系统保持稳定运行，但允许损失部分负荷（或直接切除某些负荷，或因系统频率下降，负荷自然降低）。

（3）当电网发生了罕见的多重故障（包括单一故障发生时继电保护动作不正确等）。电力系统可能不能保持稳定，但必须有预定的措施以尽可能缩小故障影响范围和缩短影响时间。

Jb0001132156　小接地电流系统中，为什么采用中性点经消弧线圈接地？（5分）

考核知识点：中性点经消弧线圈接地

难易度：中

标准答案：

中性点非直接接地系统发生单相接地故障时，接地点将通过接地线路对应电压等级电网的全部对地电容电流。如果此电容电流相当大，就会在接地点产生间隙电弧，引起过电压，从而使非故障相对地电压极大增大。在电弧接地过电压的作用下，可能导致绝缘损坏，造成两点或多点的接地短路，使故障扩大。为此，当发生单相接地故障时，如果接地电容电流超过一定数值（35kV 电网 10A，10kV 电网 10A，3～6kV 电网为 30A），就在中性点装设消弧线圈，其目的是利用消弧线圈的感性电流补偿接地故障时的容性电流，使接地故障电流减少，自动消弧，保证持续供电。

Jb0001132157　什么是智能配电网技术？主要包括哪些方面？（5分）

考核知识点：智能配电网技术

难易度：中

标准答案：

智能配电网在传统配电网技术基础上发展起来，能实现传统配电网的规划、监测、控制、分析和管理功能。智能配电网技术采用智能化设备、智能终端、智能主站系统实现分布式电源接入后的配电网监控、电压/无功控制、应急处理和自愈控制、安全预警等功能。

智能配电网技术主要包括智能配电自动化技术、配电网风险评估与故障快速处理技术、智能配电网停电管理、智能配电网规划、分布式发电与微电网技术、电动汽车充放电技术等方面。

Jb0001131158　配电网线路上的故障指示器一般装在哪里？能提供什么故障信息？（5分）

考核知识点：配电网线路上的故障指示器

难易度：易

标准答案：

故障指示器一般装设在无保护跳闸功能的开断设备的线路侧，一旦其显示有故障，开断相应设备即可隔离故障。配电网线路上的故障指示器能在线路短路跳闸时提供动作与否、短路相、短路电流、研判的故障点等信息，由于其判据来自短路电流，所以一般不会舞动，故障区域研判的准确性高。

Jb0001131159　什么是孤岛？防孤岛保护的作用是什么？什么是反孤岛装置？（5分）

考核知识点：孤岛

难易度：易

标准答案：

（1）孤岛即公共电网失压时，电源仍保持对用户电网中的某一部分线路继续供电的状态。

（2）防孤岛保护是当检测到分布式电源处于孤岛运行状态，动作于断开分布式电源与公用电网连接的保护措施。

（3）反孤岛装置是指可向分布式电源并网点主动注入电压或频率扰动信号的专用安全保障设备，消除逆变器设备自身防孤岛检测失效带来的安全隐患。

Jb0001131160　接有分布式光伏电源的10kV线路保护的配置原则有哪些？（5分）

考核知识点：接有分布式光伏电源的10kV线路保护的配置原则

难易度：易

标准答案：

接有分布式光伏电源的10kV线路发生短路故障时，线路保护能快速动作，瞬时跳开断路器，满足全线故障时快速可靠切除故障的要求。10kV线路在系统侧配置一套线路方向过电流保护或距离保护，光伏电站侧可不配线路保护，靠系统侧切除线路故障。

对两台及以上升压变压器的升压变电站或汇集站，10kV线路可配置一套纵联差动保护，采用方向过电流保护作为其后备保护。

Jb0001131161　地市公司电网运行中哪些情况需发布风险预警？（5分）

考核知识点：地市公司电网运行中需发布风险预警的情况

难易度：易

标准答案：

（1）地调管辖设备停电期间再发生“$N-1$”故障，可能导致六级以上电网安全事件。

（2）设备停电造成地市内220kV（含330kV）变电站改为单台主变压器、单母线运行。

（3）地市内220kV（含330kV）主设备存在缺陷或隐患不能退出运行。

（4）跨越施工等原因可能造成电气化铁路停运。

（5）二级以上重要客户供电安全存在隐患。

Jb0001132162　设备缺陷分类原则是什么？各类缺陷对缺陷消除有何规定？（5分）

考核知识点：设备缺陷分类原则

难易度：中

标准答案：

设备缺陷分为三类：

一般缺陷：设备本身及周围环境出现不正常情况，一般不影响设备安全运行的缺陷。

严重缺陷：设备处于异常状态，可能发展为事故，但设备仍可在一定时间内继续运行，须加强监视的缺陷。

危急缺陷：严重威胁设备的安全运行，如不及时处理，随时有可能导致事故的发生，必须尽快消除或采取必要的安全技术措施进行处理的缺陷。

危急缺陷消除时间不得超过24h，严重缺陷应在1个月内消除，一般缺陷可结合检修计划尽早消除，但应处于可控状态。设备带缺陷运行期间，运行单位应加强监视，必要时制订相应的应急措施。

Jb0001132163　电压调整的方式有几种？内容分别是什么？（5分）

考核知识点：电压调整的方式

难易度：中

标准答案：

电压调整方式一般分为逆调压方式、恒调压方式、顺调压方式。

（1）逆调压是指在电压允许偏差范围内，供电电压的调整使电网高峰负荷时的电压值高于低谷负荷时的电压值，使用户的电压在电网负荷高峰、低谷相对稳定。

（2）恒调压是指如负荷变动较小，线路上的电压损耗也较小，则只要把中枢点的电压保持在比线路额定电压高2%～5%的数值，即不必随负荷变化来调整中枢点电压即可保证负荷点的电压质量。

（3）顺调压是指在电压允许偏差值范围内，通过对供电电压的调整，使电网高峰负荷时的电压值低于低谷负荷时的电压值的一种调压方式。

Jb0001132164　配电网无功电压管理职责及内容有哪些？（5分）

考核知识点：配电网无功电压管理职责及内容

难易度：中

标准答案：

按照分层分区、就地平衡的无功电压管理基本原则，负责本级配电网运行电压的监视、调整和控制，负责调度管辖范围内的配电网无功平衡分析。

（1）执行并完成年度电压合格率指标、系统功率因数指标。

（2）负责配电网的自动电压控制（AVC）系统建设及运行维护。

（3）按月统计并定期分析电压合格率，分析配电网无功电压存在的问题并提出改进意见。

（4）监视无功功率、电压变化在合格范围内，按监控范围进行无功补偿设备的投切操作，调整变压器分接头位置。

Jb0001132165　保证配电网经济运行的技术措施有哪些？（5分）

考核知识点：保证配电网经济运行的技术措施

难易度：中

标准答案：

在保证持续供电、用户接受合格电能的同时，要求配电网在最经济的状态下运行，这样可以使配电网的网损最小，不仅可以降低运行成本，还可以提高供电能力。故可从下列几方面加以考虑：

（1）根据负荷变化情况改变配电网的供电方式。

（2）根据负荷变化情况改变变压器的运行方式，使之处于经济运行状态。

（3）降低变压器的铁芯损耗，使用节能型的变压器。

（4）结合工程优化供电路径，避免迂回供电。

总之，配电网络的经济运行要在符合实际需要和可能的基础上加以考虑，避免盲目将尚可使用的设备加以撤换。

Jb0001132166　FTU 的功能有哪些？（5 分）

考核知识点：FTU 的功能

难易度：中

标准答案：

（1）遥信功能。

（2）遥测功能。

（3）统计功能。

（4）遥控功能。

（5）对时功能。

（6）事件顺序记录功能。

（7）事故记录功能。

（8）定值远方修改和召唤定值功能。

（9）自检和自恢复功能。

（10）远方控制闭锁与手动操作功能。

（11）通信功能。

Jb0001132167　配电线路操作有哪些注意事项？（5 分）

考核知识点：配电线路操作的注意事项

难易度：中

标准答案：

（1）对于线路改检修的操作，配电网调控员只有在各侧均改为冷备用后，才可将各侧改为线路检修。对于不能确定冷备用状态的 10（20）kV 线路，应确认线路断路器（隔离开关）实际位置后再操作。

（2）新建或改建线路第一次送电时，尽可能以额定电压对线路进行冲击合闸，并经核相正确后方可投入电网运行。

（3）对于备用线路一般应保持在充电运行状态，即电源侧断路器运行，负荷侧断路器热备用（负荷侧无断路器只有隔离开关时，隔离开关应拉开）。

（4）有消弧线圈运行的配电网，当进行线路停役或复役操作时，应同时考虑消弧线圈分接头的调整操作（消弧线圈置“自动”位置除外）。

（5）线路送电时，应避免由发电厂侧先送电，充电断路器必须具备完整的继电保护（应有手动加速功能），并具有足够的灵敏度，同时必须考虑充电功率可能引起的电压波动或线路末端电压升高。

Jb0001132168　配电变压器停送电操作的原则是什么？（5 分）

考核知识点：配电变压器停送电操作的原则

难易度：中

标准答案：

（1）凡属供电企业管辖的配电变压器（包括已运行和新建配电变压器）停送电操应由设备运维人员按调度指令执行。

（2）在故障处理时，设备运维人员可对变压器进行停电处理，应及时通知配电网调控员，配电网调控员应做好相关记录，但送电操作应由设备运维人员按调度指令执行。

（3）配电变压器停电操作顺序为先停低压侧，后停高压侧；送电操作顺序为先送高压侧，后送低压侧。

（4）配电变压器停送电操作应由两人进行，一人操作，一人监护。

（5）操作时，必须使用绝缘手套以及合格的绝缘棒，操作人员应戴安全帽。雨天操作应穿绝缘靴，并使用有防雨罩的绝缘棒。

Jb0001132169 配电自动化开关的操作有哪些注意事项？（5分）

考核知识点：配电自动化开关的操作注意事项

难易度：中

标准答案：

（1）配电自动化开关的检修操作，值班调度员应充分考虑开关状态及来电可能，应将对侧开关改为冷备用或热备用非自动（自动化功能闭锁）状态，方能将本侧开关操作至检修状态，同时调度员应及时在配电网接线图上及时挂牌。线路停役过程中严禁线路一侧为热备用（自动化功能投入）状态，另一侧直接改到检修状态。

（2）工作结束后，设备运维人员应与值班调度员核对设备相关信息及自动化设备状态正常后，方可进行操作。线路复役过程中严禁线路一侧为检修状态，另一侧直接改到热备用（自动化功能投入）状态。

（3）新建、扩建和改建配电设备冲击时，应优先采用遥控手段，核相点设置在自动化开关时，应将核相开关自动化功能退出，待核相正确后方能将自动化功能投入。

Jb0001132170 可由调控员进行遥控操作的操作项目包括哪些？（5分）

考核知识点：可由调控员进行遥控操作的操作项目

难易度：中

标准答案：

（1）拉合断路器的单一操作。

（2）调节有载调压变压器分接开关。

（3）远方投切电容器、电抗器。

（4）远方投切具备遥控条件的继电保护及安全自动装置软压板。

（5）紧急情况下，根据调度指令进行断路器遥控操作。

Jb0001132171 断路器操作有哪些注意事项？（5分）

考核知识点：断路器操作的注意事项

难易度：中

标准答案：

（1）断路器合闸前应检查继电保护已按规定投入，断路器合闸后，应检查电流、有功、无功表计指示及指示灯是否正常。

（2）当发现油断路器缺油、液压机构压力下降超过规定、空气断路器的压缩空气压力不足以及 SF_6 断路器气体压力下降超过规定时，现场应将该断路器改非自动，禁止用该断路器切断负荷电流，并尽快处理。

（3）断路器操作时，若远控失灵，应根据现场规定进行近控操作。

Jb0001132172　常用配电网不停电作业项目分为几类？（5分）

考核知识点：常用配电网不停电作业项目

难易度：中

标准答案：

常用配电网不停电作业项目按照作业难易程度，可分为四类。

（1）第一类为简单绝缘杆作业法项目，包括普通消缺及装拆附件、带电更换避雷器等。

（2）第二类为简单绝缘手套作业法项目，包括带电断接引流线、更换直线杆绝缘子及横担、更换柱上开关或隔离开关等。

（3）第三类为复杂绝缘杆作业法和复杂绝缘手套作业法项目。复杂绝缘杆作业法项目包括更换直线杆绝缘子及横担、带电断接空载电缆线路与架空线路连接引线等；复杂绝缘手套作业法项目包括带负荷更换柱上开关或隔离开关、直线杆改耐张杆等。

（4）第四类为综合不停电作业项目，包括不停电更换柱上变压器、旁路作业检修架空线路、从环网箱（架空线路）等设备临时取电给环网箱（移动箱式变压器）供电等。

Jb0001132173　配电网转供线路的选择有什么要求？转供方式下保护应如何调整？（5分）

考核知识点：配电网转供线路的选择

难易度：中

标准答案：

（1）配电网线路由其他线路转供，如存在多种转供路径，应优先采用转供线路线况好、合环潮流小、便于运行操作、供电可靠性高的方式，方式调整时应注意继电保护的适应性。

（2）拉手线路通过线路联络开关转供负荷时，应考虑相关线路保护定值调整。外来电源通过变电站母线转供其他出线时，应考虑电源侧保护定值调整，被转供的线路重合闸停用、联络线开关进线保护及重合闸停用。

Jb0001132174　配电设备操作前应充分考虑哪些问题？（5分）

考核知识点：配电设备操作前应考虑的问题

难易度：中

标准答案：

（1）接线方式改变后电网的稳定性和合理性，有功、无功功率平衡及必要的备用容量，水库综合运用及新能源消纳，防止故障的对策。

（2）功率、电压、频率的变化，潮流超过稳定极限、设备过负荷、电压超过正常范围等情况。

（3）继电保护、安全自动装置配置是否合理，变压器中性点接地方式，无功补偿装置投入情况，防止引起过电压。

（4）操作后对通信、远动、计量装置等设备的影响。

（5）新、改、扩建设备的投运，或检修后可能引起相序、相位错误的设备带电前，应查明相序、相位正确。

（6）根据检修工作范围和安全工作的规定，做安全措施。

Jb0001131175　为保证继电保护的选择性，上、下级继电保护之间逐级配合应满足什么要求？（5分）

考核知识点：上、下级继电保护之间逐级配合应满足的要求

难易度：易

标准答案：

上、下级电网（包括同级和上一级及下一级电网）继电保护之间的整定，应遵循逐级配合的原则，满足选择性的要求，即当下一级线路或元件故障时，故障线路或元件的继电保护整定值必须在灵敏度和动作时间上与上一级线路或元件的继电保护整定值相互配合，以保证电网发生故障时有选择性地切除故障。

Jb0001131176　配电网设备状态的改变有什么要求？（5分）

考核知识点：配电网设备状态的改变的要求

难易度：易

标准答案：

属配调调控管辖的设备，凡需改变运行状态，必须得到配调配电网调控员的指令才能进行，不允许私自操作设备，操作前后应与配调配电网调控员核对设备状态。对人身和设备安全有威胁时，可先自行处理，事后及时汇报配调配电网调控员，并做好录音和值班记录。

Jb0001132177　拒绝执行调度指令、破坏调度纪律的行为有哪些？（5分）

考核知识点：拒绝执行调度指令、破坏调度纪律的行为

难易度：中

标准答案：

（1）不执行配调下达的调度指令和保证电网安全的措施。

（2）未经配调配电网调控员许可，擅自改变配电网运行方式。

（3）不执行已批准的检修计划。

（4）不如实反映执行调度指令情况。

（5）不如实反映配电网设备运行、检修、消缺情况。

（6）与配调调控业务有关的配电网调控自动化设备退出运行、检修或在调试前未向配调申请并得到同意的。

（7）违反配电网调度纪律的其他情况。

Jb0001132178　配电网管辖范围内设备状态发生变化后，配电网电子接线图相关操作有哪些？（5分）

考核知识点：配电网电子接线图相关操作

难易度：中

标准答案：

（1）配电自动化覆盖区域的设备状态发生变化后，配电网调控员应根据设备变位情况悬挂相应标示牌。

（2）配电自动化未覆盖区域的设备状态发生变化后，配电网调控员应根据现场运行人员汇报内容，对设备状态进行置位并悬挂相应标示牌。

（3）配电网调控员在电子接线图中悬挂的标示牌主要包括热备用、冷备用、检修等，配电网调控员不得随意悬挂、摘除标示牌，并对标示牌的正确性负责。

Jb0001131179　哪些操作配电网调控员可不填写调度操作指令票？（5分）

考核知识点：调度操作指令票

难易度：易

标准答案：

（1）分、合配电网开关（跌落式熔断器）的单一操作。

（2）投入或停运单一的继电保护或自动装置。

（3）事故处理或为防止事故而采取的紧急措施。

（4）配电网系统发生异常情况下的负荷转移及潮流调整。

Jb0001132180　在新设备投入运行前，调控机构应做好什么工作？（5 分）

考核知识点：新设备投运

难易度：中

标准答案：

在新设备投入运行前，调控机构应做好以下工作：

（1）修改相关自动化系统画面及有关图表。

（2）修改调度接线图。

（3）修改继电保护及安全自动装置定值配置。

（4）健全设备资料档案。

（5）修改有关调控运行规定或说明。

（6）有关人员应熟悉现场设备及规程、图纸资料、运行方式，并做好事故预想。

（7）其他与新设备投运有关的内容。

Jb0001132181　配电网调控员发布操作指令有哪些规范和要点？（5 分）

考核知识点：配电网调控员发布操作指令的规范和要点

难易度：中

标准答案：

配电网调控员发布操作指令主要有以下规范和要点：

（1）配电网调控员应根据调度典型操作任务发布操作指令。不论采用何种发令形式，都应使现场值班人员理解该项操作任务目的与要求，必要时提出注意事项。

（2）为了保证配电网操作的正确性，配电网调控员对所有计划操作均应先拟写操作指令票，进行调度联系和发布调度指令时，应做好记录及断路器（隔离开关）置位、挂摘牌等，并进行录音。事故处理时允许不拟写指令票，但需严格执行发令、监护、复诵、录音并做好记录等。

（3）下达和接受调度指令时，要严格使用调度术语，互报单位和姓名。

（4）配电网调控员发布调度指令，操作人员复诵正确后，必须给出“发令时间”。“发令时间”是配电网调控员正式发布调度指令的依据，操作人员没有接到“发令时间”不得进行操作；操作人员完成操作任务后，应立即向配电网调控员汇报操作内容及完成情况，待配电网调控员复诵正确后，汇报“结束时间”，“结束时间”是调度指令操作执行完毕的依据。

Jb0001132182　配电网调控员倒闸操作时有哪些基本要求？（5 分）

考核知识点：配电网调控员倒闸操作时的基本要求

难易度：中

标准答案：

（1）在倒闸操作前，配电网调控员应充分考虑对电网运行方式、潮流、频率、电压、电网稳定、继电保护和安全自动装置、电网中性点接地方式、雷季运行方式、通信等方面的影响。

（2）配电网调控员在操作前后均应核对调度自动化系统接线图，应保持调度自动化系统接线图与现场情况相符合。

（3）倒闸操作必须严格遵守规章制度，认真执行操作监护制，正确实现电气设备运行状态的改变和转换。

（4）为了保证倒闸操作的正确性，配电网调控员对一切正常操作应先拟写指令票（事故处理时允许不填操作票，但需监护、发令、复诵、录音并做好记录）。

（5）条件允许时，一切重要供电区域的倒闸操作尽可能安排在负荷低谷时进行，以减少对电网和用户用电的影响。

Jb0001132183　设备更换或调度命名变更后，应及时进行信息变更的内容有哪些？（5分）

考核知识点：设备更换或调度命名变更后及时进行信息变更的内容

难易度：中

标准答案：

（1）执行设备命名更名流程及管理规定，根据调度要求及时开展更名。

（2）核对相关变更设备画面、数据库、公式定义正确无误。

（3）涉及信号测量或控制回路变更的，即使信息表未发生变化也应重新进行联调验收。

（4）设备更换或调度命名变更后，及时进行信息变更，涉及信号测量或控制回路变更的，即使信息表未发生变化也应重新进行联调验收，核对相关变更设备画面、数据库、公式定义正确无误。

Jb0002132184　配电网调控业务在正常情况下发生通信中断时应遵守什么原则？（5分）

考核知识点：配电网调控业务在正常情况下发生通信中断时应遵守的原则

难易度：中

标准答案：

（1）正在运行中的系统接线方式应保持不变。

（2）配电网调控员下达操作指令后，受令人未重复指令或虽已重复指令但未经配电网调控员同意执行操作前，失去通信联系，则该操作指令不得执行。若配电网调控员已经同意执行操作，可以将该操作指令全部执行完毕。

（3）配电网调控员在下达了操作指令后而未接到完成操作指令的报告前，与受令人失去通信联系，则仍认为该操作指令正在执行中。

（4）正在进行检修的设备，具备恢复运行条件时，应待通信恢复正常后，根据调度指令恢复运行。

（5）开关站、环网柜内辅助设备的检修，在不影响系统安全运行的情况下，运维人员可自行操作。

（6）凡与配电网调控员取得联系的运维单位，均有责任转达配电网调控员对失去联系单位所发布的调度指令和调度业务联系，配电网调控员应做好记录并录音。

（7）一切事故处理应尽快与配电网调控员取得联系，并详细汇报事故处理过程。

Jb0002132185　配电网线路发生故障的处理要求有哪些？（5分）

考核知识点：配电网线路发生故障的处理要求

难易度：中

标准答案：

（1）装有重合闸并投入重合闸的终端线路，当开关跳闸重合失败（或拒动、未重合），配电网调控员可不经设备检查立即强送一次。

（2）未装重合闸或重合闸停用的线路跳闸后，由配电网调控员决定是否强送。

（3）装有重合闸的线路在重合不成功时，由配电网调控员决定是否强送。一般情况下，可经发运维管理单位设备检查正常后，再试送一次。特殊情况，如雷击、明显近距离故障，对系统影响较大者或开关有异常等，暂不试送。

（4）对于双回送电的线路，其中一条线跳闸重合闸失败的情况，另一条线路仍在保持供电，则跳闸线路暂不送电，配电网调控员应立即通知运维单位组织巡线，发现故障点后，调整到所需的检修方式。

（5）如跳闸属多级或越级跳闸，视情况可分段对线路进行试送。

（6）带有与系统并列运行的分布式电源线路跳闸，确认分布式电源侧开关已断开的情况下，方可进行试送。

（7）线路作业完毕或拉电解除及备用线路恢复送电时跳闸，禁止强送。

（8）全电缆线路开关跳闸不得强送。

（9）强、试送电的开关设备要完好，并尽可能具有全线快速动作的继电保护。

Jb0002132186　小接地电流系统在寻找单相接地故障时，有哪些注意事项？（5分）

考核知识点：小接地电流系统在寻找单相接地故障的注意事项

难易度：中

标准答案：

（1）严禁在接地的电网中操作消弧线圈。

（2）禁止用隔离开关断开接地故障。

（3）保护方式或定值是否变更。

（4）设备是否可能过负荷或因过负荷跳闸。

（5）防止电压过低影响用户。

（6）消弧线圈网络补偿度是否合适。

（7）查出故障点，应迅速处理。

Jb0002132187　开关站母线运行电压越限应如何处理？（5分）

考核知识点：开关站母线运行电压越限的处理

难易度：中

标准答案：

（1）投退并联电容器，无功不足或过剩时优先考虑。

（2）调整电网运行方式。

（3）转移重负荷线路。

（4）母线有并网电厂时，调节电厂无功出力。

（5）要求上级调度调节系统电压。

（6）用户侧无功补偿装置调节。

（7）必要时限负荷。

Jb0002132188　配电网线路过负荷运行有何影响？应采取什么措施？（5分）

考核知识点：配电网线路过负荷运行的影响及措施

难易度：中

标准答案：

配电网线路过负荷运行，有下述不利影响：

（1）超过过电流保护允许电流，有可能保护误动。

（2）电流互感器一次最大负荷不得超过 1.2 倍额定电流，否则会使电流互感器铁芯和绕组过热，绝缘老化，甚至烧坏电流互感器。

（3）造成线路烧断、接头发热、弧垂过大。

可采取以下措施限制线路过负荷：

（1）改变系统运行方式，减少超载线路潮流。

（2）调整有关电厂出力。

（3）在线路受端进行限电或拉电。

Jb0002132189 有带电作业的线路故障时，对于强送有何规定？（5 分）

考核知识点：带电作业的线路故障时强送规定

难易度：中

标准答案：

（1）现场工作负责人未向调度提出过跳闸后不得强送者，按照正常线路故障强送规定执行。

（2）带电作业要求停用线路重合闸或故障跳闸后不得强送者，应在得到配电网调控员许可后，才能开始工作，带电作业结束后应向配电网调控员汇报。

（3）现场工作负责人向调度提出要求停用重合闸或线路跳闸后不经联系不得强送者，配电网调控员只有在得到现场工作负责人同意后才能强送。

（4）现场工作负责人一旦发现线路无电时，不管何种原因，均应迅速与调度联系，说明是否强送电。

Jb0002132190 配电网事故时，设备运维管理单位应汇报的内容有哪些？（5 分）

考核知识点：配电网事故时设备运维管理单位应汇报的内容

难易度：中

标准答案：

当配电网发生事故时，设备运维管理单位必须立即明确地向配电网调度员报告有关事故情况，其主要内容包括：

（1）事故发生的时间、现象，设备的名称和编号，断路器动作情况等。

（2）继电保护和自动装置动作情况。

（3）频率、电压、负荷及潮流的变化情况。

（4）有关事故的其他情况。

Jb0002132191 配电网事故报告应包含哪些内容？（5 分）

考核知识点：配电网事故报告应包含的内容

难易度：中

标准答案：

（1）配电网事故发生的时间、地点（区域）以及事故发生单位。

（2）已知的电力设备、设备损坏情况，停运的发电（供热）机组数量、电网减供负荷或者发电厂减少出力的数值、停电（停热）范围。

（3）配电网事故原因的初步判断。

（4）配电网事故发生后采取的措施、电网运行方式、发电机组运行状况以及事故控制的情况。

（5）其他应当报告的情况。

Jb0002132192　倒闸操作中应重点防止哪些误操作事故？（5分）

考核知识点：倒闸操作

难易度：中

标准答案：

（1）误拉、误合断路器或隔离开关。

（2）带负荷拉合隔离开关。

（3）带电挂地线（或带电合接地开关）。

（4）带地线合闸。

（5）非同期并列。

（6）误投退继电保护和电网自动装置。

（7）除以上6点外，防止操作人员误入带电间隔、误登带电架构，避免人身触电，也是倒闸操作中须注意的重点。

Jb0001133193　绘图并简要分析光伏电站低电压穿越的要求。（5分）

考核知识点：分析光伏电站低电压穿越的要求

难易度：难

标准答案：

光伏电站应具备一定的低电压穿越能力。其中接入用户内部电网的中型光伏电站的低电压穿越要求由电力调度部门确定。电力系统发生不同类型故障时，若光伏电站并网点考核电压全部在图 Jb0001133193 中电压轮廓线及以上的区域内，光伏电站应保证不间断并网运行。

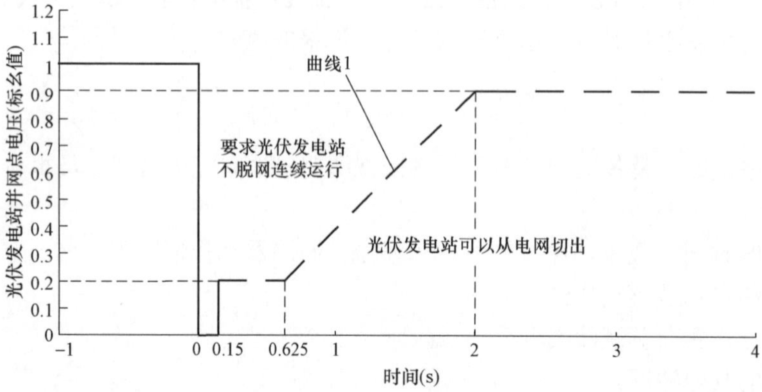

图 Jb0001133193

如图 Jb0001133193 中光伏发电站并网点电压跌至 0 时，光伏发电站应能不脱网连续运行0.15s；当电压跌至曲线1以下时，光伏发电站可以从电网切出。否则光伏电站停止向电网线路送电。光伏电站并网点电压跌至20%标称电压时，光伏电站能够保证不间断并网运行 0.625s；光伏电站并网点电压在发生跌落后 2s 内能够恢复到标称电压的 90%时，光伏电站能够保证不间断并网运行。

Jb0001131194　小接地电流系统中，为什么单相接地保护在多数情况下只是用来发信号，而不动作于跳闸？（5分）

考核知识点：小接地电流系统中的单相接地保护

难易度：易

标准答案：

小接地电流系统中，一相接地并不破坏系统电压的对称性，通过故障点的电流仅为系统的电容电流，或是经过消弧线圈补偿后的残流，其数值很小，对电网运行及用户的工作影响较小。为了防止再发生一点接地时形成短路故障，一般要求保护装置及时发出预告信号，以便值班人员酌情处理。

Jb0001132195　配电网中性点不接地系统单相接地与电压互感器高、低压熔断器熔断有何区别？（5分）

考核知识点：配电网中性点不接地系统单相接地与电压互感器高、低压熔断器熔断的区别

难易度：中

标准答案：

（1）单相接地时，接地光子牌亮，消弧线圈装置动作并报警“接地”，选线装置动作则发出选线信号，接地相电压降低，其余两相电压升高；金属性接地时，接地相电压降为零，其余两相升高为线电压，线电压不变。

（2）母线电压互感器高压熔断器熔断时，一相、两相或全部三相电压降低或接近零，其余相电压基本正常，线电压也可能降低。

（3）单相接地或母线电压互感器高压熔断器熔断时电压互感器二次开口绕组电压都增大，都可能发出接地信号，而电压互感器低压熔断器熔断则不会。

（4）还可通过测量电压互感器二次侧桩头电压来判断高、低压熔断器熔断，电压正常则为低压熔断器熔断或二次回路故障。

Jb0001131196　可能造成配电自动化系统发出“断路器控制回路断线”信号的原因有哪些？（5分）

考核知识点：造成配电自动化系统发出“断路器控制回路断线”信号的原因

难易度：易

标准答案：

（1）二次回路接线松动。

（2）断路器辅助触点解除不良。

（3）合闸或分闸位置继电器故障。

（4）分合闸线圈烧毁。

（5）控制熔断器或空气断路器跳闸。

Jb0002132197　为了防止故障扩大，可由现场自行处理后再向配电网调控员汇报的操作有哪些？（5分）

考核知识点：可由现场自行处理后再向配电网调控员汇报的操作

难易度：中

标准答案：

（1）将直接对人身有威胁的设备停电。

（2）在确知无来电可能的情况下将已损坏的设备隔离。

（3）运行中设备受损伤已对电网安全构成威胁时，根据现场运行规程中的相关规定将其停用或隔离。

（4）发电厂厂用电全部或部分停电时，恢复其电源。

（5）整个发电厂或部分机组因故与电网解列，在具备同期并列条件时与电网同期并列。

（6）其他在现场运行规程中规定可不带调控员指令自行处置者。

Jb0002132198　配电网故障停电，配电网调控员停电信息报送有何要求？（5分）

考核知识点：配电网故障停电信息报送的要求

难易度：中

标准答案：

（1）配电网故障已经造成用户停电的，调控员应及时告知配电网抢修指挥人员停电的线路及停电范围，并在查明情况后告知其预计的恢复送电时间。

（2）配电网故障将要停电处理的，调控员应提前掌握信息并告知配电网抢修指挥人员停电的线路及停电范围和停送电时间。

（3）对于签订调度协议的T接并网分布式电源，应及时告知其停电信息。

（4）对于带有重要、高危用户的线路停电，必要时还应汇报相关领导。

Jb0002132199　当配电网线路继电保护和安全自动装置出现异常时应如何处理？（5分）

考核知识点：当配电网线路继电保护和安全自动装置出现异常的处理

难易度：中

标准答案：

配电网线路继电保护系统在运行中出现异常告警等信号、信息，现场运维人员不得轻易复归，应将异常现象及初步定性详细报告相应调控员和本单位运行管理部门，并按调度指令和缺陷管理流程处理。对危机缺陷，应立即准备应急操作，做好事故预想；对严重缺陷，应做好缺陷处理准备工作。继电保护系统有误动危险等紧急情况下，现场运维人员可先行将保护退出，再及时向相应调控员汇报。异常消除后，现场运维人员应将异常原因及处理结果及时报告相应调控员。

Jb0002131200　故障情况下，外来电源线路通过开关站母线转供其他出线时，继电保护装置的调整主要有哪些？（5分）

考核知识点：继电保护装置的调整

难易度：易

标准答案：

（1）被转供的线路重合闸停用。

（2）电源侧保护定值调整。

（3）联络线开关进线保护及重合闸停用。

Jb0001131201　10kV线路发生断线时低压用户有何现象？（5分）

考核知识点：10kV线路发生断线时低压用户的现象

难易度：易

标准答案：

10kV线路断线后，根据故障类型不同，低压用户将出现以下现象：

（1）两相或三相断线时，断线点后段普遍停电。

（2）一相断线时，对于单相用户（如照明等），则断线相用户停电，非断线相用户电压偏低；对于三相动力用户，则反映缺相，电动机跳停、运行异常甚至烧毁。

Jb0002131202　开关机构弹簧未储能，对开关分合闸有何影响？如何处理？（5分）

考核知识点：开关机构弹簧未储能对开关分合闸的影响及处理

难易度：易

标准答案：

开关机构弹簧未储能，若开关处于分位，则发出控制回路断线信号，将无法合闸；若开关处于合位，开关仍能分闸，但故障跳闸后将无法重合。

对于开关机构弹簧未储能，应检查储能交流电动机运转是否正常、操动机构或二次回路是否有松动等，若仍无法储能，则应安排将开关间隔停电检修。

Jb0002131203 什么是调度系统的故障处置预案？包括哪些内容？（5分）

考核知识点：调度系统的故障处置预案

难易度：易

标准答案：

调度系统的故障处置预案指电网调度部门根据电网结构、运行方式、继电保护以及安全自动装置状况，考虑某些易发的由于恶劣天气、外力破坏、设备故障等因素造成的电网事故，而事先制订的防范措施和紧急处理办法。防范措施包括防止电网稳定破坏、防止设备和线路过负荷、防止继电保护装置误动或拒动等措施；处理办法包括故障预想、故障后电网方式的分析计算和调度处置步骤等。

Jb0002131204 带电作业的线路跳闸后，应怎么处置？（5分）

考核知识点：带电作业的线路跳闸后的处置

难易度：易

标准答案：

带电作业的线路跳闸后，现场人员应视设备仍然带电，在线路无论任何原因停电后，应迅速与配电网调控员联系，说明能否送电。配电网调控员未与工作负责人取得联系前不得试送线路，配电网调控员与相关单位确认线路具备试送条件，方可进行试送。

Jb0002132205 铁磁谐振过电压现象是什么？消除方法有哪些？（5分）

考核知识点：铁磁谐振过电压现象的定义及消除方法

难易度：中

标准答案：

谐振回路由带铁芯的电感元件（如空载变压器、电压互感器）和系统的电容器元件组成。因铁芯电感元件的饱和现象，使回路的电感参数是非线性的，这种含有非线性电感元件的回路满足一定的谐振条件时，会产生电磁谐振。

铁磁谐振过电压的现象为：三相电压不平衡，一相或两相电压升高超过线电压。

消除方法为改变系统参数，具体操作如下：

（1）断开充电断路器。

（2）投入母线上的线路。

（3）投入母线。

（4）投入母线上的备用变压器或站用变压器。

（5）将电压互感器开口三角侧短接。

（6）投、切电容器或电抗器。

Jb0002132206 如图Jb0002132206所示，A和B两变电站通过10kV A、B线路拉手形成联络，可合环转供负荷，正常运行时H开关处热备状态。A、B线路均运行于电压—时间型FA模式，A1、B1分段开关均为电源侧单TA，运行在“S模式”，X时限为21s，H联络开关为“L模式”，X时限为

45s。某日，A 站 1 号主变压器低压后备保护限时速断保护动作，0.6s 后 311 断路器跳闸，45s 后 B 站 10kV B 线过电流保护动作跳闸，重合成功。请写出处理过程。（5 分）

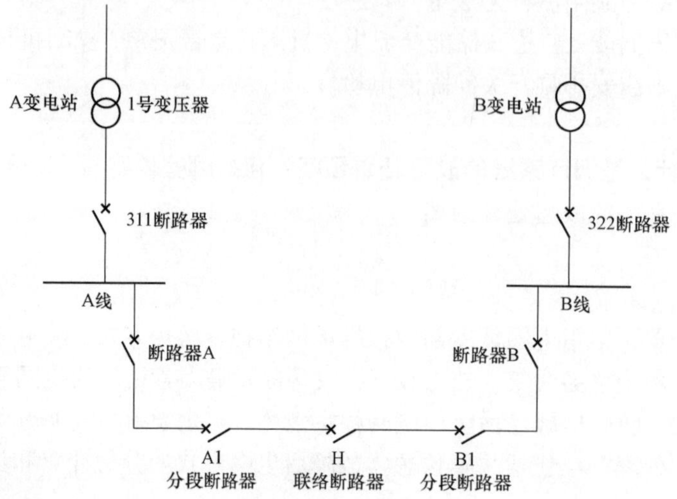

图 Jb0002132206

考核知识点：配电网故障处理

难易度：中

标准答案：

（1）初步分析原因为 10kV A 线路 A1 分段至 H 联络断路器间的线路发生故障且 A 线路 A 断路器保护拒动。

（2）配电网调控员通知线路运维人员对 10kV A 线路进行巡线，并通知重点检查 A 线路 A1 分段开关至 H 联络断路器间的线路。

（3）线路巡线人员查找到故障点后，将 A 线路 A1 分段断路器至 H 联络断路器间的线路转检修进行处理。

（4）依据停电范围通知配电网抢修指挥员录入停电信息并发布，或通知配电网抢修人员依据自动生成停电信息做好维护并发布。

（5）待 A 线路 A1 分段断路器至 H 联络断路器间的线路检修结束具备送电条件后，配电网调控员将 A 线路 A1 分段断路器至 H 联络断路器间的线路转运行。

Jb0002132207　如图 Jb0002132207 所示，A 变电站 10kV 出线 L1 线带负荷 4MW，并接入分布式电源 1（2MW），B 站出线 L2 线带负荷 4MW，14 号分段断路器运行，68 号联络断路器热备用，

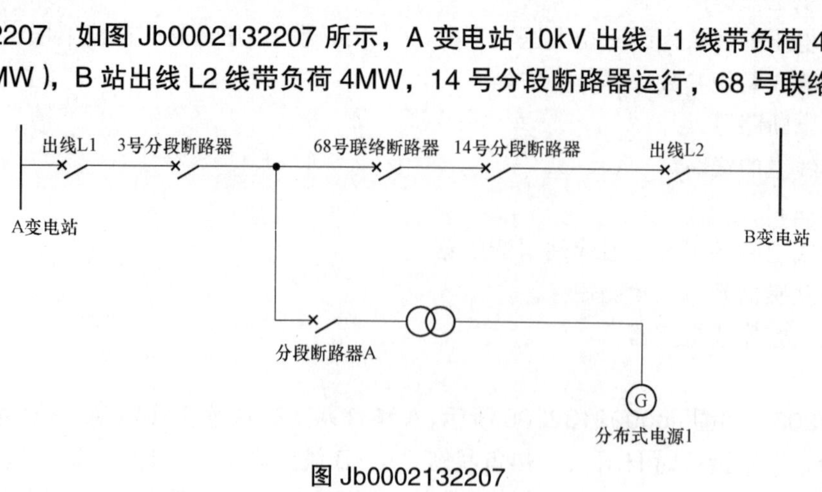

图 Jb0002132207

因 10kV 出线 L1 线出线断路器定期检修，出线 L1 和 L2 合环转供负荷时，分布式电源最多出力 1MW，L2 出线单供时满足接纳分布式电源供电能力。请写出操作步骤。（5 分）

考核知识点：配电网调度操作

难易度：中

标准答案：

具体操作步骤：

（1）配电网调度通知分布式电源停送电联系人将光伏出力限制到 1MW。

（2）联系地调确保合环条件（A 变电站与 B 变电站母线电压差不能超过 0.2kV，L1 与 L2 线路相序相位相同）。

（3）将 A 变电站 L2 线路 68 号联络断路器由热备转运行，检查负荷分配。

（4）通知主网调度将出线 L1 断路器转热备后，再转检修。

（5）通知分布式电源停送电联系人开放出力。

Jb0002131208　如图 Jb0002131208 所示，某开关站 10kV 系统接线图，10kV 系统电压变为 $U_a=10.56$kV、$U_b=10.51$kV、$U_c=0.08$kV，$3U_0=105.76$MW。给定运行方式，10kV 系统接地，如何选出接地线路（接地故障为 10kV 双回Ⅰ线）？（5 分）

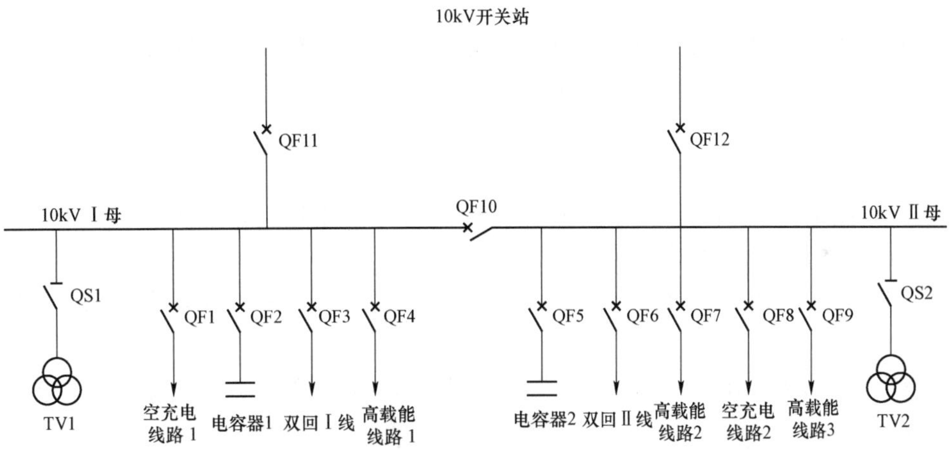

图 Jb0002131208

考核知识点：配电网调度操作

难易度：易

标准答案：

（1）合上进线 QF11 断路器。

（2）断开 QF10 母联断路器。

（3）试拉电容器 1 和空载线路 1。

（4）试拉双回Ⅰ线，接地消失。

（5）合上 QF10 母联断路器，断开进线 QF11 断路器。

Jb0002131209　如图 Jb0002131209 所示，Ⅰ、Ⅱ段母分列运行，Ⅰ、Ⅱ段母线电压互感器 TV1、TV2 均运行。Ⅰ段母线电压互感器 TV1 高压侧熔丝熔断。请写出处理步骤。（5 分）

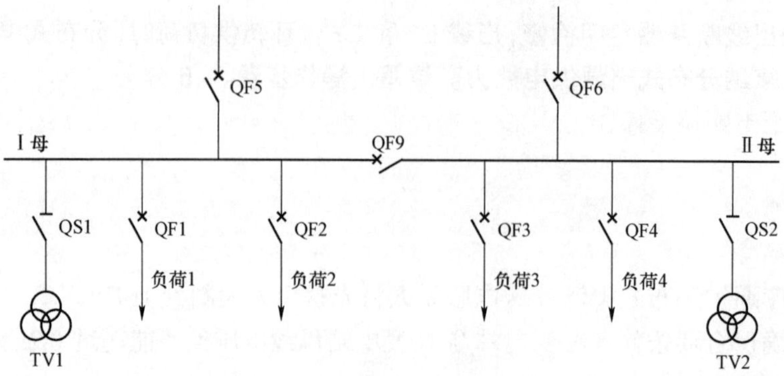

图 Jb0002131209

考核知识点：配电网调度操作

难易度：易

标准答案：

（1）立即合上母联断路器 QF9。

（2）断开（取下）TV1 低压侧空气开关（熔断器）。

（3）拉开Ⅰ母电压互感器隔离开关 QS1，做好安全措施后处理异常。

（4）TV1 高压侧熔丝更换完毕，必须对 TV1 进行试验，证明 TV1 无故障后方可投入运行。

Jb0002132210　小接地电流系统发生单相接地故障时，故障现象是什么？（5 分）

考核知识点：小接地电流系统发生单相接地故障时的故障现象

难易度：中

标准答案：

（1）非金属性接地时：故障相电压下降但不为零，非故障相电压上升至相电压与线电压之间，零序电压（$3U_0$）上升至整定值，发信号。

（2）金属性接地时：故障相电压降为零，非故障相电压上升为线电压，零序电压（$3U_0$）上升至 100V，发信号。

（3）弧光接地时：电压表指示不稳定，非故障相电压可达正常相电压的 3～3.5 倍，零序电压（$3U_0$）可能大于 100V。

（4）间歇性接地：接地时有时无，间歇性出现，故障相电压时增时减，非故障相电压时增时减或有时正常，零序电压（$3U_0$）也时增时减或有时正常不稳定。

Jb0002132211　小接地电流系统发生单相接地时调度员确定故障的处理原则是什么？（5 分）

考核知识点：小接地电流系统发生单相接地时调度员确定故障的处理原则

难易度：中

标准答案：

（1）用母线分段、分割系统的方式确定故障所在母线。

（2）试选小接地电流选线装置给出的故障线路。

（3）试拉空载充电线路，如无小接地电流选线装置或该装置无法判定，则接选线序位表拉路选线。

（4）结合配电故障指示器给出自动化信息确定。

（5）利用配电自动化终端零序告警信息判断确定。

Jb0001112212　某接地系统发生单相接地（设为 A 相）故障时，三个线电流各为 $I_A=1500A$，$I_B=0A$，$I_C=0A$。试求这组线电流的对称分量，并作相量图。（5 分）

考核知识点：相量图

难易度：中

标准答案：

设 $\dot{I}_A=1500\angle 0°$ A，则零序分量

$$\dot{I}_0=1/3（\dot{I}_A+\dot{I}_B+\dot{I}_C）=1/3\times 1500=500（A）$$

正序分量 $\dot{I}_1=1/3（\dot{I}_A+\alpha\dot{I}_B+\alpha 2\dot{I}_C）=500（A）$

负序分量 $\dot{I}_2=1/3（\dot{I}_A+\alpha 2\dot{I}_B+\alpha\dot{I}_C）=500（A）$

相量图见图 Jb0001112212。

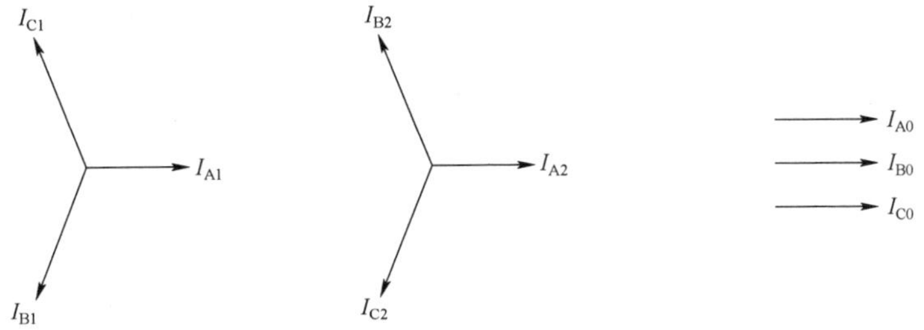

图 Jb0001112212

Jb0002131213　分布式电源并网线路停电或发生故障时，应怎么处置？（5 分）

考核知识点：分布式电源并网线路停电或发生故障时的处置

难易度：易

标准答案：

分布式电源并网线路停电或发生故障时，随时都有来电的可能，此时允许分布式电源发电运行值班人员拉开进线断路器、隔离开关，确保与电网隔离，避免向电网反送电，并向配电网值班调控员或营销部汇报。配电网值班调控员应核实停电或故障线路所接所有分布式电源确已解列，没有向电网反送电的可能。

Jb0002131214　配电网调控员接到上级调度超供电能力限电指令时应如何处置？（5 分）

考核知识点：配电网调控员接到上级调度超供电能力限电指令时的处置

难易度：易

标准答案：

配电网调控员接到上级调度超供电能力限电指令时，先责令客户服务中心在规定时间内利用负荷控制系统进行限电，届时如效果不明显，配电网调控员应根据超供电能力限电序位表进行拉闸限电，如超供电能力限电序位表所列线路不够使用时，保留动用事故限电序位进行限电的手段。

Jb0003131215　事故调查中“四不放过”是指什么？作业中“四不伤害”是指什么？（5 分）

考核知识点：“四不放过”“四不伤害”

难易度：易

标准答案：

（1）“四不放过”指：事故原因不清楚不放过，事故责任者和应受教育者没有受到教育不放过，没有采取防范措施不放过，事故责任者没有受到处罚不放过。

（2）“四不伤害”指：不伤害自己，不伤害他人，不被他人伤害，保护他人不被伤害。

Jb0002131216　发生故障时，要求故障及有关单位运维人员应迅速汇报调控员的信息有哪些？（5分）

考核知识点：发生故障时，要求故障及有关单位运维人员应迅速汇报调控员的信息

难易度：易

标准答案：

电网发生故障时，故障及有关单位运维人员应立即清楚、准确地向调控员报告故障发生的时间、现象、设备的名称和编号，断路器动作情况，继电保护及安全自动装置动作情况，频率、电压、负荷及潮流变化情况，现场天气情况，人员和设备的损伤等故障有关情况。对于无人值班变电站或线路设备的故障信息，则由调控员自行收集掌握。

第十章 配电运营指挥员高级技师技能操作

Jc0004163001 配电运营指挥员技师技能培训方案的编写。(100分)

考核知识点：培训方案的编写

难易度：难

技能等级评价专业技能考核操作工作任务书

一、任务名称

配电运营指挥员技师技能培训方案的编写。

二、适用工种

配电运营指挥员高级技师。

三、具体任务

某单位有王三等5名配电运营指挥技师需进行技能培训。针对此项工作，考生编写一份技师技能培训方案。

四、工作规范及要求

结合培训任务按照以下要求完成技能培训方案的编写。

(1) 培训项目为实操项目。

(2) 培训相关内容由考生自行组织。

五、考核及时间要求

考核时间共40分钟，每超过2分钟扣1分，到45分钟终止考核。

技能等级评价专业技能考核操作评分标准

工种	配电运营指挥员				评价等级	高级技师
项目模块	技术管理和培训—技能培训			编号	Jc0004163001	
单位		准考证号			姓名	
考试时限	40分钟	题型			题分	100分
成绩		考评员		考评组长	日期	
试题正文	配电运营指挥员技师技能培训方案的编写					
需要说明的问题和要求	(1) 培训内容应为技能实操项目。 (2) 内容不作限制，由考生自行组织					

序号	项目名称	质量要求	满分	扣分标准	扣分原因	得分
1	培训目标	应有明确的培训目标	10	缺少一项扣10分		
2	培训人	应有明确的授课人	10	缺少一项扣10分		
3	培训对象	应明确培训对象	10	缺少一项扣10分		

续表

序号	项目名称	质量要求	满分	扣分标准	扣分原因	得分
4	培训内容	（1）应有具体的培训项目名称； （2）应有项目的具体内容	20	缺少一项扣 10 分		
5	培训方式	应有明确的培训方式，培训方式为实操	10	缺少一项扣 10 分		
6	培训时间与地点	应明确培训时间，培训地点	20	缺少一项扣 10 分		
7	培训考核方式	应明确培训的考核方式，考核方式为实操	10	缺少一项扣 10 分		
8	其他相关事宜	其他相关的培训事宜，如奖惩方式、劳动纪律等要求	10	缺少一项扣 10 分		
合计			100			

Jc0001152002　通过供电服务指挥系统统计 95598 故障工单时刻情况。（100 分）

考核知识点：供电服务指挥系统操作

难易度：中

技能等级评价专业技能考核操作工作任务书

一、任务名称

通过供电服务指挥系统统计 95598 故障工单时刻情况。

二、适用工种

配电运营指挥员高级技师。

三、具体任务

通过供电服务指挥系统对 95598 故障工单时刻进行统计，并按要求完成报告。

四、工作规范及要求

（1）熟悉供电服务指挥系统，明确操作范围。

（2）正确使用供电服务指挥系统相关统计工作。

（3）明确 95598 故障工单时刻统计知识点内容。

（4）会统计相关数据。

五、考核及时间要求

（1）本考核操作时间为 5 分钟，包括报告整理时间，时间到停止考评。

（2）按照给定项目安排操作顺序。

（3）若有补充说明请注明。

技能等级评价专业技能考核操作评分标准

工种	配电运营指挥员					评价等级	高级技师
项目模块	基础能力—供电服务运营管控				编号		Jc0001152002
单位			准考证号			姓名	
考试时限	5 分钟		题型	单项操作		题分	100 分
成绩		考评员		考评组长		日期	
试题正文	通过供电服务指挥系统统计 95598 故障工单时刻情况						
需要说明的问题和要求	（1）要求熟悉供电服务指挥系统，掌握 95598 故障工单时刻统计。 （2）正确进行统计操作。 （3）操作结束后，应举手示意，待考评员同意后方可离开考场。 （4）若考生误操作或处置不当，则该考核计 0 分						

续表

序号	项目名称	质量要求	满分	扣分标准	扣分原因	得分
1	登录系统	说明登录供电服务指挥系统步骤	20	未说明或说明不正确扣 20 分		
2	通过供电服务指挥系统统计 95598 故障工单时刻情况	写出某单位指定时间段内统计已归档 95598 故障工单时刻步骤	30	未写出或步骤不正确扣 30 分		
3	统计内容	统计某单位指定时间段内已归档 95598 故障工单时刻，工单来源为 95598，并统计 95598 故障报修某供电所某时刻 95598 故障工单情况	20	未统计或统计不正确扣 20 分		
4	返回主界面	说明返回系统主界面操作步骤	10	未说明或说明不正确扣 10 分		
5	填写报告	正确填写报告	20	每缺少 1 步扣 2 分		
合计			100			

Jc0001152003　通过供电服务指挥系统统计 95598 故障报修万户工单数。（100 分）

考核知识点：供电服务指挥系统操作

难易度：中

技能等级评价专业技能考核操作工作任务书

一、任务名称

通过供电服务指挥系统统计 95598 故障报修万户工单数。

二、适用工种

配电运营指挥员高级技师。

三、具体任务

通过供电服务指挥系统统计 95598 故障报修万户工单数，并按要求完成报告。

四、工作规范及要求

（1）熟悉供电服务指挥系统，明确操作范围。

（2）正确使用供电服务指挥系统相关统计工作。

（3）明确 95598 故障报修万户工单数统计知识点内容。

（4）会统计相关数据。

五、考核及时间要求

（1）本考核操作时间为 5 分钟，包括报告整理时间，时间到停止考评。

（2）按照给定项目安排操作顺序。

（3）若有补充说明请注明。

技能等级评价专业技能考核操作评分标准

<table>
<tr><td>工种</td><td colspan="5">配电运营指挥员</td><td>评价等级</td><td>高级技师</td></tr>
<tr><td>项目模块</td><td colspan="4">基础能力—供电服务运营管控</td><td>编号</td><td colspan="2">Jc0001152003</td></tr>
<tr><td>单位</td><td colspan="2"></td><td>准考证号</td><td colspan="2"></td><td>姓名</td><td></td></tr>
<tr><td>考试时限</td><td colspan="2">5 分钟</td><td>题型</td><td colspan="2">单项操作</td><td>题分</td><td>100 分</td></tr>
<tr><td>成绩</td><td></td><td>考评员</td><td></td><td>考评组长</td><td></td><td>日期</td><td></td></tr>
<tr><td>试题正文</td><td colspan="7">通过供电服务指挥系统统计 95598 故障报修万户工单数</td></tr>
</table>

续表

需要说明的问题和要求	（1）要求熟悉供电服务指挥系统，掌握 95598 故障报修万户工单数统计。 （2）正确进行统计操作。 （3）操作结束后，应举手示意，待考评员同意后方可离开考场。 （4）若考生误操作或处置不当，则该考核计 0 分

序号	项目名称	质量要求	满分	扣分标准	扣分原因	得分
1	登录系统	说明登录供电服务指挥系统步骤	20	未说明或说明不正确扣 20 分		
2	通过供电服务指挥系统统计 95598 故障工单万户工单数情况	写出某单位指定时间段内统计已归档 95598 故障报修万户工单数步骤	30	未写出或步骤不正确扣 30 分		
3	统计内容	统计某单位和各区县公司指定时间段内已归档 95598 故障报修万户工单数，工单来源为 95598，通过工单数量和户数情况，统计出 95598 故障报修各分县公司万户工单数及某公司万户工单数	20	未统计或统计不正确扣 20 分		
4	返回系统主界面	说明返回系统主界面操作步骤	10	未说明或说明不正确扣 10 分		
5	填写报告	正确填写报告	20	每缺少 1 步扣 2 分		
合计			100			

Jc0001152004　通过供电服务指挥系统统计 95598 故障报修 App 接单率。（100 分）

考核知识点：供电服务指挥系统操作

难易度：中

技能等级评价专业技能考核操作工作任务书

一、任务名称

通过供电服务指挥系统统计 95598 故障报修 App 接单率。

二、适用工种

配电运营指挥员高级技师。

三、具体任务

通过供电服务指挥系统统计 95598 故障报修 App 接单率，并按要求完成报告。

四、工作规范及要求

（1）熟悉供电服务指挥系统，明确操作范围。

（2）正确使用供电服务指挥系统相关统计工作。

（3）明确 95598 故障报修 App 接单率统计知识点内容。

（4）会统计相关数据。

五、考核及时间要求

（1）本考核操作时间为 5 分钟，包括报告整理时间，时间到停止考评。

（2）按照给定项目安排操作顺序。

（3）若有补充说明请注明。

技能等级评价专业技能考核操作评分标准

工种	配电运营指挥员			评价等级	高级技师
项目模块	基础能力一供电服务运营管控		编号	Jc0001152004	
单位		准考证号		姓名	

续表

考试时限	5分钟		题型	单项操作		题分	100分
成绩		考评员		考评组长		日期	
试题正文	通过供电服务指挥系统统计95598故障报修App接单率						
需要说明的问题和要求	（1）要求熟悉供电服务指挥系统，掌握95598故障报修App接单率统计。 （2）正确进行统计操作。 （3）操作结束后，应举手示意，待考评员同意后方可离开考场。 （4）若考生误操作或处置不当，则该考核计0分						

序号	项目名称	质量要求	满分	扣分标准	扣分原因	得分
1	登录系统	说明登录供电服务指挥系统步骤	20	未说明或说明不正确扣20分		
2	通过供电服务指挥系统统计95598故障工单App接单率	写出某单位指定时间段内统计已归档95598故障报修App接单率步骤	30	未写出或步骤不正确扣30分		
3	统计内容	统计某单位和各区县公司指定时间段内已归档95598故障报修App接单率，工单来源为95598，通过工单数量和App接单数，统计出95598故障报修各分县公司App接单数及某公司App接单数	20	未统计或统计不正确扣20分		
4	返回系统主界面	说明返回系统主界面操作步骤	10	未说明或说明不正确扣10分		
5	填写报告	正确填写报告	20	每缺少1步扣2分		
合计			100			

Jc0001152005　通过供电服务指挥系统统计95598故障报修到达现场时限。（100分）

考核知识点：供电服务指挥系统操作

难易度：中

技能等级评价专业技能考核操作工作任务书

一、任务名称

通过供电服务指挥系统统计95598故障报修到达现场时限。

二、适用工种

配电运营指挥员高级技师。

三、具体任务

通过供电服务指挥系统统计95598故障报修到达现场时限，并按要求完成报告。

四、工作规范及要求

（1）熟悉供电服务指挥系统，明确操作范围。

（2）正确使用供电服务指挥系统相关统计工作。

（3）明确95598故障报修到达现场时限统计知识点内容。

（4）会统计相关数据。

五、考核及时间要求

（1）本考核操作时间为5分钟，包括报告整理时间，时间到停止考评。

（2）按照给定项目安排操作顺序。

（3）若有补充说明请注明。

技能等级评价专业技能考核操作评分标准

工种	配电运营指挥员					评价等级	高级技师
项目模块	基础能力—供电服务运营管控				编号	Jc0001152005	
单位			准考证号			姓名	
考试时限	5分钟		题型	单项操作		题分	100分
成绩		考评员		考评组长		日期	
试题正文	通过供电服务指挥系统统计95598故障报修到达现场时限						
需要说明的问题和要求	（1）要求熟悉供电服务指挥系统，掌握95598故障报修到达现场时限统计。 （2）正确进行统计操作。 （3）操作结束后，应举手示意，待考评员同意后方可离开考场。 （4）若考生误操作或处置不当，则该考核计0分						

序号	项目名称	质量要求	满分	扣分标准	扣分原因	得分
1	登录系统	说明登录供电服务指挥系统步骤	20	未说明或说明不正确扣20分		
2	通过供电服务指挥系统统计95598故障工单到达现场时限情况	写出某单位指定时间段内统计已归档95598故障报修平均到达现场时间和到达现场及时率步骤	30	未写出或步骤不正确扣30分		
3	统计内容	统计某单位指定时间段内各区县公司和某公司已归档95598故障报修平均到达现场时间和到达现场及时率，工单来源为95598，并统计出95598故障报修各分县公司和某公司城市、农村、特殊边远地区现场处理故障量和平均到达现场时间	20	未统计或统计不正确扣20分		
4	返回系统主界面	说明返回系统主界面操作步骤	10	未说明或说明不正确扣10分		
5	填写报告	正确填写报告	20	每缺少1步扣2分		
合计			100			

Jc0001152006 通过供电服务指挥系统统计95598故障报修工单修复时长。（100分）

考核知识点：供电服务指挥系统操作

难易度：中

技能等级评价专业技能考核操作工作任务书

一、任务名称

通过供电服务指挥系统统计95598故障报修工单修复时长。

二、适用工种

配电运营指挥员高级技师。

三、具体任务

通过供电服务指挥系统统计95598故障报修工单修复时长，并按要求完成报告。

四、工作规范及要求

（1）熟悉供电服务指挥系统，明确操作范围。

（2）正确使用供电服务指挥系统相关统计工作。

（3）明确95598故障报修工单修复时长统计知识点内容。

（4）会统计相关数据。

五、考核及时间要求

（1）本考核操作时间为5分钟，包括报告整理时间，时间到停止考评。

（2）按照给定项目安排操作顺序。

（3）若有补充说明请注明。

技能等级评价专业技能考核操作评分标准

<table>
<tr><td>工种</td><td colspan="6">配电运营指挥员</td><td>评价等级</td><td colspan="2">高级技师</td></tr>
<tr><td>项目模块</td><td colspan="5">基础能力—供电服务运营管控</td><td>编号</td><td colspan="3">Jc0001152006</td></tr>
<tr><td>单位</td><td colspan="3"></td><td>准考证号</td><td colspan="2"></td><td>姓名</td><td colspan="2"></td></tr>
<tr><td>考试时限</td><td colspan="2">5 分钟</td><td>题型</td><td colspan="3">单项操作</td><td>题分</td><td colspan="2">100 分</td></tr>
<tr><td>成绩</td><td></td><td>考评员</td><td></td><td>考评组长</td><td colspan="2"></td><td>日期</td><td colspan="2"></td></tr>
<tr><td>试题正文</td><td colspan="9">通过供电服务指挥系统统计 95598 故障报修工单修复时长</td></tr>
<tr><td>需要说明的问题和要求</td><td colspan="9">（1）要求熟悉供电服务指挥系统，掌握 95598 故障报修工单修复时长统计。
（2）正确进行统计操作。
（3）操作结束后，应举手示意，待考评员同意后方可离开考场。
（4）若考生误操作或处置不当，则该考核计 0 分</td></tr>
<tr><td>序号</td><td>项目名称</td><td colspan="2">质量要求</td><td>满分</td><td colspan="3">扣分标准</td><td>扣分原因</td><td>得分</td></tr>
<tr><td>1</td><td>登录系统</td><td colspan="2">说明登录供电服务指挥系统步骤</td><td>20</td><td colspan="3">未说明或说明不正确扣 20 分</td><td></td><td></td></tr>
<tr><td>2</td><td>通过供电服务指挥系统统计 95598 故障工单修复时长情况</td><td colspan="2">写出某单位指定时间段内统计已归档 95598 故障报修工单平均修复时长步骤</td><td>30</td><td colspan="3">未写出或步骤不正确扣 30 分</td><td></td><td></td></tr>
<tr><td>3</td><td>统计内容</td><td colspan="2">统计某单位和各区县公司指定时间段内已归档 95598 故障报修平均修复时长、城市最大修复时长、郊区最大修复时长、特殊边远地区最大修复时长及最大修复时长，工单来源为 95598</td><td>20</td><td colspan="3">未统计或统计不正确扣 20 分</td><td></td><td></td></tr>
<tr><td>4</td><td>返回系统主界面</td><td colspan="2">说明返回系统主界面操作步骤</td><td>10</td><td colspan="3">未说明或说明不正确扣 10 分</td><td></td><td></td></tr>
<tr><td>5</td><td>填写报告</td><td colspan="2">正确填写报告</td><td>20</td><td colspan="3">每缺少 1 步扣 2 分</td><td></td><td></td></tr>
<tr><td colspan="2">合计</td><td colspan="2"></td><td>100</td><td colspan="3"></td><td></td><td></td></tr>
</table>

Jc0001152007　通过供电服务指挥系统统计 95598 故障报修班组人员。（100 分）

考核知识点：供电服务指挥系统操作

难易度：中

技能等级评价专业技能考核操作工作任务书

一、任务名称

通过供电服务指挥系统统计 95598 故障报修班组人员。

二、适用工种

配电运营指挥员高级技师。

三、具体任务

通过供电服务指挥系统统计 95598 故障报修班组人员，并按要求完成报告。

四、工作规范及要求

（1）熟悉供电服务指挥系统，明确操作范围。

（2）正确使用供电服务指挥系统相关统计工作。

（3）明确 95598 故障报修班组人员统计知识点内容。

（4）会统计相关数据。

五、考核及时间要求

（1）本考核操作时间为5分钟，包括报告整理时间，时间到停止考评。

（2）按照给定项目安排操作顺序。

（3）若有补充说明请注明。

技能等级评价专业技能考核操作评分标准

工种	配电运营指挥员				评价等级	高级技师
项目模块	基础能力—供电服务运营管控			编号	Jc0001152007	
单位		准考证号			姓名	
考试时限	5分钟	题型	单项操作		题分	100分
成绩		考评员		考评组长	日期	
试题正文	通过供电服务指挥系统统计95598故障报修班组人员					
需要说明的问题和要求	（1）要求熟悉供电服务指挥系统，掌握95598故障报修班组人员统计。 （2）正确进行统计操作。 （3）操作结束后，应举手示意，待考评员同意后方可离开考场。 （4）若考生误操作或处置不当，则该考核计0分					

序号	项目名称	质量要求	满分	扣分标准	扣分原因	得分
1	登录系统	说明登录供电服务指挥系统步骤	20	未说明或说明不正确扣20分		
2	通过供电服务指挥系统统计95598故障班组人员情况	写出某单位95598故障报修班组人员统计步骤	30	未写出或步骤不正确扣30分		
3	统计内容	统计某单位和各区县公司95598故障报修班组数量、抢修队伍数量和当日工单、当月工单、在办工单数量	20	未统计或统计不正确扣20分		
4	返回系统主界面	说明返回系统主界面操作步骤	10	未说明或说明不正确扣10分		
5	填写报告	正确填写报告	20	每缺少1步扣2分		
合计			100			

Jc0001152008　通过供电服务指挥系统统计95598故障报修现场分类情况。（100分）

考核知识点：供电服务指挥系统操作

难易度：中

技能等级评价专业技能考核操作工作任务书

一、任务名称

通过供电服务指挥系统统计95598故障报修现场分类情况。

二、适用工种

配电运营指挥员高级技师。

三、具体任务

通过供电服务指挥系统统计95598故障报修现场分类情况，并按要求完成报告。

四、工作规范及要求

（1）熟悉供电服务指挥系统，明确操作范围。

（2）正确使用供电服务指挥系统相关统计工作。

（3）明确95598故障报修现场分类情况统计知识点内容。

（4）会统计相关数据。

五、考核及时间要求

（1）本考核操作时间为 5 分钟，包括报告整理时间，时间到停止考评。

（2）按照给定项目安排操作顺序。

（3）若有补充说明请注明。

技能等级评价专业技能考核操作评分标准

工种	配电运营指挥员					评价等级	高级技师
项目模块	基础能力—供电服务运营管控				编号	Jc0001152008	
单位			准考证号			姓名	
考试时限	5 分钟		题型	单项操作		题分	100 分
成绩		考评员		考评组长		日期	
试题正文	通过供电服务指挥系统统计 95598 故障报修现场分类情况						
需要说明的问题和要求	（1）要求熟悉供电服务指挥系统，掌握 95598 故障报修现场分类统计。 （2）正确进行统计操作。 （3）操作结束后，应举手示意，待考评员同意后方可离开考场。 （4）若考生误操作或处置不当，则该考核计 0 分						

序号	项目名称	质量要求	满分	扣分标准	扣分原因	得分
1	登录系统	说明登录供电服务指挥系统步骤	20	未说明或说明不正确扣 20 分		
2	通过供电服务指挥系统统计 95598 故障现场分类情况	写出某单位 95598 故障报修现场分类情况步骤	30	未写出或步骤不正确扣 30 分		
3	统计内容	统计指定时间段内已归档 95598 故障报修占比最多的某供电所，然后分别统计城市地区、郊区、特殊偏远地区占比最多的某供电所	20	未统计或统计不正确扣 20 分		
4	返回系统主界面	说明返回系统主界面操作步骤	10	未说明或说明不正确扣 10 分		
5	填写报告	正确填写报告	20	每缺少 1 步扣 2 分		
合计			100			

Jc0001152009　通过供电服务指挥系统统计主动工单分类情况。（100 分）

考核知识点：供电服务指挥系统操作

难易度：中

技能等级评价专业技能考核操作工作任务书

一、任务名称

通过供电服务指挥系统统计主动工单分类情况。

二、适用工种

配电运营指挥员高级技师。

三、具体任务

通过供电服务指挥系统统计主动工单分类情况，并按要求完成报告。

四、工作规范及要求

（1）熟悉供电服务指挥系统，明确操作范围。

（2）正确使用供电服务指挥系统相关统计工作。

（3）明确主动工单分类情况统计知识点内容。

（4）会统计相关数据。

五、考核及时间要求

（1）本考核操作时间为5分钟，包括报告整理时间，时间到停止考评。

（2）按照给定项目安排操作顺序。

（3）若有补充说明请注明。

技能等级评价专业技能考核操作评分标准

工种	配电运营指挥员					评价等级	高级技师	
项目模块	基础能力—供电服务运营管控				编号	Jc0001152009		
单位			准考证号			姓名		
考试时限	5分钟		题型	单项操作		题分	100分	
成绩		考评员		考评组长		日期		
试题正文	通过供电服务指挥系统统计主动工单分类情况							
需要说明的问题和要求	（1）要求熟悉供电服务指挥系统，掌握主动工单分类统计。 （2）正确进行统计操作。 （3）操作结束后，应举手示意，待考评员同意后方可离开考场。 （4）若考生误操作或处置不当，则该考核计0分							

序号	项目名称	质量要求	满分	扣分标准	扣分原因	得分
1	登录系统	说明登录供电服务指挥系统步骤	20	未说明或说明不正确扣20分		
2	通过供电服务指挥系统统计95598故障现场分类情况	写出某单位主动工单分类情况步骤	30	未写出或步骤不正确扣30分		
3	统计内容	统计指定时间段内已归档某单位和各区县公司主动工单总数及低压故障、配电变压器失电、故障停电、临时停电、其他数量	20	未统计或统计不正确扣20分		
4	返回系统主界面	说明返回系统主界面操作步骤	10	未说明或说明不正确扣10分		
5	填写报告	正确填写报告	20	每缺少1步扣2分		
合计			100			

Jc0001152010　通过“SG186”工程营销业务应用系统查询业扩报装督办工单情况。（100分）

考核知识点：“SG186”工程营销业务应用系统操作

难易度：中

技能等级评价专业技能考核操作工作任务书

一、任务名称

通过“SG186”工程营销业务应用系统查询业扩报装督办工单情况。

二、适用工种

配电运营指挥员高级技师。

三、具体任务

通过“SG186”工程营销业务应用系统查询业扩报装督办工单情况，并按要求完成报告。

四、工作规范及要求

（1）熟悉供电服务指挥系统，明确操作范围。

（2）正确使用供电服务指挥系统相关统计工作。

（3）明确业扩报装督办工单查询知识点内容。

（4）会统计相关数据。

五、考核及时间要求

（1）本考核操作时间为5分钟，包括报告整理时间，时间到停止考评。

（2）按照给定项目安排操作顺序。

（3）若有补充说明请注明。

技能等级评价专业技能考核操作评分标准

<table>
<tr><td>工种</td><td colspan="5">配电运营指挥员</td><td>评价等级</td><td>高级技师</td></tr>
<tr><td>项目模块</td><td colspan="4">基础能力—供电服务运营管控</td><td>编号</td><td colspan="2">Jc0001152010</td></tr>
<tr><td>单位</td><td colspan="2"></td><td>准考证号</td><td colspan="2"></td><td>姓名</td><td></td></tr>
<tr><td>考试时限</td><td colspan="2">5 分钟</td><td>题型</td><td colspan="2">单项操作</td><td>题分</td><td>100 分</td></tr>
<tr><td>成绩</td><td></td><td>考评员</td><td></td><td>考评组长</td><td></td><td>日期</td><td></td></tr>
<tr><td>试题正文</td><td colspan="7">通过“SG186”工程营销业务应用系统查询业扩报装督办工单情况</td></tr>
<tr><td>需要说明的问题和要求</td><td colspan="7">（1）要求熟悉供电服务指挥系统，掌握主动工单分类统计。
（2）正确进行统计操作。
（3）操作结束后，应举手示意，待考评员同意后方可离开考场。
（4）若考生误操作或处置不当，则该考核计 0 分</td></tr>
</table>

序号	项目名称	质量要求	满分	扣分标准	扣分原因	得分
1	登录系统	说明登录供电服务指挥系统步骤	20	未说明或说明不正确扣 20 分		
2	通过“SG186”工程营销业务应用系统查询业扩报装督办工单情况	写出某单位业扩报装督办工单查询情况步骤	30	未说明或说明不正确扣 30 分		
3	统计内容	查询指定时间段内已归档某单位业扩报装督办工单业务受理、业务处理情况	20	未说明或说明不正确扣 20 分		
4	返回系统主界面	说明返回系统主界面操作步骤	10	未说明或说明不正确扣 10 分		
5	填写报告	正确填写报告	20	每缺少 1 步扣 2 分		
合计			100			

Jc0001152011 通过“SG186”工程营销业务应用系统查询用户信息情况。（100 分）

考核知识点：“SG186”工程营销业务应用系统操作

难易度：中

技能等级评价专业技能考核操作工作任务书

一、任务名称

通过“SG186”工程营销业务应用系统查询用户信息情况。

二、适用工种

配电运营指挥员高级技师。

三、具体任务

通过“SG186”工程营销业务应用系统查询用户信息情况，并按要求完成报告。

四、工作规范及要求

（1）熟悉供电服务指挥系统，明确操作范围。

（2）正确使用供电服务指挥系统相关统计工作。

（3）明确用户信息查询知识点内容。

（4）会统计相关数据。

五、考核及时间要求

（1）本考核操作时间为5分钟，包括报告整理时间，时间到停止考评。

（2）按照给定项目安排操作顺序。

（3）若有补充说明请注明。

技能等级评价专业技能考核操作评分标准

工种	配电运营指挥员					评价等级	高级技师
项目模块	基础能力—供电服务运营管控				编号		Jc0001152011
单位			准考证号			姓名	
考试时限	5分钟	题型		单项操作		题分	100分
成绩		考评员		考评组长		日期	
试题正文	通过“SG186”工程营销业务应用系统查询客户信息情况						
需要说明的问题和要求	（1）要求熟悉供电服务指挥系统，掌握客户信息查询。 （2）正确进行统计操作。 （3）操作结束后，应举手示意，待考评员同意后方可离开考场。 （4）若考生误操作或处置不当，则该考核计0分						

序号	项目名称	质量要求	满分	扣分标准	扣分原因	得分
1	登录系统	说明登录供电服务指挥系统步骤	20	未说明或说明不正确扣20分		
2	通过“SG186”工程营销业务应用系统查询客户信息情况	写出某单位客户信息查询情况步骤	30	未说明或说明不正确扣30分		
3	统计内容	根据表号查询客户用电地址、用电量	20	未说明或说明不正确扣20分		
4	返回系统主界面	说明返回系统主界面操作步骤	10	未说明或说明不正确扣10分		
5	填写报告	正确填写报告	20	每缺少1步扣2分		
合计			100			

Jc0001152012　通过“SG186”工程营销业务应用系统查询远程充值异常报修情况。（100分）

考核知识点：“SG186”工程营销业务应用系统操作

难易度：中

技能等级评价专业技能考核操作工作任务书

一、任务名称

通过“SG186”工程营销业务应用系统查询远程充值异常报修情况。

二、适用工种

配电运营指挥员高级技师。

三、具体任务

通过“SG186”工程营销业务应用系统查询远程充值异常报修情况，并按要求完成报告。

四、工作规范及要求

（1）熟悉供电服务指挥系统，明确操作范围。

（2）正确使用供电服务指挥系统相关统计工作。

（3）明确远程充值异常报修查询知识点内容。

（4）会统计相关数据。

五、考核及时间要求

（1）本考核操作时间为 5 分钟，包括报告整理时间，时间到停止考评。

（2）按照给定项目安排操作顺序。

（3）若有补充说明请注明。

技能等级评价专业技能考核操作评分标准

<table>
<tr><td>工种</td><td colspan="5">配电运营指挥员</td><td>评价等级</td><td>高级技师</td></tr>
<tr><td>项目模块</td><td colspan="4">基础能力—供用服务运营管控</td><td>编号</td><td colspan="2">Jc0001152012</td></tr>
<tr><td>单位</td><td colspan="2"></td><td>准考证号</td><td colspan="2"></td><td>姓名</td><td></td></tr>
<tr><td>考试时限</td><td colspan="2">5 分钟</td><td>题型</td><td colspan="2">单项操作</td><td>题分</td><td>100 分</td></tr>
<tr><td>成绩</td><td></td><td>考评员</td><td></td><td>考评组长</td><td></td><td>日期</td><td></td></tr>
<tr><td>试题正文</td><td colspan="7">通过“SG186”工程营销业务应用系统查询远程充值异常报修情况</td></tr>
<tr><td>需要说明的问题和要求</td><td colspan="7">（1）要求熟悉供电服务指挥系统，掌握客户信息查询。
（2）正确进行统计操作。
（3）操作结束后，应举手示意，待考评员同意后方可离开考场。
（4）若考生误操作或处置不当，则该考核计 0 分</td></tr>
</table>

序号	项目名称	质量要求	满分	扣分标准	扣分原因	得分
1	登录系统	说明登录供电服务指挥系统步骤	20	未说明或说明不正确扣 20 分		
2	通过“SG186”工程营销业务应用系统查询远程充值异常报修情况	写出某单位远程充值异常报修查询情况步骤	30	未说明或说明不正确扣 30 分		
3	统计内容	查询指定时间段内远程充值异常报修工单总数、报备未处理工单数、超时工单数、超时未处理工单数	20	未说明或说明不正确扣 20 分		
4	返回系统主界面	说明返回系统主界面操作步骤	10	未说明或说明不正确扣 10 分		
5	填写报告	正确填写报告	20	每缺少 1 步扣 2 分		
合计			100			

Jc0001152013　通过插件式微应用数据共享分析平台调看业扩报装申请工单并派单。（100 分）

考核知识点：插件式微应用数据共享分析平台操作

难易度：中

技能等级评价专业技能考核操作工作任务书

一、任务名称

通过插件式微应用数据共享分析平台调看业扩报装申请工单并派单。

二、适用工种

配电运营指挥员高级技师。

三、具体任务

通过插件式微应用数据共享分析平台调看业扩报装申请工单，并按要求派发工单。

四、工作规范及要求

（1）熟悉插件式微应用数据共享分析平台，明确操作范围。
（2）正确使用插件式微应用数据共享分析平台。
（3）明确业扩报装申请工单内容。
（4）会调阅相关数据。

五、考核及时间要求

（1）本考核操作时间为5分钟，包括报告整理时间，时间到停止考评。
（2）按照给定项目安排操作顺序。
（3）若有补充说明请注明。

技能等级评价专业技能考核操作评分标准

工种	配电运营指挥员				评价等级	高级技师
项目模块	基础能力—供电服务运营管控			编号	Jc0001152013	
单位		准考证号			姓名	
考试时限	5分钟	题型	多项操作		题分	100分
成绩		考评员		考评组长	日期	
试题正文	通过插件式微应用数据共享分析平台调看业扩报装申请工单并派单					
需要说明的问题和要求	（1）要求熟悉插件式微应用数据共享分析平台，掌握调看业扩报装申请工单的使用。 （2）正确进行调看操作。 （3）操作结束后，应举手示意，待考评员同意后方可离开考场。 （4）若考生误操作或处置不当，则该考核计0分					

序号	项目名称	质量要求	满分	扣分标准	扣分原因	得分
1	登录系统	说明登录插件式微应用数据共享分析平台步骤	20	未说明或说明不正确扣20分		
2	通过插件式微应用数据共享分析平台调看业扩报装申请工单	写出调看业扩报装申请工单步骤	20	未说明或说明不正确扣20分		
3	调看内容	调看业扩报装申请工单，填写并派发工单	30	未说明或说明不正确扣10分，未填写或填写不正确扣20分		
4	返回系统主界面	说明返回系统主界面操作步骤	10	未说明或说明不正确扣10分		
5	填写报告	正确填写报告	20	每缺少1步扣2分		
	合计		100			

Jc0001152014　通过插件式微应用数据共享分析平台统计业扩报装终止工单情况。（100分）

考核知识点：插件式微应用数据共享分析平台操作

难易度：中

技能等级评价专业技能考核操作工作任务书

一、任务名称

通过插件式微应用数据共享分析平台统计业扩报装终止工单情况。

二、适用工种

配电运营指挥员高级技师。

三、具体任务

通过插件式微应用数据共享分析平台统计业扩报装终止工单情况，并按要求完成报告。

四、工作规范及要求

（1）熟悉插件式微应用数据共享分析平台，明确操作范围。

（2）正确使用插件式微应用数据共享分析平台。

（3）明确业扩报装终止工单内容。

（4）会调阅相关数据。

五、考核及时间要求

（1）本考核操作时间为5分钟，包括报告整理时间，时间到停止考评。

（2）按照给定项目安排操作顺序。

（3）若有补充说明请注明。

技能等级评价专业技能考核操作评分标准

工种	配电运营指挥员					评价等级	高级技师
项目模块	基础能力—供电服务运营管控				编号	Jc0001152014	
单位			准考证号			姓名	
考试时限	5分钟		题型	多项操作		题分	100分
成绩		考评员		考评组长		日期	
试题正文	通过插件式微应用数据共享分析平台统计业扩报装终止工单情况						
需要说明的问题和要求	（1）要求熟悉插件式微应用数据共享分析平台，掌握统计业扩报装终止工单情况。 （2）正确进行调看操作。 （3）操作结束后，应举手示意，待考评员同意后方可离开考场。 （4）若考生误操作或处置不当，则该考核计0分						

序号	项目名称	质量要求	满分	扣分标准	扣分原因	得分
1	登录系统	说明登录插件式微应用数据共享分析平台步骤	20	未说明或说明不正确扣20分		
2	通过插件式微应用数据共享分析平台统计业扩报装终止工单情况	写出统计业扩报装终止工单步骤	20	未说明或说明不正确扣20分		
3	调看内容	调看某单位指定时间段内业扩报装终止工单，并统计出工单件数和总容量	30	未说明或说明不正确扣30分		
4	返回系统主界面	说明返回系统主界面操作步骤	10	未说明或说明不正确扣10分		
5	填写报告	正确填写报告	20	每缺少1步扣2分		
合计			100			

Jc0001152015　通过一体化电量与线损管理系统统计配电网线路负损情况。（100分）

考核知识点：一体化电量与线损管理系统操作

难易度：中

技能等级评价专业技能考核操作工作任务书

一、任务名称

通过一体化电量与线损管理系统统计配电网线路负损情况。

二、适用工种

配电运营指挥员高级技师。

三、具体任务

通过一体化电量与线损管理系统统计配电网线路负损情况，并按要求完成报告。

四、工作规范及要求

（1）熟悉一体化电量与线损管理系统，明确操作范围。

（2）正确使用一体化电量与线损管理系统。

（3）明确一体化电量与线损管理系统配电网线路负损情况内容。

（4）会调阅相关数据。

五、考核及时间要求

（1）本考核操作时间为5分钟，包括报告整理时间，时间到停止考评。

（2）按照给定项目安排操作顺序。

（3）若有补充说明请注明。

技能等级评价专业技能考核操作评分标准

<table>
<tr><td>工种</td><td colspan="5">配电运营指挥员</td><td>评价等级</td><td>高级技师</td></tr>
<tr><td>项目模块</td><td colspan="4">基础能力—供电服务运营管控</td><td>编号</td><td colspan="2">Jc0001152015</td></tr>
<tr><td>单位</td><td colspan="2"></td><td>准考证号</td><td colspan="2"></td><td>姓名</td><td></td></tr>
<tr><td>考试时限</td><td colspan="2">5分钟</td><td>题型</td><td colspan="2">单项操作</td><td>题分</td><td>100分</td></tr>
<tr><td>成绩</td><td></td><td>考评员</td><td></td><td>考评组长</td><td></td><td>日期</td><td></td></tr>
<tr><td>试题正文</td><td colspan="7">通过一体化电量与线损管理系统统计配电网线路负损情况</td></tr>
<tr><td>需要说明的问题和要求</td><td colspan="7">（1）要求熟悉一体化电量与线损管理系统，掌握配电网线路负损的使用。
（2）正确进行调看统计操作。
（3）操作结束后，应举手示意，待考评员同意后方可离开考场。
（4）若考生误操作或处置不当，则该考核计0分</td></tr>
</table>

序号	项目名称	质量要求	满分	扣分标准	扣分原因	得分
1	登录系统	说明登录一体化电量与线损管理系统步骤	20	未说明或说明不正确扣20分		
2	通过一体化电量与线损管理系统统计配电网线路负损情况	写出统计配电网线路负损情况步骤	30	未说明或说明不正确扣30分		
3	调看内容	调看某单位指定时间段内配电网线路负损情况，并统计出具体的负损条数	20	未维护或维护不正确扣20分		
4	返回系统主界面	说明返回系统主界面操作步骤	10	未说明或说明不正确扣10分		
5	填写报告	正确填写报告	20	每缺少1步扣2分		
合计			100			

Jc0001152016　通过一体化电量与线损管理系统统计配电网线路高损情况。（100分）

考核知识点：一体化电量与线损管理系统操作

难易度：中

技能等级评价专业技能考核操作工作任务书

一、任务名称

通过一体化电量与线损管理系统统计配电网线路高损情况。

二、适用工种

配电运营指挥员高级技师。

三、具体任务

通过一体化电量与线损管理系统统计配电网线路高损情况，并按要求完成报告。

四、工作规范及要求

（1）熟悉一体化电量与线损管理系统，明确操作范围。

（2）正确使用一体化电量与线损管理系统。

（3）明确一体化电量与线损管理系统配电网线路高损情况内容。

（4）会调阅相关数据。

五、考核及时间要求

（1）本考核操作时间为5分钟，包括报告整理时间，时间到停止考评。

（2）按照给定项目安排操作顺序。

（3）若有补充说明请注明。

技能等级评价专业技能考核操作评分标准

<table>
<tr><td>工种</td><td colspan="5">配电运营指挥员</td><td>评价等级</td><td>高级技师</td></tr>
<tr><td>项目模块</td><td colspan="4">基础能力—供电服务运营管控</td><td>编号</td><td colspan="2">Jc0001152016</td></tr>
<tr><td>单位</td><td colspan="3"></td><td>准考证号</td><td></td><td>姓名</td><td></td></tr>
<tr><td>考试时限</td><td colspan="2">5分钟</td><td>题型</td><td colspan="2">单项操作</td><td>题分</td><td>100分</td></tr>
<tr><td>成绩</td><td></td><td>考评员</td><td></td><td>考评组长</td><td></td><td>日期</td><td></td></tr>
<tr><td>试题正文</td><td colspan="7">通过一体化电量与线损管理系统统计配电网线路高损情况</td></tr>
<tr><td>需要说明的问题和要求</td><td colspan="7">（1）要求熟悉一体化电量与线损管理系统，掌握配电网线路高损的使用。
（2）正确进行调看统计操作。
（3）操作结束后，应举手示意，待考评员同意后方可离开考场。
（4）若考生误操作或处置不当，则该考核计0分</td></tr>
</table>

序号	项目名称	质量要求	满分	扣分标准	扣分原因	得分
1	登录系统	说明登录一体化电量与线损管理系统步骤	20	未说明或说明不正确扣20分		
2	通过一体化电量与线损管理系统统计配电网线路高损情况	写出统计配电网线路高损情况步骤	30	未说明或说明不正确扣30分		
3	调看内容	调看某单位指定时间段内配电网线路高损情况，并统计出具体的高损条数	20	未维护或维护不正确扣20分		
4	返回系统主界面	说明返回系统主界面操作步骤	10	未说明或说明不正确扣10分		
5	填写报告	正确填写报告	20	每缺少1步扣2分		
合计			100			